Michel Buffet

Michel Buffet

Un esthète dans le monde industriel

–

An aesthete in the industrial world

Guillemette Delaporte

Préface

–

Preface

Alain Fleischer

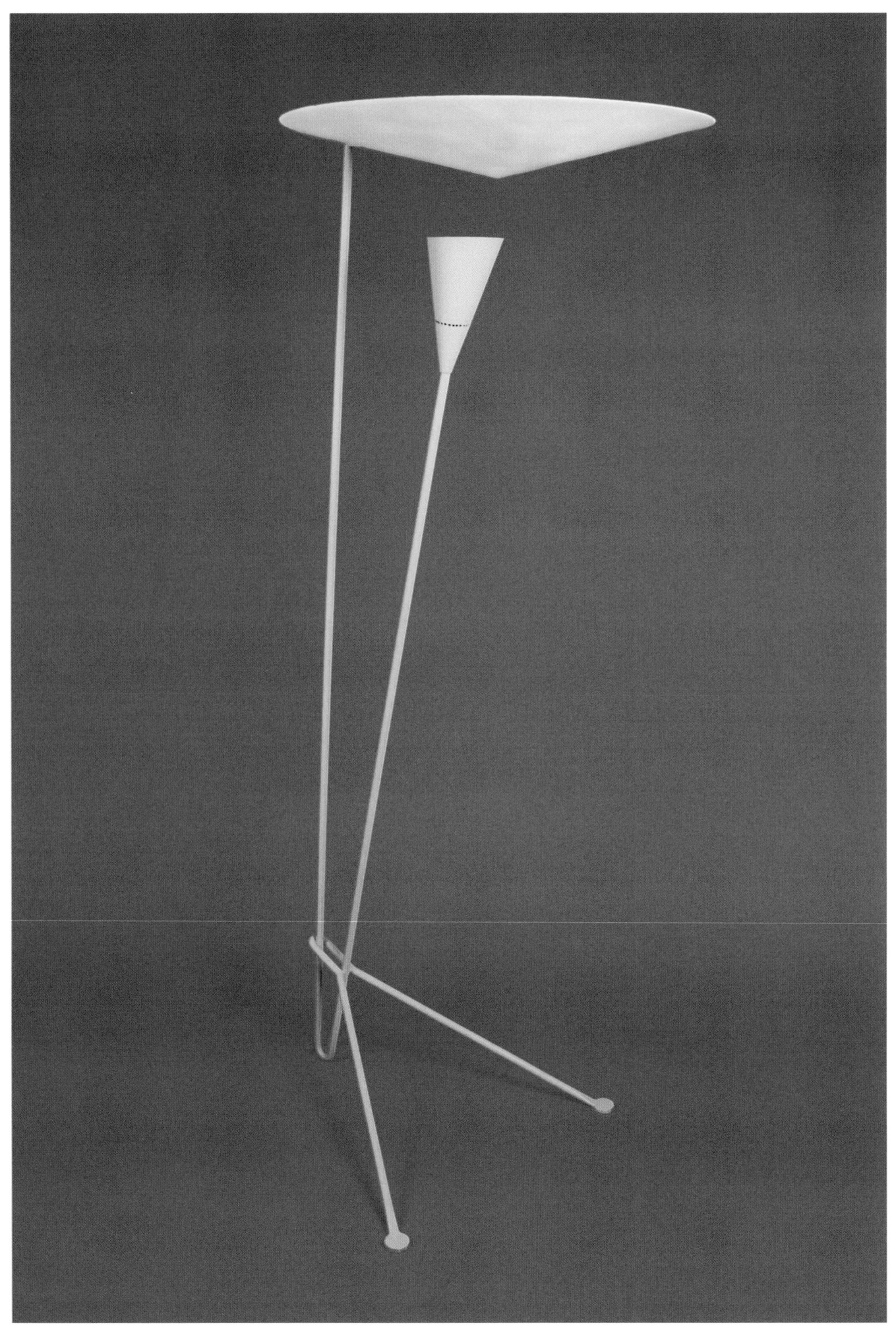

**Prototype du lampadaire
B 211, métal peint, 1953.**
Prototype of the floor lamp
B 211, painted sheet metal, 1953.

À la mémoire de Claude Delpiroux
To the memory of Claude Delpiroux

9 **Michel Buffet** Alain Fleischer

15 **Un esthète dans le monde industriel**
15 An aesthete in the industrial world

23 Entre l'art et l'industrie
24 Between art and industry
25 **Débuts comme créateur de modèles**
30 Beginnings as a model creator
41 **Découverte de l'ergonomie**
42 Discovery of ergonomics

47 **Plongée dans l'esthétique industrielle**
47 A plunge into industrial design

53 De l'esthétique industrielle au design
54 From industrial aesthetics to design
57 **Raymond Loewy, le pionnier**
58 Raymond Loewy, the pioneer
61 **La CEI, l'incubateur d'une génération de designers**
60 The CEI, the incubator of a generation of designers
65 **Jacques Viénot, l'avant-gardiste**
66 Jacques Viénot, the avant-gardist
67 **Technès, une pépinière de designers**
68 Technès, a breeding ground for designers
67 **La concurrence entre les deux agences**
68 Competition between the two agencies

69 **De la CEI à Knoll**
70 From the CEI to Knoll
71 **Le design, œuvre collective**
72 Design, a collective work
71 **Expérience chez Knoll**
72 Experience at Knoll
75 **Retour à la CEI**
74 Return to the CEI

77 L'art de vivre dans les transports
77 The art of fine living in transportation

79	L'air, un métier à inventer
80	In the air. A profession to be invented
79	Le Potez 840, un pied à l'étrier
80	The Potez 840, a leg up
79	L'aventure du Falcon 20
80	The Falcon 20 adventure
87	Le Mercure et le Nord 262
86	The Mercure and the Nord 262
89	Le Concorde
88	The Concorde
99	La route
102	On the road
99	Maya, un nouveau concept de stations-service
102	Maya, a new service station concept
107	Le rail. De l'utopie à la réalité
108	On the train. From utopia to reality
107	Trains interurbains
108	Intercity trains
109	Le Tridim, un ascenseur horizontal
108	The Tridim, a horizontal elevator
109	Le TGV Paris-Sud-Est
110	TGV Paris-Sud-Est
111	Le Sprinter néerlandais. Un système prêt à monter
110	The Dutch Sprinter. A ready-to-assemble system
113	MI 79. Lignes A et B du Réseau express régional d'Île-de-France
114	MI 79 Lines A and B of the Île-de-France Réseau express régional (RER)
119	Tunnel sous la Manche, les salles de contrôle
122	The Channel Tunnel, control rooms
125	Métro de Caracas
126	Caracas metro
129	Projets et réalisations avec la RATP : MP 59 et BOA
132	Projects and executions with the RATP: MP 59 and BOA
129	Funiculaires
132	Funicular trains
135	La mer
136	On the sea
135	Le Naviplane N 500, aéroglisseur transmanche
136	The Naviplane N 500, cross-channel hovercraft
137	Les sous-marins nouvelle génération SNLE-NG et le porte-avions Charles de Gaulle
140	The new-generation SNLE-NG submarines and the aircraft carrier Charles de Gaulle

145 Design de produits, images de marques
145 Product design, brand images

157 Architecture et design domestique
157 Architecture and design for the home

159	Architecture, projets
160	Architecture, projects
165	Design domestique
166	Design for the home

169 Des luminaires pour le XXIe siècle. Un retour aux sources
169 Lights for the twenty-first century. A return to the source

177	Annexes
177	Appendices
179	Chronologie
180	Chronology
201	Bibliographie
201	Bibliography
203	Index
205	Remerciements
205	Acknowledgements
206	Crédits photographiques
206	Picture credits

Michel Buffet
par Alain Fleischer

Ma découverte de l'œuvre de Michel Buffet a commencé par celle de ses luminaires (réédités plus de soixante ans après leur création), et si j'ai aussitôt admiré dans ses lampes, ses lampadaires et ses appliques, sa connaissance et son intelligence de l'éclairage, c'est parce qu'elles sont proches de celles des photographes et des directeurs de la photographie au cinéma qui, eux aussi, travaillent avec ce matériau le plus immatériel qui soit : la lumière. En effet, composer une image pour une prise de vue consiste à disposer dans un espace et à mettre en lumière une configuration d'êtres et d'objets. Contrairement au peintre qui part du blanc pour y déposer de la couleur, le photographe et le cinéaste travaillent à partir du noir pour y faire apparaître ce qui va faire image. Le vrai travail d'un directeur de la photographie est ainsi celui qui se fait en studio, avec la seule lumière artificielle, ou en décor extérieur, mais alors la nuit. Rappelons au passage que ce qu'au cinéma on appelle la « nuit américaine » – en anglais « *day for night* » – consiste en un premier temps à combattre la lumière du soleil par la sous-exposition massive et par l'utilisation de filtres devant l'objectif de la caméra – autant dire une façon de revenir au noir –, puis de faire apparaître ce que l'on a choisi d'éclairer à l'aide de puissantes sources de lumière artificielle et d'écrans réflecteurs. Les photographes et les cinéastes traitent la lumière selon deux modes principaux : la lumière *incidente*, celle émise directement par une source, éventuellement dosée et teintée par des filtres gélatines ou des tulles, et la lumière *réfléchie*, celle que renvoie une surface claire (présente dans le décor ou installée hors champ sous forme de réflecteurs). Et il y a donc pour les techniciens deux façons de mesurer ces lumières : soit à partir du point de vue de la caméra (la somme de lumières qu'elle reçoit), soit du point de vue des personnages, des objets ou des décors éclairés (la lumière qui atteint chacun d'eux).

Si j'évoque cela, c'est parce qu'on retrouve ce double traitement de la lumière dans les appareils d'éclairage de Michel Buffet. Contrairement à la plupart des lampes, des lampadaires et des appliques qui se contentent d'être une source de lumière incidente, filtrée par un diffuseur (tous les types d'abat-jour et tous les bulbes de verre opalescent…), ceux de Michel Buffet ont plutôt recours à la lumière réfléchie en systématisant l'usage d'un réflecteur intégré au luminaire. Ce dernier diffuse, à partir d'un seul objet, une lumière qui a été comme d'avance préparée, combinaison équilibrée de lumière incidente et de lumière réfléchie. Si le photographe et le cinéaste n'ont pas à se préoccuper de l'aspect de leurs projecteurs, puisque ceux-ci ne sont jamais visibles, présents dans le cadre de l'image, le créateur de luminaires, lui, doit inventer des objets diffuseurs de lumière à la fois capables d'éclairer correctement, agréablement, un environnement domestique ou professionnel, et être eux-mêmes des objets aussi beaux que possible parmi ceux qu'ils éclairent. Si certains designers se contentent de satisfaire cette seconde obligation, en créant des objets lumineux sans souci de l'efficacité de la lumière qu'ils diffusent, à l'opposé, de simples fabricants de matériels d'éclairage proposent des projecteurs adaptés à la première fonction, efficaces et sans soucis de leur esthétique. L'art de Michel Buffet consiste à créer des appareils d'éclairage qui diffusent une lumière « intelligente », en même temps qu'ils sont eux-mêmes des œuvres plastiques en volume. À l'instar de Serge Mouille – autre grand créateur français de luminaires –, Michel Buffet a conçu des appareils d'éclairage qui échappent aux solutions courantes, tout en répondant à une fonction qui varie selon la nature et les dimensions de l'espace privé ou public, et selon les activités qui s'y déroulent.

C'est sans doute mon rapport personnel à la photographie et au cinéma qui me fait considérer la création de luminaires comme la spécialité la plus « artistique » du design industriel. Cette origine de mon intérêt pour l'œuvre de Michel Buffet m'a également permis d'apprécier certaines autres de ses créations, notamment celles destinées à toutes sortes de moyens de transport : en effet, ceux-ci ont en commun avec le cinéma qu'ils sont eux aussi liés au mouvement, au déplacement, réel ou imaginaire. Tout comme le spectateur d'un film, le passager d'un avion ou d'un train est assigné à place fixe pour une durée donnée, pendant laquelle il effectue un voyage. Une part importante de l'œuvre de Michel Buffet concerne le mobilier, les aménagements, le décor, de divers moyens de transport modernes (l'avion, le train, le métro…), où les contraintes sont particulièrement exigeantes : sécurité et confort d'un côté, poids et encombrement minimum de l'autre. Ses créations, par exemple pour le jet privé Falcon 20, ou pour le célèbre supersonique Concorde, manifestent une parfaite alliance entre l'esthétique et la fonction, grâce à une grande connaissance à la fois de l'attente des usagers, des caractéristiques des espaces et des propriétés

Prototype du lampadaire *B 211*, métal peint, 1953.
Prototype of the floor lamp *B 211*, painted sheet metal, 1953.

Michel Buffet
by Alain Fleischer

My discovery of Michel Buffet's work began with that of his lights (reissued over sixty years after their creation), and if I immediately admired his table lamps, floor lamps, and wall lamps, his knowledge and intelligence regarding lighting, it is because they are close to that of photographers and directors of photography in the cinema, who also work with this material that is the most immaterial imaginable: light. In fact, composing an image for a shot consists in arranging in a space and lighting a configuration of beings and objects. Unlike the painter, who starts with white to apply color on it, the photographer and filmmaker start with black to make what will comprise an image appear on it. The real work of a director of photography is therefore what is done in the studio, with artificial light alone, or on an outside set, but then at night. Let us recall in passing that what in the cinema is called "day for night" initially consists in fighting sunlight through massive under-exposure and the use of filters placed in front of the camera's lens—so to say a way of going back to black—then making what was chosen to be lit appear, using powerful sources of artificial light and reflecting screens. Photographers and filmmakers treat light using two principal modes: *incident* light, light that is directly emitted by a source, possibly measured out and tinted by gelatin filters or scrims, and *reflected* light, the light that a light-colored surface reflects (present on the set or installed out of frame in the form of reflectors). And for technicians, there are consequently two ways of measuring light: either from the viewpoint of the camera (the sum of the light it receives), or from the viewpoint of the lit characters, objects or sets (the light that reaches each of them).

If I bring this up, it is because this dual treatment of light is found in Michel Buffet's lighting devices. Unlike most table lamps, floor lamps, and wall lamps that settle for being a source of incident light, filtered by a diffuser (all types of lampshades and all opalescent glass bulbs, for example), those by Michel Buffet employ reflected light by systematizing the use of a reflector built into the lighting fixture. This fixture diffuses, from a single object, light that seems to have been prepared in advance, a balanced combination of incident light and reflected light. If the photographer and filmmaker do not have to be concerned with the appearance of their projectors, since they are never visible or present in the frame of the image, the creator of lights must invent objects that diffuse light, both capable of lighting a home or professional environment correctly, pleasantly, and themselves being objects as beautiful as possible among those that they light. If certain designers content themselves with fulfilling this last obligation by creating luminous objects with caring about the efficiency of the light they diffuse, inversely, simple manufacturers of lighting equipment propose projectors adapted to the first function, efficient but without any concern for their aesthetics. Michel Buffet's art consists in creating lighting devices that diffuse an "intelligent" light, while at the same time themselves being three-dimensional sculptural works. Following the example of Serge Mouille—another great French creator of lights—Michel Buffet created lighting devices that elude ordinary solutions, while responding to a function that varies according to the nature and dimensions of the private or public space, and according to the activities that take place in it.

It is undoubtedly my personal relationship to photography and cinema that makes me consider the creation of lights the most "artistic" specialty of industrial design. This source of my interest in Michel Buffet's work also permitted me to appreciate certain others of his creations, notably those intended for all sorts of means of transportation.

des matériaux. Si l'expertise et le goût de Michel Buffet lui ont été précieux pour le traitement ergonomique et esthétique dans les transports aériens, où il est impératif de procurer au voyageur un rassurant sentiment de confort, d'harmonie et de sécurité, ces qualités se sont également appliquées avec succès au transport ferroviaire (salle de contrôle du projet transmanche, RATP/SNCF, projet Meteor, métro de Caracas, TGV Paris-Sud-Est, RER lignes A et B, Sprinter néerlandais…) et même au transport naval (y compris militaire : sous-marins nucléaires SNLE-NG, porte-avions *Charles de Gaulle*…), où de nouvelles contraintes ont reçu de sa part de nouvelles réponses. J'aime voir dans cette activité de création, liée à des machines qui nous extraient de la vie domestique – les avions, les trains, les navires… – un nouveau rapprochement avec l'univers du cinéma qui, lui aussi, nous fait voyager loin de la vie quotidienne, dans la fiction.

Mais revenons à mes objets de prédilection dans l'œuvre de Michel Buffet : les luminaires. Éclairer, produire de la lumière sont des fonctionnalités moins triviales que celles d'un ouvre-boîte qui doit efficacement ouvrir des boîtes de conserve, ou d'un poste de radio qui doit efficacement capter et émettre des ondes sonores. Il est évident qu'un objet émetteur de lumière est directement lié à l'histoire des images et des représentations, autrement dit à l'histoire de l'art. Les technologies de l'éclairage moderne ont beaucoup évolué depuis les ampoules à filament de tungstène jusqu'aux LED d'aujourd'hui, en passant par l'halogène et le néon. Il y a eu ceux qui, comme Isamu Noguchi avec ses fameuses lampes *Akari*, ont choisi de créer des formes nouvelles en réactivant une tradition ancienne, avec la solution d'une source de lumière incidente, uniquement traitée par le filtrage du papier *washi*, translucide. Dans son cas, le mode unique est celui d'une source lumineuse, tamisée par un matériau diffusant, comme cela se produit déjà dans les banales boules blanches en verre opalescent. D'un autre côté, il y a les lampadaires d'autoroute qui se contentent de diffuser en douche une lumière incidente aussi directe, aussi puissante et efficace que possible. On retrouve des exemples de ces deux types de luminaires dans différents traitements de l'éclairage domestique : la plupart des lampes de bureau sont des lampadaires d'autoroutes miniatures ; et de leur côté, toutes les lampes ou lampadaires à abat-jour sont des sources de lumière incidente, tamisée par un diffuseur.

Michel Buffet a préféré favoriser la lumière réfléchie, à la façon du célèbre chef opérateur Néstor Almendros, qui éclairait toutes les scènes des films (d'Éric Rohmer, par exemple), en tendant hors champ de simples draps sur lesquels était envoyée la lumière des projecteurs, ce qui évitait les contrastes trop violents et les ombres portées. La plupart des luminaires de Michel Buffet intègrent une source et un réflecteur, ils sont à la fois des objets aux formes épurées et séduisantes – s'ils sont blancs, dit-il, c'est pour qu'on ne les voie que quand ils sont allumés –, et des émetteurs d'une lumière qui est elle-même une sculpture immatérielle. Comme les films au cinéma, les luminaires de Michel Buffet sont des œuvres d'art qui sont visibles dans leur propre lumière.

Lampe à poser pivotante *B 207*, tôle perforée laquée blanc mat et laiton verni, édition Luminalite, 1954.
Pivoting table lamp *B 207*, matte white-lacquered perforated sheet metal and varnished brass, issued by Luminalite, 1954.

Applique *B 205*, tôle perforée laquée blanc mat, 1953.
Wall lamp *B 205*, white-lacquered sheet metal, 1953.

In fact, what these have in common with the cinema is that they are also linked to movement, travel, real or imaginary. Just like a film's spectator, the plane or train's passenger is assigned a fixed place for a given duration, during which he takes a trip. A major part of Michel Buffet's work concerns the furniture, the interior, the decoration, of various means of modern transportation (the plane, the train, the metro), in which the constraints are particularly rigorous: safety and comfort on one hand, weight and minimum size on the other. His creations, for example for the Falcon 20 private jet, or the celebrated Concorde supersonic, display a perfect alliance between aesthetics and function, thanks to great knowledge of the users' expectations, the characteristics of the spaces, and the properties of the materials. If Michel Buffet's expertise and taste were invaluable to him for the ergonomic and aesthetic treatment of air transportation, in which it is imperative to give the passenger a reassuring feeling of comfort, harmony, and safety, these qualities were equally applied to train transportation (the control room of the cross-channel project, RATP/SNCF, Meteor project, the Caracas metro, the TGV Paris-Sud-Est, lines A and B of the RER, the Dutch Sprinter) and even naval transportation (including military: the DCN nuclear submarine, the *Charles de Gaulle* aircraft carrier), in which he found new solutions to new constraints. I like to see in this creation activity, linked to machines that extract us from home life—planes, trains, ships—a new way of coming closer to the universe of the cinema that also makes us travel far from daily life, in fiction.

But let us return to my favorite objects in Michel Buffet's work: lights. Lighting, producing light, are functionalities that are less trivial than those of the can-opener that must efficiently open cans of food, or a radio that has to efficiently capture and emit sound waves. It is obvious that an object that emits light is directly linked to the history of images and representations—in other words, art history. Modern lighting technologies have greatly changed from the tungsten filament light bulb to today's LEDs, by way of halogen and neon. There were those like Isamu Noguchi who, with his famous *Akari* lamps, decided to create new forms by reactivating an old tradition, with the solution of an incident light source, solely treated by filtering with translucent *washi* paper. In his case, the only mode is that of a light source, filtered by a diffusing material, like the one that was already produced in the ordinary white globes in opalescent glass. On the other hand, there are highway lampposts that simply gently diffuse an incident light as direct, as powerful, and efficient as possible. We find examples of these two types of lights in different treatments of home lighting: most office lamps are miniature highway lampposts; and as for the other type, all lamps and floor lamps with lampshades are sources of incident light, filtered by a diffuser.

Michel Buffet preferred to favor reflected light, like the celebrated lighting cameraman Néstor Almendros, who lit all the scenes of his films (by Eric Rohmer, for example) by stretching out-of-frame sheets over which the projector's light was sent, which avoided excessively strong contrasts and shadows. Most of Michel Buffet's lights have both a source and a reflector. They are both objects with stripped-down and captivating forms—if they are white, he says, it is so that they can't be seen when they are lit—and emitters of a light that is itself an immaterial sculpture. As in films, Michel Buffet's lights are works of art that are visible in their own light.

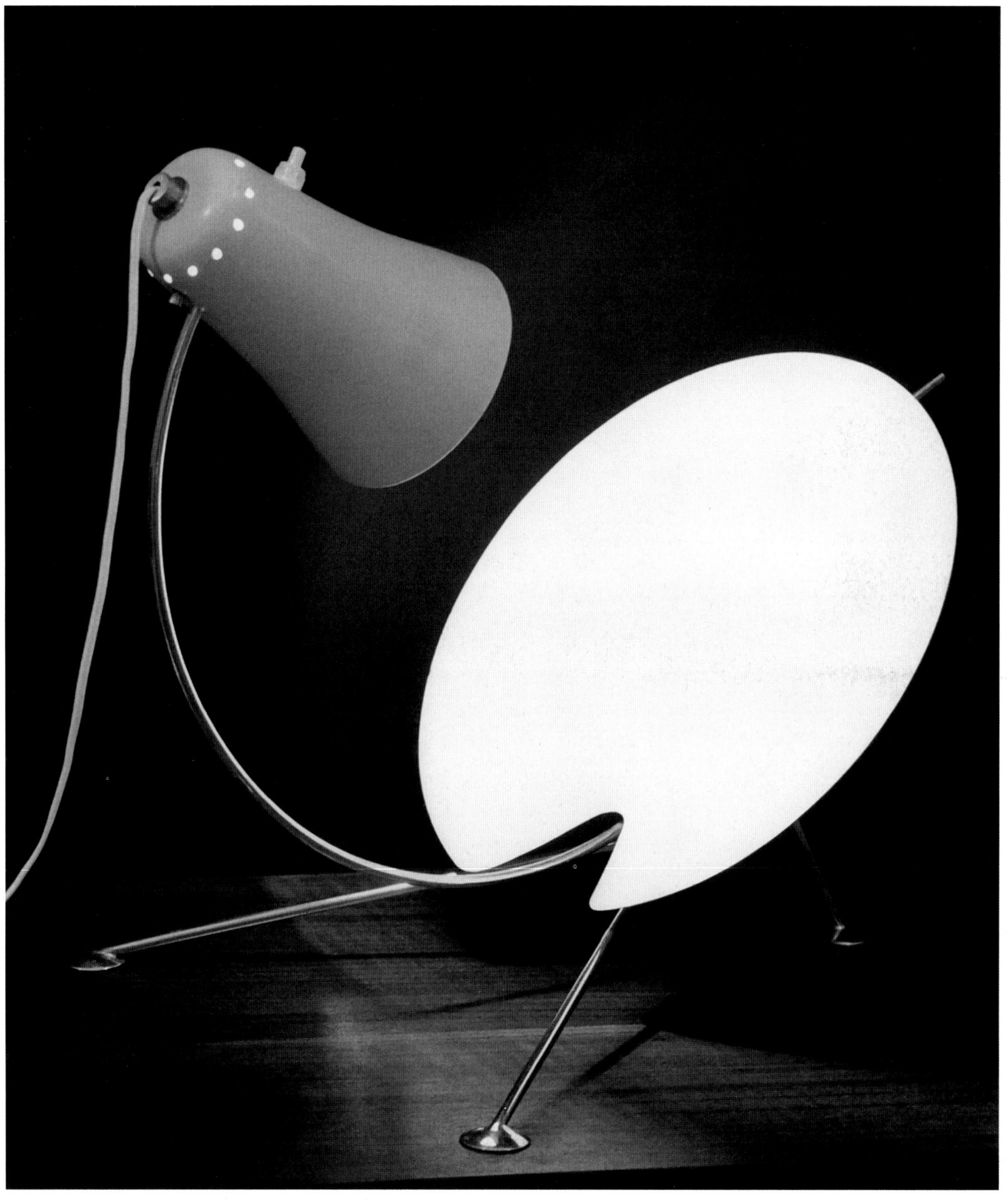

Lampe à poser *Méridien B 208*, tôle perforée laquée blanc mat et laiton verni, édition Luminalite, 1954.

Table lamp *Méridien B 208*, matte white-lacquered perforated sheet metal and varnished brass, issued by Luminalite, 1954.

Un esthète dans le monde industriel

An aesthete in the industrial world

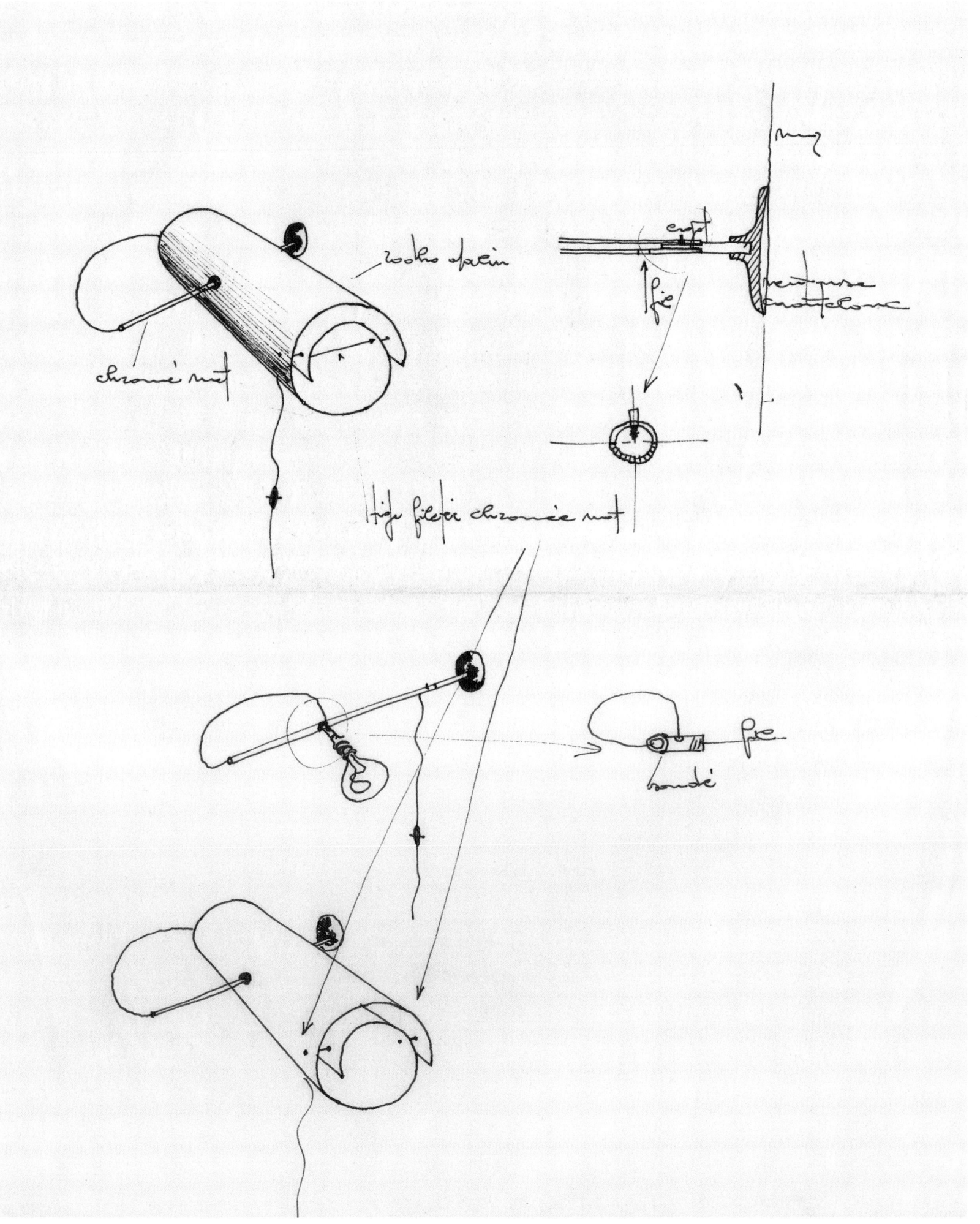

Projet de luminaire mural en Rhodoïd, 1951-1953.
Project for an acetate wall light, 1951–1953.

Michel Buffet fait partie de la première génération de créateurs qui, formés sur le tas, principalement chez Jacques Viénot et Raymond Loewy, ont inventé la profession de designer industriel.

Sa carrière débute pendant les Trente Glorieuses. Durant cette période de forte croissance économique, les modes de vie changent, les transports et la mobilité se développent, les exigences de confort et d'esthétique se renforcent. L'art et l'industrie tentent aussi de se réconcilier et y parviennent progressivement. C'est l'émergence du design en France.

Attiré par l'art tout autant que par la technologie, Michel Buffet choisit les arts décoratifs, compromis entre ces deux orientations. Ses études à l'École nationale supérieure des arts décoratifs à Paris, dont il sort diplômé en 1953, lui permettent d'entrer en contact avec les milieux les plus influents. Il fréquente ses aînés, dont René-Jean Caillette, se lie d'amitié avec André Monpoix et Pierre Guariche, la première génération de décorateurs formés par Marcel Gascoin. Porté par cette atmosphère de grande effervescence de l'après-guerre, il se met à créer et à exposer, grâce aussi à la remarquable influence de sa mère, qui lui met entre les mains le livre de Raymond Loewy *La laideur se vend mal* dès sa parution et l'introduit auprès de fabricants. C'est ainsi qu'il commence une carrière de créateur de modèles, en concevant des luminaires et des sièges qui seront présentés au Salon des arts ménagers, au Salon des artistes décorateurs, à la Triennale de Milan, puis dans les Expositions universelles de Bruxelles et d'Osaka. Son passage chez Knoll lui permet quelques années plus tard d'approcher un milieu de collectionneurs d'art qu'il n'avait jamais côtoyé. Tous ces liens lui ouvrent des portes et lui offrent des occasions de poursuivre dans cette voie.

Sa vie l'oriente néanmoins vers le monde industriel, mais en tant qu'esthète. Il découvre tout d'abord l'ergonomie, par hasard, au cours de son service militaire lorsqu'il améliore la méthode d'utilisation du théodolite pour le service météorologique de l'armée, sans imaginer que cette expérience préfigure ce que sera son métier. Mais c'est à son retour à la vie civile qu'il découvre le design industriel, avec son entrée à la Compagnie américaine de l'esthétique industrielle de Raymond Loewy.

Après s'être intéressé à l'espace privé, il se trouve confronté aux questions d'habitabilité, en commençant par les carlingues d'avions. En collaboration avec les ingénieurs en aéronautique, il lui faut résoudre les problèmes de poids, de bruit et de vibrations de ces appareils, tout en offrant une ambiance confortable aux passagers. Il découvre que le rôle du designer est de créer un environnement harmonieux qui réponde aux besoins de l'individu, autrement dit d'humaniser la technologie. Il lui faut faire preuve d'inventivité, puisque rien n'existe en la matière, ou peu. Car il ne suffit pas de faire des recherches en ergonomie, encore faut-il trouver les fabricants capables de réaliser ces nouveaux objets industriels. Après l'aménagement intérieur pour les avions d'affaires Dassault, pour le Concorde et pour des hélicoptères Sud-Aviation, il transfère son expérience acquise au matériel roulant des trains et des métros, puis aux cabines des aéroglisseurs transmanche et des sous-marins de la marine nationale. Il devient ainsi le spécialiste de l'art de vivre dans les transports, arrivant à point nommé, au moment de l'essor de l'aviation civile dans les années 1960 puis de la modernisation des transports par rail la décennie suivante.

Mascotte du club des étudiants franco-italien Alpha 48, dont Michel Buffet fut un animateur, 1948.
Mascot of the Franco-Italian student club Alpha 48, at which Michel Buffet was a leader, 1948.

Paysage de la vallée de l'Yonne, huile sur contreplaqué, 1951.
Landscape of the Yonne valley, oil on plywood, 1951.

Lampadaire *B 211*, dépôt auprès du Syndicat de la propriété artistique, 1953.
Floor lamp *B 211*, registered at the Syndicat de la propriété artistique, 1953.

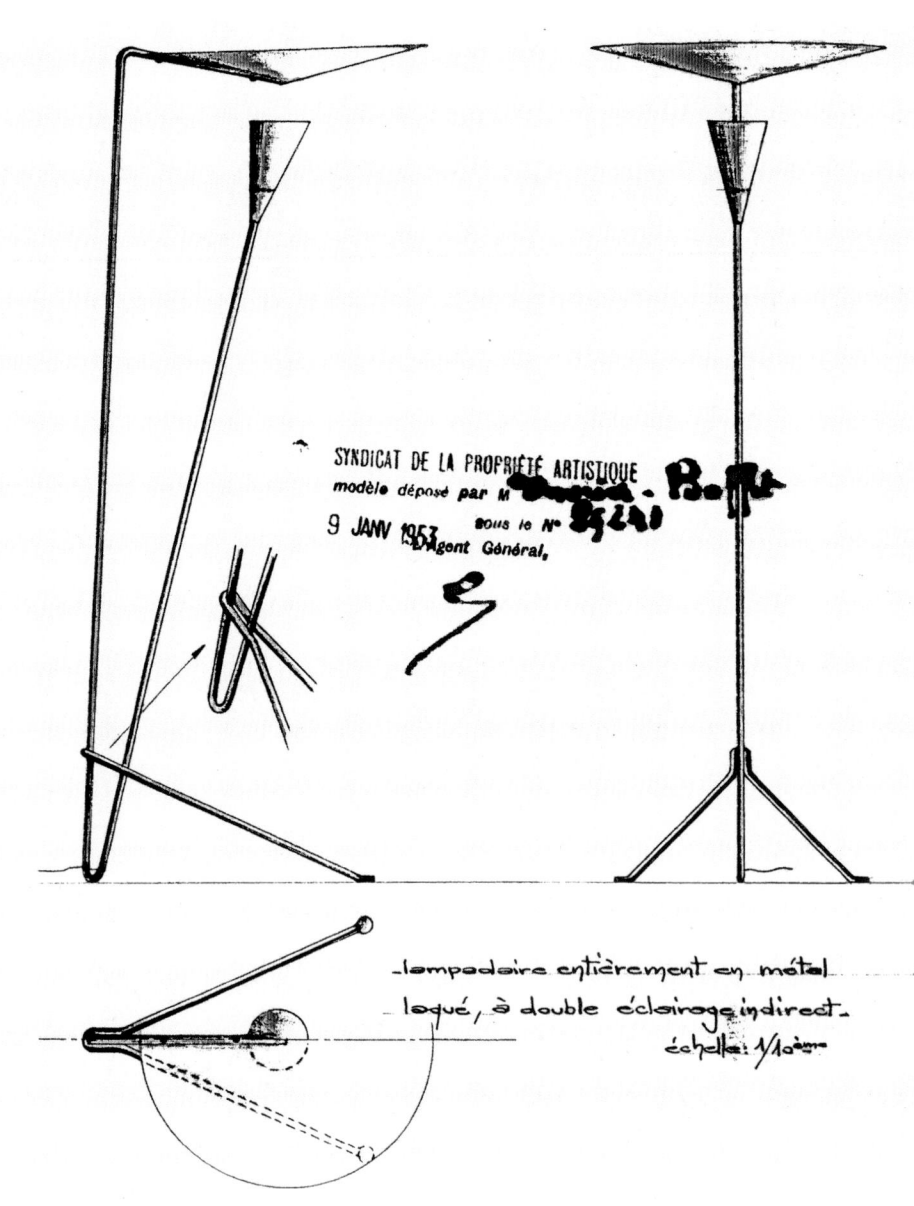

Michel Buffet is part of the first generation of creators who, trained on the job, mainly with Jacques Viénot and Raymond Loewy, invented the profession of industrial designer.

His career began during the "Thirty Glorious Years" (1945–1975). During this period of strong economic growth, life-styles changed, transportation and mobility developed, and comfort and aesthetic requirements were strengthened. Art and industry also attempted a reconciliation and gradually achieved it. It was the emergence of design in France.

Attracted by art as much as by technology, Michel Buffet chose the decorative arts, a compromise between these two orientations. His studies at the École nationale supérieure des arts décoratifs, from which he graduated in 1953, brought him into contact with the most influential circles. He frequented his elders, including René-Jean Caillette, and became friends with André Monpoix and Pierre Guariche, the first generation of decorators trained by Marcel Gascoin. Inspired by this postwar atmosphere of great effervescence, he started to create and exhibit, thanks as well to the remarkable influence of his mother, who offered him Raymond Loewy's book *La laideur se vend mal*, the French version of *Never Leave Well Enough Alone*, as soon as it was published, and introduced him to manufacturers. This was how he began a career as model creator, designing lighting and seats that would be presented at the Salon des arts ménagers, the Salon des artistes décorateurs, the Milan Triennial, then at the Universal Expositions of Brussels and Osaka. Working at Knoll permitted him a few years later to approach a milieu that was entirely new to him, that of art collectors. All these links opened doors to him and offered him opportunities to pursue this direction.

His life nonetheless guided him to the industrial world, but as an aesthete. He first discovered ergonomics, by chance, during his military service when he improved how the theodolite was used for the army's meteorological department, without imagining that this first experience prefigured what would become his profession. However, it was when he returned to civilian life that he discovered industrial design, when he joined Raymond Loewy's Compagnie américaine de l'esthétique industrielle (CEI).

Directeur du département « Architecture industrielle et transport » à la CEI, il aborde une grande variété de domaines, y compris l'architecture, avec le projet Maya de création de stations-service pour le réseau routier Shell. Il dessine également une ligne de meubles de cuisine, *DF 2000*, à laquelle la revue italienne *Domus* consacre sa couverture, en octobre 1969.

En 1985, Michel Buffet ouvre sa propre agence, Vecteur Design Industriel. Malgré la grande autonomie dont il bénéficiait au sein de la CEI, avec l'entière responsabilité des projets qu'il pilotait et la liberté de choisir ses collaborateurs, il apprécie de poursuivre ses activités en toute indépendance.

Michel Buffet ne renoncera jamais à son vif intérêt pour l'objet d'art. Parmi ses créations, les luminaires vont connaître une destinée toute particulière. Dessinés, édités et exposés dans les années 1950, alors qu'il est encore étudiant, ils seront à nouveau remarqués quarante ans plus tard. Ainsi, son lampadaire *B 211*, créé en 1953, sera acheté par le Fonds national d'art contemporain et figurera à l'exposition « Design, miroir du siècle » au Grand Palais en 1993, puis à « Mobi Boom, l'explosion du design en France, 1945-1975 » au musée des Arts décoratifs de Paris, en 2010.

C'est à cette dernière occasion qu'il rencontre Claude Delpiroux, l'éditeur des luminaires en tôle noire que Serge Mouille a dessinés entre 1952 et 1954. Une amitié fraternelle lie les deux hommes immédiatement et ils décident que les luminaires en tôle blanche créés par Michel Buffet à cette même époque seraient réédités sous le label Lignes de Démarcation, que dirige son fils, Didier Delpiroux. Cependant, la disparition subite en octobre 2016 de Claude Delpiroux brise l'espoir de Michel Buffet d'avoir le plaisir de vivre ensemble la réalisation de leur projet commun.

Reste qu'il retrouve, avec cette rencontre, l'enthousiasme de ses jeunes années et dessine un nouveau luminaire, le *B 213*, qui s'ajoute à ces rééditions, avec une diffusion internationale. Une nouvelle naissance en mémoire de son ami.

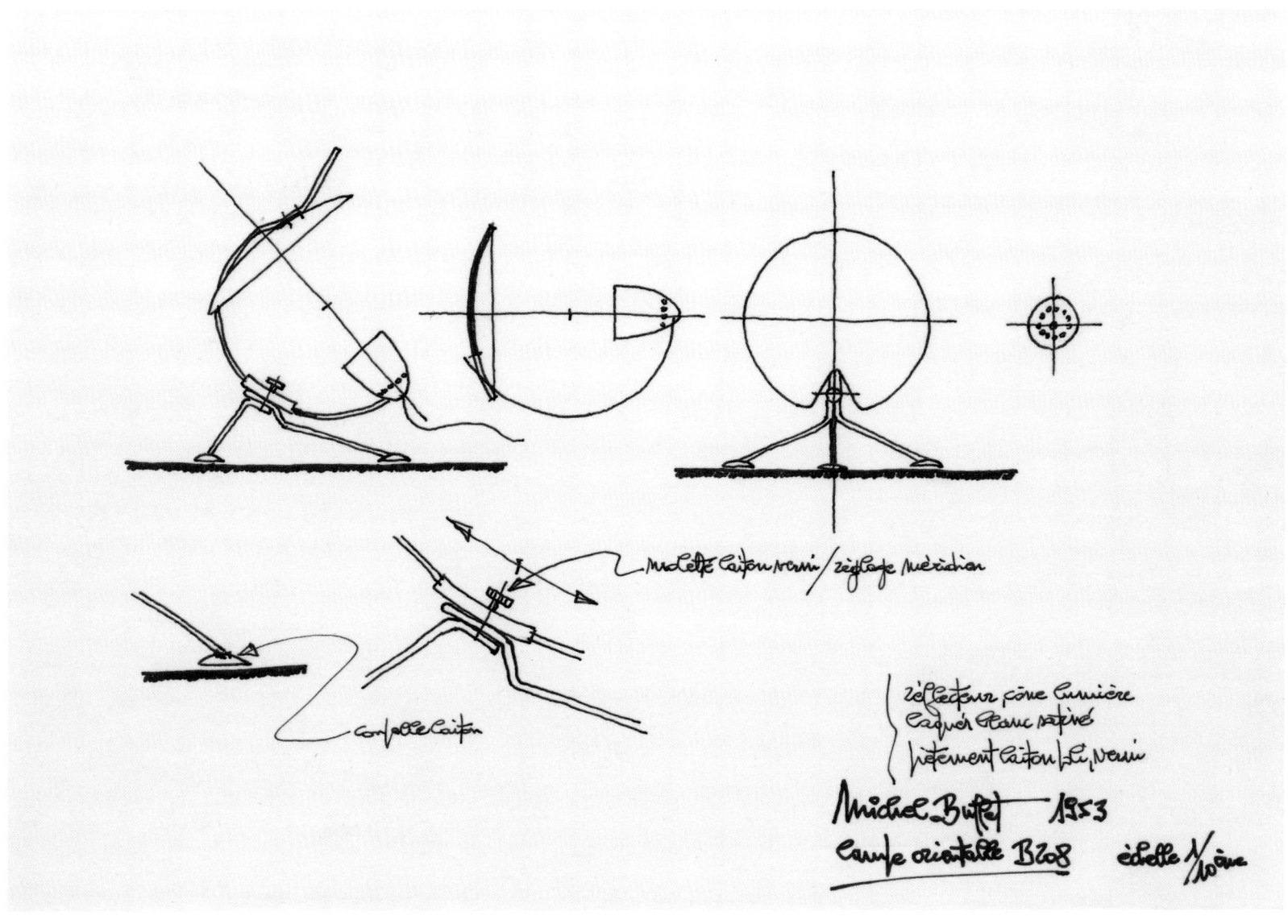

Plan de la lampe à poser *Méridien B 208*, 1953.
Plan for the table lamp *Méridien B 208*, 1953.

Projet de siège de repos, contreplaqué moulé sur piètement métallique, 1951-1953.
Project for a molded plywood relaxation chair on a metal leg assembly, 1951–1953.

After taking an interest in the private space, he was faced with inhabitability questions, starting with airplane cabins. Working with aeronautical engineers, he had to solve the problems of aircraft weight, noise, and vibration, while providing the passengers with a comfortable ambience. He discovered that the role of the designer was to create a harmonious environment that met the needs of the individual, in other words, to humanize technology. He had to show inventiveness, since nothing, or very little, existed in this area. As it was not enough to do research in ergonomics, he still had to find manufacturers capable of producing these new industrial objects. After the interior design for Dassault business jets, Concorde, and Sud-Aviation helicopters, he applied the experience he had acquired to the rolling stock of trains and metros, then to the cabins of cross-channel hovercrafts and the French Navy's submarines.
He became a specialist in the art of fine living in transportation, arriving at just the right time, when civil aviation was rapidly expanding in the 1960s, followed by the modernization of rail transportation in the next decade.

Director of the Industrial Architecture and Transport Department at the CEI, he tackled a great variety of fields, including architecture, with the Maya project for the creation of service stations for the Shell road network. He also designed a line of kitchen cabinets, *DF 2000*, to which the Italian review *Domus* devoted its cover in October 1969.

In 1985, Michel Buffet opened his own agency, Vecteur Design Industriel. Despite the great autonomy he was given at the CEI, with complete responsibility for the projects he managed and the freedom to choose his collaborators, he appreciated pursuing his activities in total independence.

Michel Buffet never gave up his strong interest in the art object. Among his creations, lights would have a very special destiny. Designed, issued, and exhibited in the 1950s, when he was still a student, they would once again draw notice forty years later. His floor lamp *B 211*, created in 1953, was bought by the Fonds national d'art contemporain and appeared in the exhibition *Design, miroir du siècle* at the Grand Palais in 1993, then in *Mobi Boom, l'explosion du design en France, 1945–1975* at the Musée des Arts décoratifs in Paris, in 2010.

It was on this last occasion that he met Claude Delpiroux, issuer of the black sheet-metal lights designed by Serge Mouille between 1952 and 1954. A fraternal friendship immediately linked the two men and they decided that the white sheet-metal lights that Michel Buffet had created during this same period would be reissued under the label Lignes de Démarcation, which his son, Didier Delpiroux, directed. However, Claude Delpiroux's sudden death in October 2016 shattered Michel Buffet's hope of having the pleasure of executing their shared project together.

What remained from this encounter was the rediscovery of his youthful years, and he designed a new light, the *B 213*, which was added to these reissues, with international distribution. It was a new birth in memory of his friend.

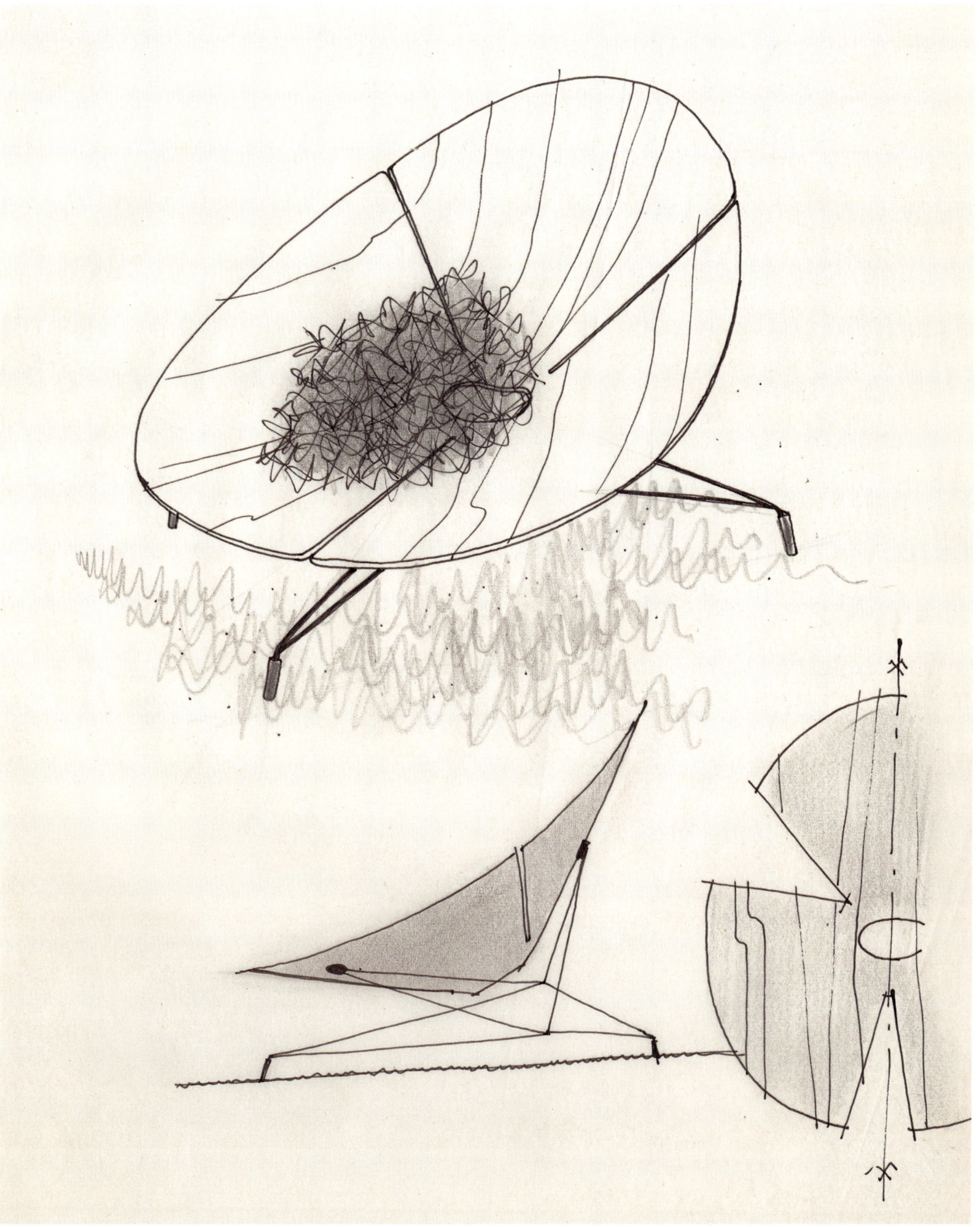

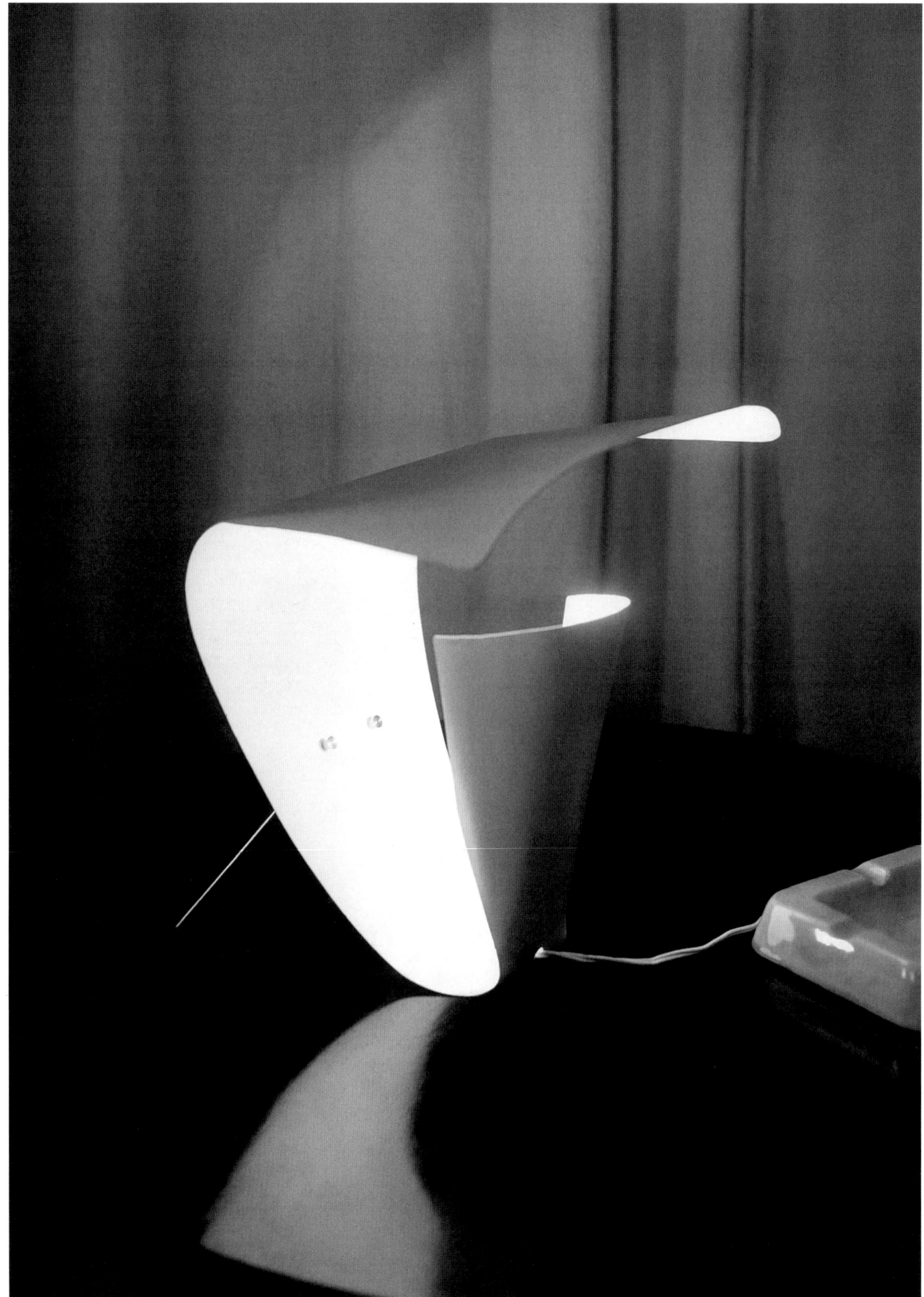

Entre l'art et l'industrie

Michel Buffet grandit dans un milieu parisien proche de l'artisanat, qui a une forte attirance pour l'art et les sciences. Son père, né dans l'immeuble où habitait Émile Mâle, avait souvent eu l'occasion de rencontrer l'académicien et historien d'art, ainsi que le mathématicien Paul Painlevé, qui fréquentait la maison. Il travaillait chez Saint Frères, entreprise réputée depuis le XIXe siècle pour sa production de toiles et autres textiles industriels, où il était responsable de la gestion de la location des sacs en jute et chanvre utilisés à l'époque pour le transport de multiples denrées, activité alors très florissante. Son oncle paternel avait une petite manufacture de quincaillerie d'ameublement.

À ce contexte, il faut ajouter que Michel Buffet naît et passe sa prime enfance place de la Trinité, à Paris, à deux pas de la gare Saint-Lazare, et que, tout jeune, il est fasciné par les locomotives à vapeur, ces monstres fumants qui laissent échapper d'impressionnantes volutes empanachées et des escarbilles. Serait-ce prémonitoire de l'orientation que prendra sa vie ? Cette attirance tant pour l'art que pour les sciences va le poursuivre tout au long de sa jeunesse. Un ami de sa mère, peintre amateur, l'emmène régulièrement au Salon d'automne et au Salon des indépendants, où il découvre les artistes de l'après-guerre. Il visite les expositions du musée d'Art moderne et fréquente les galeries d'art ainsi que la Maison de la pensée française. Il souhaite devenir peintre, tandis que sa famille le destine à devenir ingénieur.

Malgré cette ardente aspiration, il se résout à un compromis entre les deux orientations, technique ou artistique. Après avoir hésité entre les arts et métiers et les arts décoratifs, il opte pour cette dernière voie et intègre sur dossier l'École nationale supérieure des arts décoratifs (ENSAD), dans la section « Architecture intérieure », d'où il sort diplômé en 1953.

Il y apprend à dessiner meubles et objets usuels, sous la direction de professionnels réputés et de grande qualité. Le directeur de l'école est alors Léon Moussinac, grand connaisseur en arts décoratifs, dont les nombreux ouvrages sur les créateurs français furent longtemps des références pour les chercheurs et les amateurs. Michel Buffet a également la chance d'avoir pour professeur Louis Sognot, réputé pour ses qualités de pédagogue, qui fit partie du mouvement d'avant-garde moderne, fut membre fondateur de l'Union des artistes modernes dans les années 1930 et qui rejoindra en 1951 l'Institut d'esthétique industrielle fondé par Jacques Viénot.

Durant ses études, Michel Buffet reste très sensible à la beauté de la nature. Grâce à l'automobile qu'il a reçue pour ses 20 ans, il parcourt les chemins de l'Yonne, aux confins de la Bourgogne, charmé par la beauté des paysages. Il s'inscrit à un club franco-italien d'échanges étudiants, « Alpha 48 », ce qui lui permet de faire plusieurs séjours en Italie, surtout à Florence, dont il apprécie particulièrement l'architecture et où il fréquente l'Académie des beaux-arts, tout en explorant la campagne toscane, un crayon à la main.

Par ailleurs, sa mère joue un rôle déterminant dans sa vocation. Acheteuse pour les Galeries Lafayette, elle lui offre le livre de Raymond Loewy, *La laideur se vend mal*, qui a un effet décisif sur lui. Il y découvre la jonction possible entre l'art et l'industrie. Cette passion pour l'art ne l'abandonnera jamais. Tout au long de sa carrière, il va côtoyer les deux mondes, celui de l'industrie et celui des décorateurs.

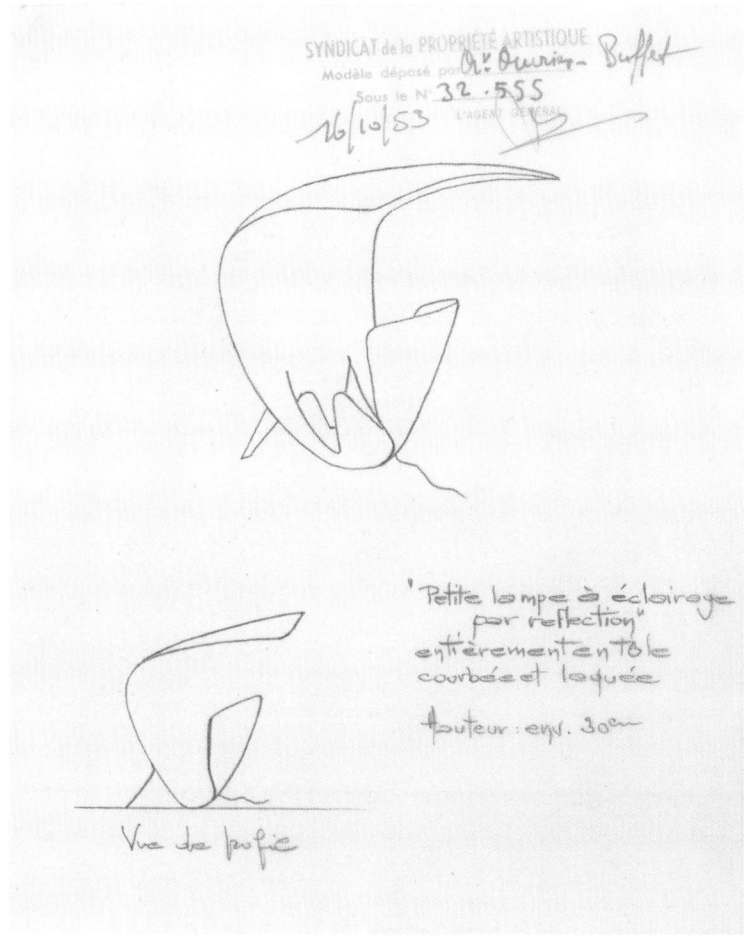

Lampe *B 201*, dépôt n° 32.553 auprès du Syndicat de la propriété artistique, 1953.
Lamp *B 201*, registration no 32.553 at the Syndicat de la propriété artistique, 1953.

Page de gauche/Left-hand page
Lampe à poser *B 201*, tôle peinte en blanc et laiton verni, édition Luminalite, 1953.
Table lamp *B 201*, white painted sheet metal and varnished brass, issued by Luminalite, 1953.

Salon des artistes décorateurs, 1954. Au premier plan, *Mobilier de terrasse*. Fauteuil en toile tendue sur piètement métallique, table en Fibrociment à piètement métallique, lampe *Méridien B 208* éditée par Luminalite.
Salon des artistes décorateurs, 1954. In the foreground, *Mobilier de terrasse*. Stretched canvas armchair on metal leg assembly, table in fiber cement with metal leg assembly, lamp *Méridien B 208*, issued by Luminalite.

Salon des artistes décorateurs, 1953. Mobilier en acajou, en collaboration avec Jacques Debaigts. Première présentation du luminaire *B 211*, édité par Robert Mathieu. Céramique de Suzanne Ramié, tissu de François Brunet-Lecomte.
Salon des artistes décorateurs, 1953. Mahogany furniture, in collaboration with Jacques Debaigts. First presentation of floor lamp *B 211*, issued by Robert Mathieu. Ceramics by Suzanne Ramié, fabric by François Brunet-Lecomte.

Between art and industry

Michel Buffet grew up in a Paris milieu that was close to craft and was strongly attracted to art and science. His father, born in the building in which the academician and art historian Émile Mâle lived, often had occasion to meet him, as well as the mathematician Paul Painlevé, who was a frequent visitor to their home. He worked at Saint Frères, a firm known since the nineteenth century for its production of canvases and other industrial textiles, where he was in charge of managing and leasing the jute and hemp sacks used to transport various commodities, a flourishing activity at the time. His paternal uncle had a small furniture hardware factory.

In this context, it should be added that Michel Buffet was born and spent his early childhood at the place de la Trinité, in Paris, a stone's throw from the Saint-Lazare train station, and that, when he was very young, he was fascinated by the steam engines, those smoking monsters that emitted impressive plumes of smoke and grit into the air. Would this be an omen of the direction his life would take? This attraction for art as well as science would pursue him throughout his youth. A friend of his mother's, an amateur painter, regularly took him to the Salon d'automne and the Salon des indépendents, where he discovered postwar artists. He visited exhibitions at the Musée d'Art moderne, and went to art galleries as well as the Maison de la pensée française. He wanted to become a painter, whereas his family encouraged him to become an engineer.

Despite this fervent aspiration, he settled on a compromise between the two paths, technical or artistic. After hesitating between engineering and the decorative arts, he chose the latter and was admitted to the École nationale supérieure des arts décoratifs (ENSAD), in the interior architecture section, and graduated in 1953.

There, he learned to design furniture and everyday objects under the direction of renowned and highly skilled professionals. At the time, the school's director was Léon Moussinac, a great connoisseur in the decorative arts, whose many works on French creators were long references for researchers and enthusiasts. Michel Buffet was also fortunate in having for a teacher Louis Sognot, who was known for his pedagogical qualities. He was part of the modern avant-garde movement, was a founding member of the Union des artistes modernes in the 1930s, and in 1951 joined the Institut d'esthétique industrielle founded by Jacques Viénot.

During his studies, Michel Buffet remained very sensitive to the beauty of nature. Thanks to a car, his twentieth birthday present, he crisscrossed the roads of the Yonne department, adjoining Burgundy, charmed by the beauty of the landscape. He joined a Franco-Italian student exchange club, Alpha 48, which permitted him to visit Italy several times, especially Florence, whose architecture he particularly liked and where he frequented the Academy of Fine Arts while exploring the Tuscan countryside, pad and pencil in hand. Moreover, his mother played a decisive role in his vocation. A buyer for the Galeries Lafayette department store, she offered him Raymond Loewy's book *La laideur se vend mal*, which had a decisive effect on him. In it he discovered the possible intersection between art and industry. He would never abandon his passion for art. Throughout his career, he felt at home in both worlds, that of industry and that of decorators.

Débuts comme créateur de modèles

Les années 1951 à 1953 sont une période d'effervescence décisive. Compositions décoratives, géométrie, perspectives et projets d'atelier deviennent ses compagnons quotidiens. Années porteuses d'une remarquable créativité car, parallèlement à ses études, il dessine des meubles et de nombreux luminaires. Il imagine une maison évolutive, s'inspirant des spirales de coquillages, et conçoit de multiples projets, sous forme de croquis et d'esquisses, la plupart restés dans les cartons, mais dont certains voient le jour.

Encore étudiant, grâce aux relations de sa mère, il est introduit dans le milieu professionnel. En 1953, ses luminaires sont édités et présentés au Grand Palais où ont lieu deux Salons. Au Salon des arts ménagers, Luminalite expose trois lampes à poser et deux appliques. Au Salon des artistes décorateurs, il présente son lampadaire *B 211*, édité par Robert Mathieu, avec deux fauteuils et un écritoire-porte-revues, mobilier qu'il a conçu avec Jacques Debaigts. L'ensemble est complété par un panneau en tissu de François Brunet-Lecomte et deux céramiques de Suzanne et Georges Ramié, potiers de l'atelier Madoura à Vallauris qui réalisaient avec Picasso l'ensemble de l'œuvre céramique du peintre depuis 1946.

L'année 1954 est particulièrement productive. Tandis que ses luminaires sont à nouveau exposés au Salon des arts ménagers, il poursuit dans la création de modèles de mobilier. Pour le Festival de la création française organisé aux Galeries Lafayette, il présente un siège de repos en fibre végétale, fabriqué par les Établissements Georges Robert à Villefranche-de-Rouergue, qui est édité par les Galeries Lafayette. Ce fauteuil est acheté en 1958 par Marta Pan et André Wogenscky pour leur villa à Saint-Rémy-lès-Chevreuse. Il conçoit également plusieurs pièces de mobilier avec Jacques Debaigts, camarade de l'ENSAD. À la Triennale de Milan, ils exposent un siège en fibre végétale réalisé par le Syndicat des industries du rotin et, au Salon des artistes décorateurs à Paris, un *Mobilier de terrasse*, ensemble composé d'une table et d'un siège en métal et toile tendue, ainsi que la lampe *Méridien B 208* éditée par Luminalite. Par ailleurs, ils équipent une maison de vacances, la villa Kouaeri, au Pyla-sur-Mer, sur le bassin d'Arcachon, construite par Louis Gaume pour des membres de sa famille. Michel Buffet réalise pour la circonstance un important ensemble en bois naturel – bahut, table et chaises, canapé et fauteuils.

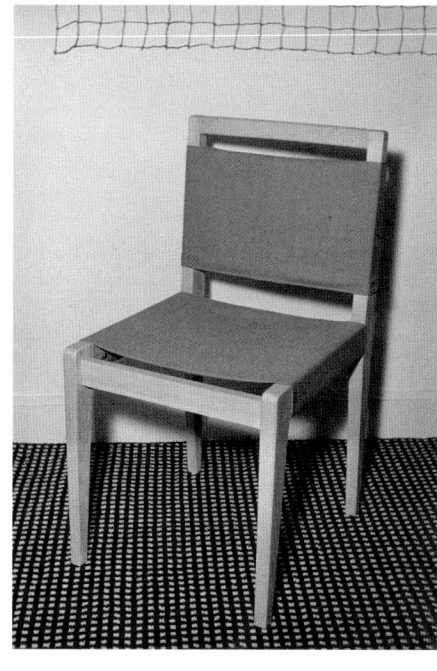

Maison de vacances Kouaeri, Pyla-sur-Mer, 1955.
Mobilier en frêne ciré en collaboration avec Jacques Debaigts, lampe *Méridien B 208* éditée par Luminalite.
Kouaeri vacation home, Pyla-sur-Mer, 1955.
Waxed ash furniture in collaboration with Jacques Debaigts, lamp *Méridien B 208*, issued by Luminalite.

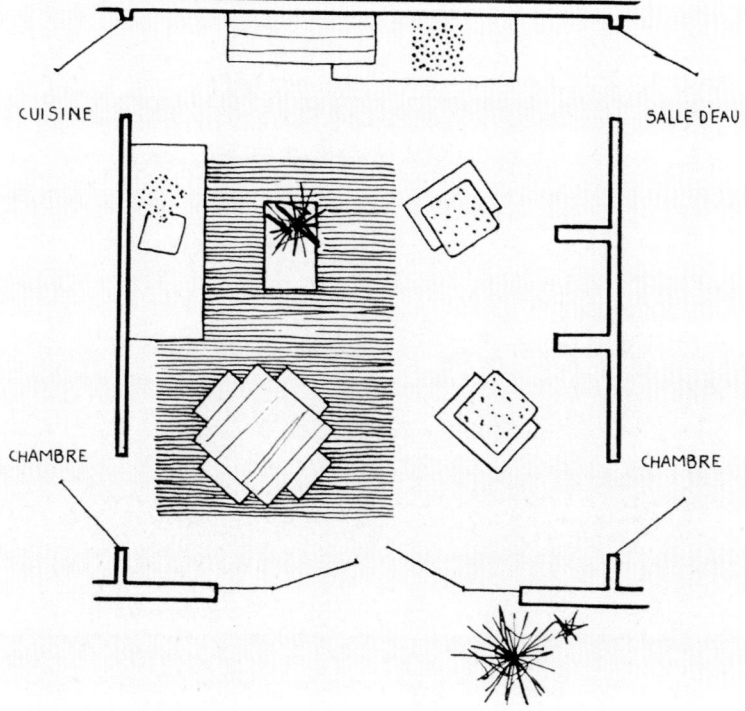

Maison de vacances Kouaeri, Pyla-sur-Mer, sur le bassin d'Arcachon, en collaboration avec Jacques Debaigts, 1955. Projet et plan pour le living-room.
Kouaeri vacation home, Pyla-sur-Mer, Arcachon basin, in collaboration with Jacques Debaigts, 1955. Project and plan for the living room.

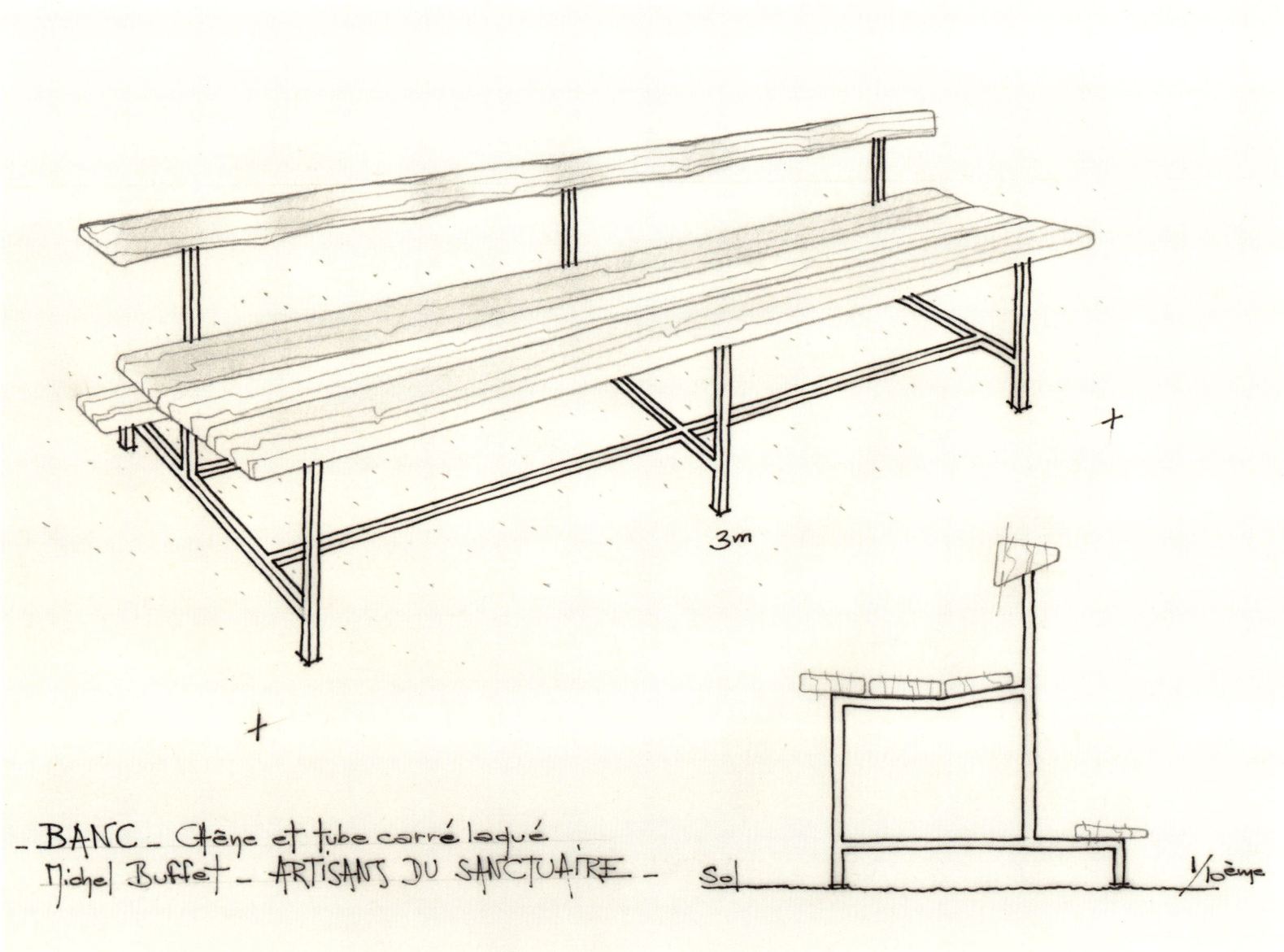

Projets de banc et de grand fauteuil en chêne pour les Artisans du sanctuaire, 1954.
Projects for a pew and a large armchair in oak for the Artisans du sanctuaire, 1954.

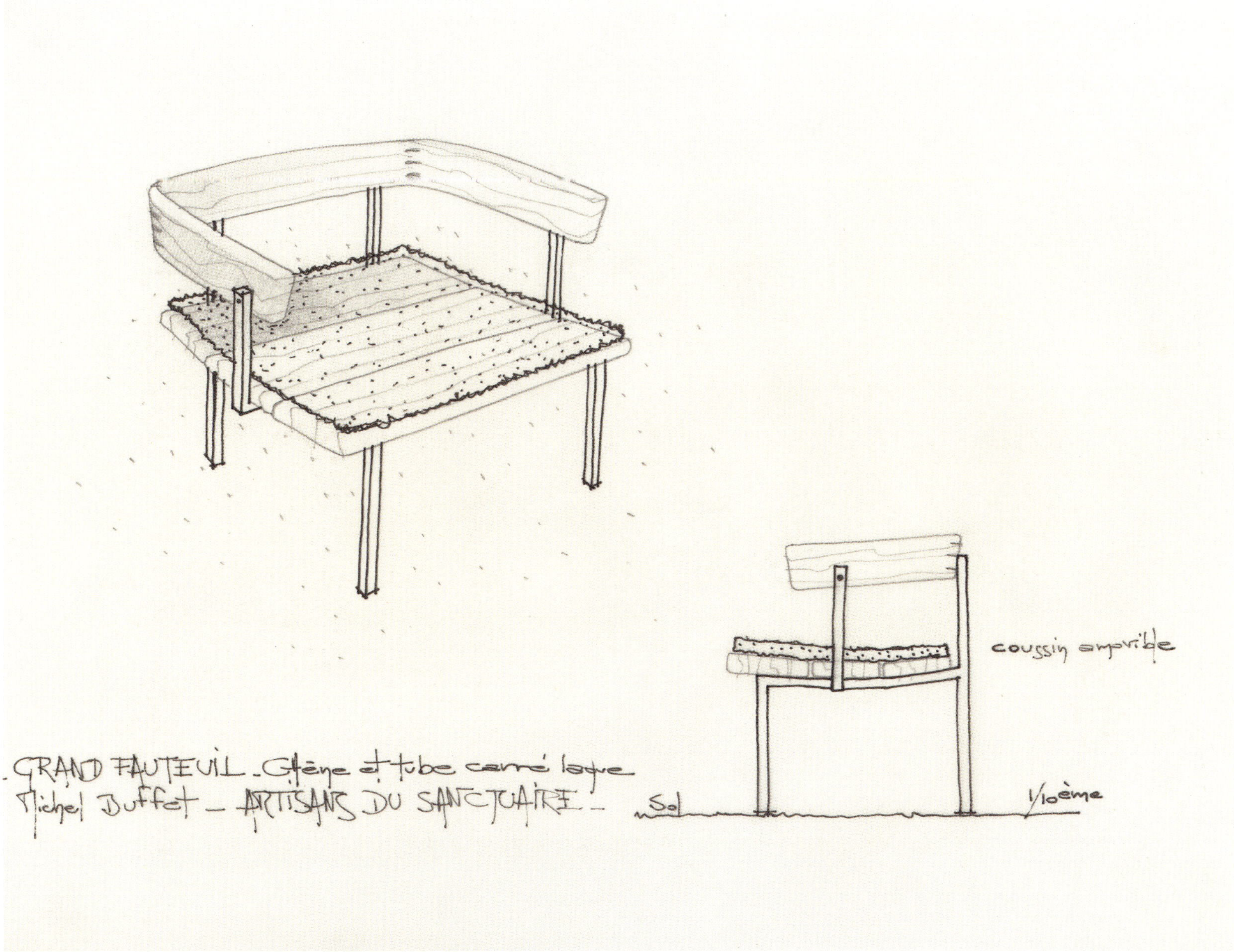

GRAND FAUTEUIL. Chêne et tube carré laqué
Michel Duffet — ARTISANS DU SANCTUAIRE —

coussin amovible

Sol   1/10ème

Chapelle de Bondy, Seine-Saint-Denis. Autel démontable pour les Artisans du sanctuaire, en collaboration avec Jacques Debaigts, 1954.
Bondy chapel, Seine-Saint-Denis. Dismountable altar for the Artisans du sanctuaire, in collaboration with Jacques Debaigts, 1954.

Couverts en acier inoxydable, en collaboration avec Jacques Debaigts, 1955. Sélectionnés à la section « Formes utiles » de l'UAM, au Salon des arts ménagers de 1958 et primés par la Société d'encouragement à l'art et l'industrie.

Stainless steel flatware in collaboration with Jacques Debaigts, 1955. Chosen for the "Formes utiles" section of the UAM, at the Salon des arts ménagers of 1958, and awarded a prize by the Société d'encouragement à l'art et l'industrie.

Beginnings as a model creator

The years 1951 to 1953 were a period of great effervescence. Decorative compositions, geometry, perspectives, and studio projects were his daily companions. They were promising years of remarkable creativity because, at the same time as his studies, he designed furniture and many lights. He imagined an evolving house, inspired by the spirals of seashells, and designed a host of projects in the form of sketches. Most of them stayed on the drawing board, but a few saw the light of day. Still a student, through his mother's relations he was introduced into the professional milieu. In 1953, his lights were issued and presented at the Grand Palais in Paris, where two fairs were being held. At the Salon des arts ménagers, Luminalite exhibited three of his table lamps and two wall lamps. At the Salon des artistes décorateurs, he presented his floor lamp *B 211*, issued by Robert Mathieu, with two armchairs and a writing case/magazine holder, an item he designed with Jacques Debaigts. The ensemble was completed by a fabric panel by François Brunet-Lecomte and two ceramic pieces by Suzanne and Georges Ramié, potters from the Madoura workshop in Vallauris who, with Picasso, had been executing all the painter's ceramic work since 1946. The year 1954 was particularly productive. While his lights were once again exhibited at the Salon des arts ménagers, he started to create furniture models. For the Festival de la création française organized by Galeries Lafayette, he presented a reclining seat in plant fiber, executed by the Établissements Georges Robert in Villefranche-de-Rouergue, which was issued by Galeries Lafayette. This armchair was purchased in 1958 by Marta Pan and André Wogenscky for their villa in Saint-Rémy-lès-Chevreuse. He also designed several pieces of furniture with Jacques Debaigts, an ENSAD classmate. At the Milan Triennial, they exhibited a plant fiber seat executed by the Syndicat des industries du rotin and, at the Salon des artistes décorateurs in Paris, patio furniture composed of a table and a metal and stretched canvas seat, as well as the *Méridien B 208* lamp issued by Luminalite. Moreover, he furnished a vacation house, the Kouaeri villa, in Le Pyla-sur-Mer, on the Arcachon basin, built by Louis Gaume for members of his family. For the occasion, Michel Buffet designed a large ensemble in natural wood—side cabinet, table, chairs, sofa, and armchairs.

For the Artisans du sanctuaire, an association run by François Basseville, he designed a dismountable altar for the Bondy chapel, in the Seine-Saint-Denis department, once again in collaboration with Jacques Debaigts.

His tastes led him to follow the functionality principles put forward by

Pour les Artisans du sanctuaire, association animée par François Basseville, il conçoit un autel démontable destiné à la chapelle de Bondy, en Seine-Saint-Denis, toujours en collaboration avec Jacques Debaigts.

Ses goûts le portent à suivre les principes de fonctionnalité élaborés par Marcel Gascoin et René Gabriel, ces passeurs pour la jeune génération de décorateurs de l'après-guerre, qui ont su magistralement redonner ses lettres de noblesse au mobilier en bois, tout en appliquant les principes du mouvement moderne.

Les couverts de table en acier inoxydable qu'il dessine avec Jacques Debaigts sont primés par la Chambre syndicale des producteurs d'aciers fins et spéciaux et par les groupements professionnels de la coutellerie et des couverts, lors du concours placé sous le patronage de la Société d'encouragement à l'art et à l'industrie. Ces couverts, sélectionnés par « Formes utiles », sont parmi les dix premiers primés et sont exposés au Salon des arts ménagers de 1958. Ils subiront quelques modifications pour des raisons commerciales que le designer regrettera.

Il poursuit cette remarquable créativité à son retour du service militaire et au-delà, alors qu'il a déjà intégré la CEI Raymond Loewy. En 1957, le siège en fibre végétale qu'il a conçu en 1954 avec Jacques Debaigts figure dans la sélection « Formes utiles » du Salon des arts ménagers. La chaise en contreplaqué moulé qu'il crée à la même époque aura un certain succès car, présentée à la XIe Triennale de Milan, en 1957, puis aux Expositions universelles de Bruxelles en 1958 et d'Osaka en 1970, elle est remarquée par l'entourage de Marcel Breuer lors de la construction du siège de l'Unesco à Paris. Elle aurait pu équiper le pavillon des Ambassades, si son éditeur, les Établissements Maillet, ne s'était désintéressé du projet.

Cette période d'intense activité, dans le cadre de l'École des arts décoratifs et dans la fréquentation des expositions – Salon des arts ménagers, Salon des artistes décorateurs, « Formes utiles » –, lui permet d'entrer en contact avec l'élite des décorateurs-créateurs de modèles. Avec enthousiasme, il dessine, réalise et expose ses œuvres. Sa voie semble tracée, mais les événements de sa vie l'orientent différemment.

Chaise en contreplaqué moulé, éditée par les Établissements Maillet, 1957. Sélectionnée par Marcel Breuer pour le siège de l'Unesco à Paris. Sans suite.
Plywood molded chair issued by Établissements Maillet, 1957. Selected by Marcel Breuer for the headquarters of UNESCO, Paris. Not followed up.

Siège de repos en fibre végétale et rotin chez André Wogensky et Marta Pan à Saint-Rémy-lès-Chevreuse. Au mur, sculpture de Marta Pan.
Relaxation chair in plant fiber and rattan at the home of André Wogenscky and Marta Pan in Saint-Rémy-lès-Chevreuse. On the wall, sculpture by Marta Pan.

Siège de repos en fibre végétale et rotin, fabriqué par les Établissements Georges Robert à Villefranche-de-Rouergue, édité par les Galeries Lafayette, 1955. Rideau François Brunet-Lecomte.
Relaxation chair in plant fiber and rattan, made by the Établissements Georges Robert in Villefranche-de-Rouergue, issued by Galeries Lafayette, 1955. Curtain by François Brunet-Lecomte.

Marcel Gascoin and René Gabriel, those transmitters for the young generation of postwar decorators, who were able to return the pedigree of wood furniture brilliantly, while applying the principles of the Modern movement.

The stainless steel flatware that he designed with Jacques Debaigts was distinguished by the Chambre syndicale des producteurs d'aciers fin et speciaux and the professional groups of the cutlery industry at a competition under the patronage of the Société d'encouragement à l'art et à l'industrie. This flatware, selected by "Formes utiles," was among the ten top prizewinners and was exhibited at the 1958 Salon des arts ménagers. It underwent a few modifications for commercial reasons that the designer regretted.

He pursued this remarkable creativity when he ended his military service and afterward, when he had already joined CEI Raymond Loewy. In 1957, the plant fiber seat that he had designed in 1954 with Jacques Debaigts appeared in the "Formes utiles" selection of the Salon des arts ménagers. The molded plywood chair that he created in the same period would have a fair amount of success because, presented at the 11th Milan Triennial, in 1957, then at the Universal Expositions in Brussels in 1958 and Osaka in 1970, it drew the attention of Marcel Breuer's entourage during the construction of the UNESCO headquarters in Paris. It could have equipped the Pavillon des ambassades if its issuer, the Établissements Maillet, had not withdrawn its backing for the project.

This period of intense activity, while the designer was still at the École des arts décoratifs and through his attendance at several exhibitions—the Salon des arts ménagers, Salon des artistes décorateurs, "Formes utiles"—put him in contact with the elite of the world of model decorator-creators. Enthusiastically, he designed, executed, and exhibited his works. His career path seemed laid out for him, but the events of his life would make him take a different turn.

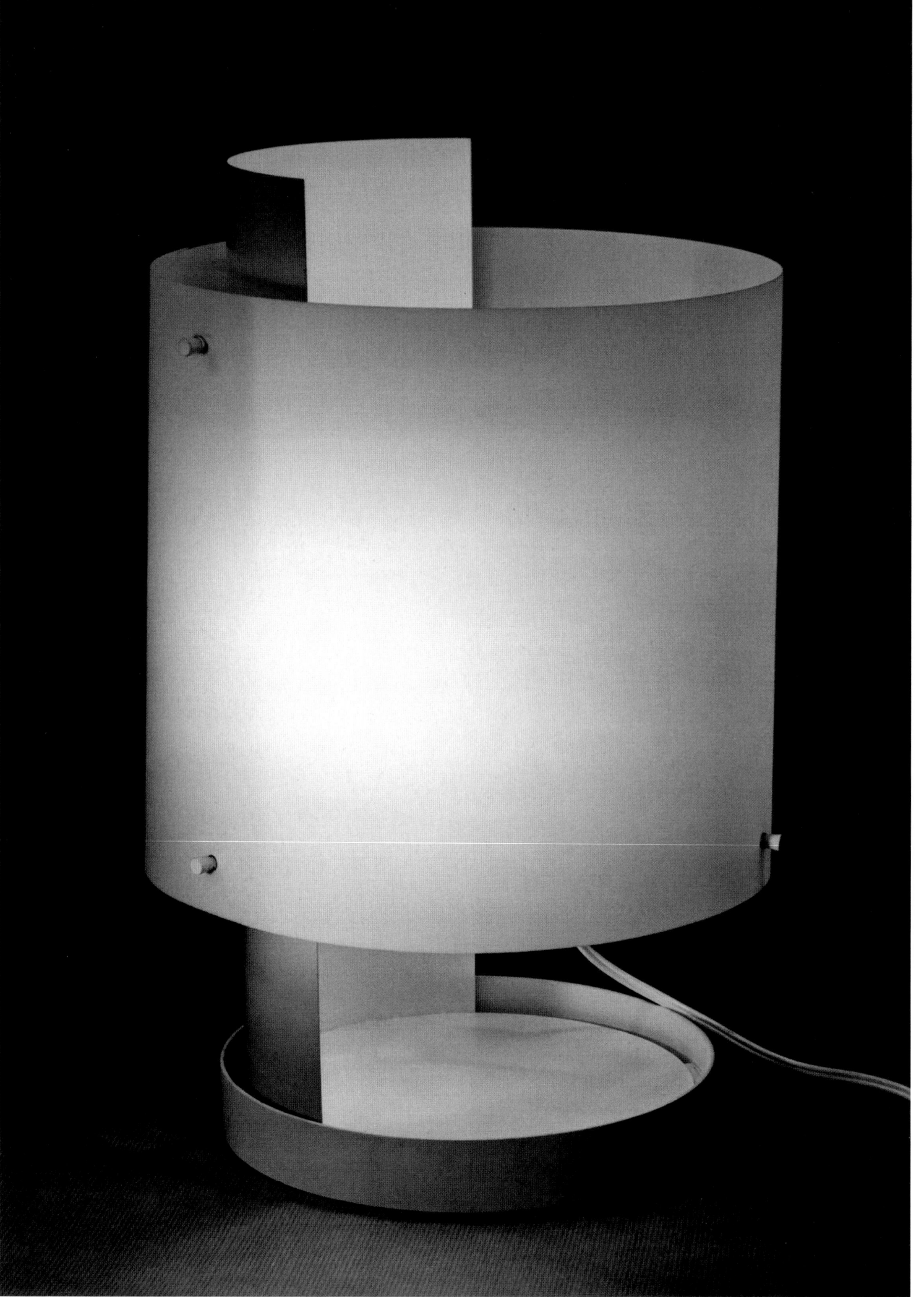

Lampe à poser *B 204*, tôle laquée blanc mat et laiton verni, édition Luminalite, 1954.
Table lamp *B 204*, matte white-lacquered sheet metal and varnished brass, issued by Luminalite, 1954.

Page de gauche/Left-hand page
Lampe à poser *B 203*, tôle laquée blanc mat, laiton et cylindre en Rhodoïd opalescent, édition Luminalite, 1954.
Table lamp *B 203*, matte white-lacquered sheet metal, brass and opalescent acetate cylinder, issued by Luminalite, 1954.

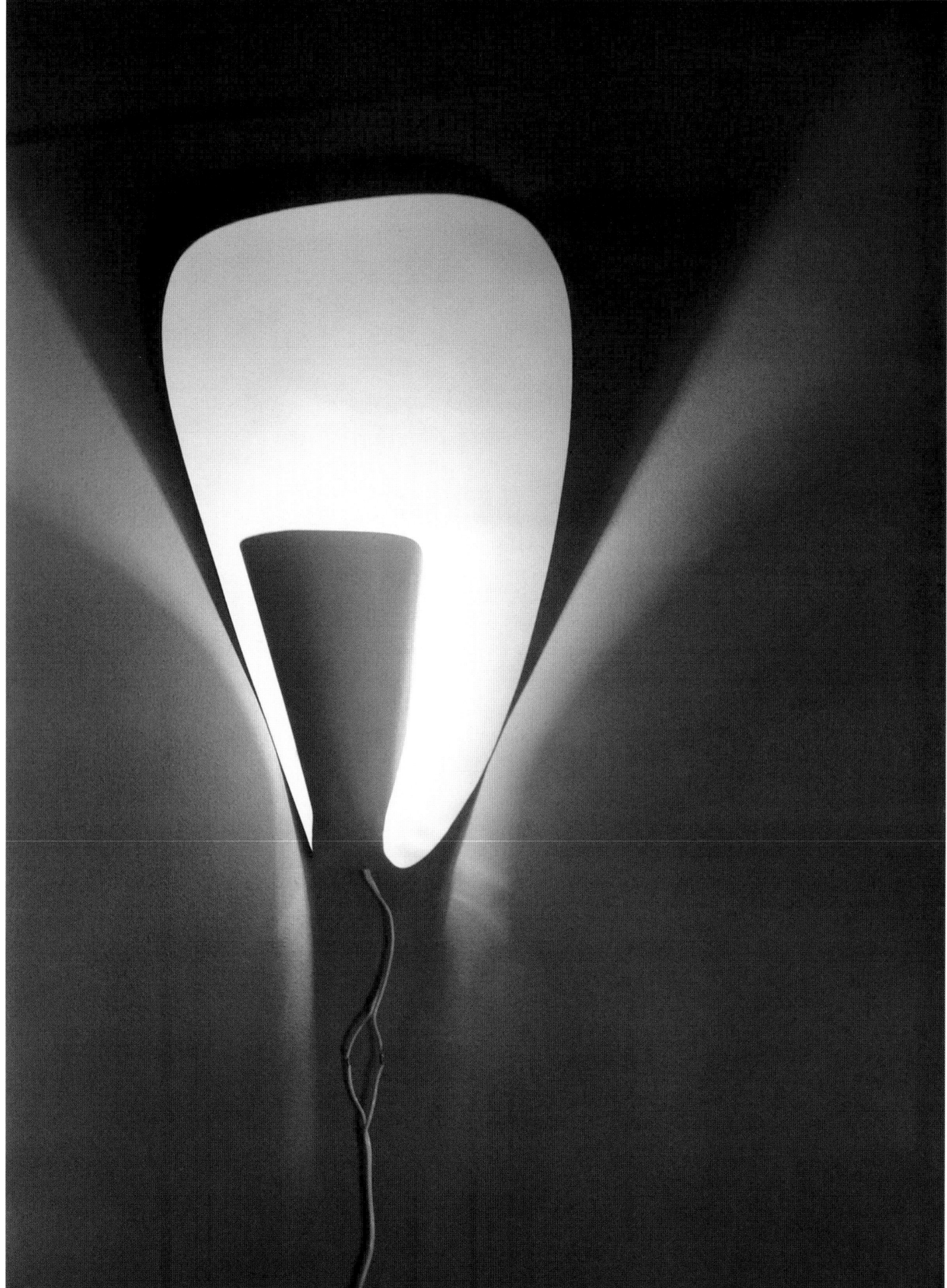

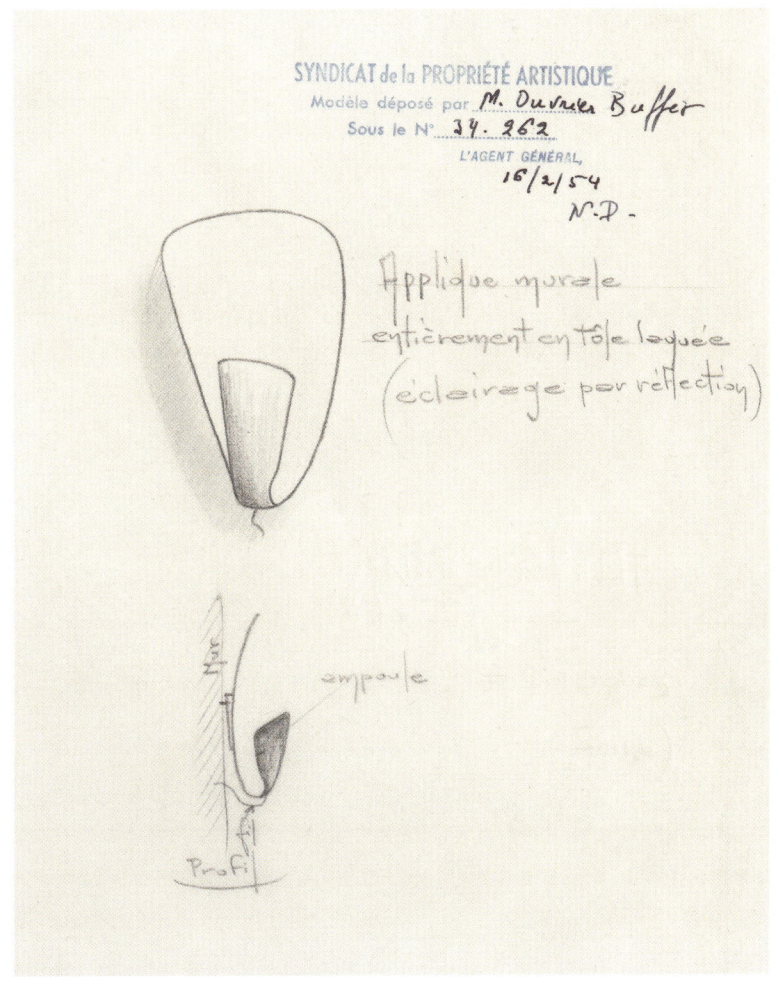

Lampe à poser B 200, tôle peinte en blanc et laiton verni, déflecteur supérieur orientable, édition Luminalite, 1954.
Table lamp B 200, white-painted sheet metal and varnished brass, pivotable upper deflector, issued by Luminalite, 1954.

Lampe à poser B 202, tôle peinte et laiton verni, réflecteur perforé, édition Luminalite, 1954.
Table lamp B 202, painted sheet metal and varnished brass, perforated reflector, issued by Luminalite, 1954.

Applique B 206, dépôt n° 34.262 auprès du Syndicat de la propriété artistique, 1954.
Wall lamp B 206, registration no 34.262 at the Syndicat de la propriété artistique, 1954.

Page de gauche/Left-hand page
Applique B 206, tôle laquée blanc mat, éclairage indirect et diffusant, édition Luminalite, 1954.
Wall lamp B 206, matte white-lacquered sheet metal, indirect and diffused lighting, issued by Luminalite, 1954.

Lampe à poser *B 210*, tôle perforée laquée blanc mat et laiton verni, édition Luminalite, 1954.
Table lamp *B 210*, matte white-lacquered perforated sheet metal and varnished brass, issued by Luminalite, 1954.

Page de gauche/Left-hand page
Applique *B 209*, tôle perforée laquée blanc mat, réflecteur perforé, édition Luminalite, 1954.
Wall lamp *B 209*, matte white-lacquered perforated sheet metal, perforated reflector, issued by Luminalite, 1954.

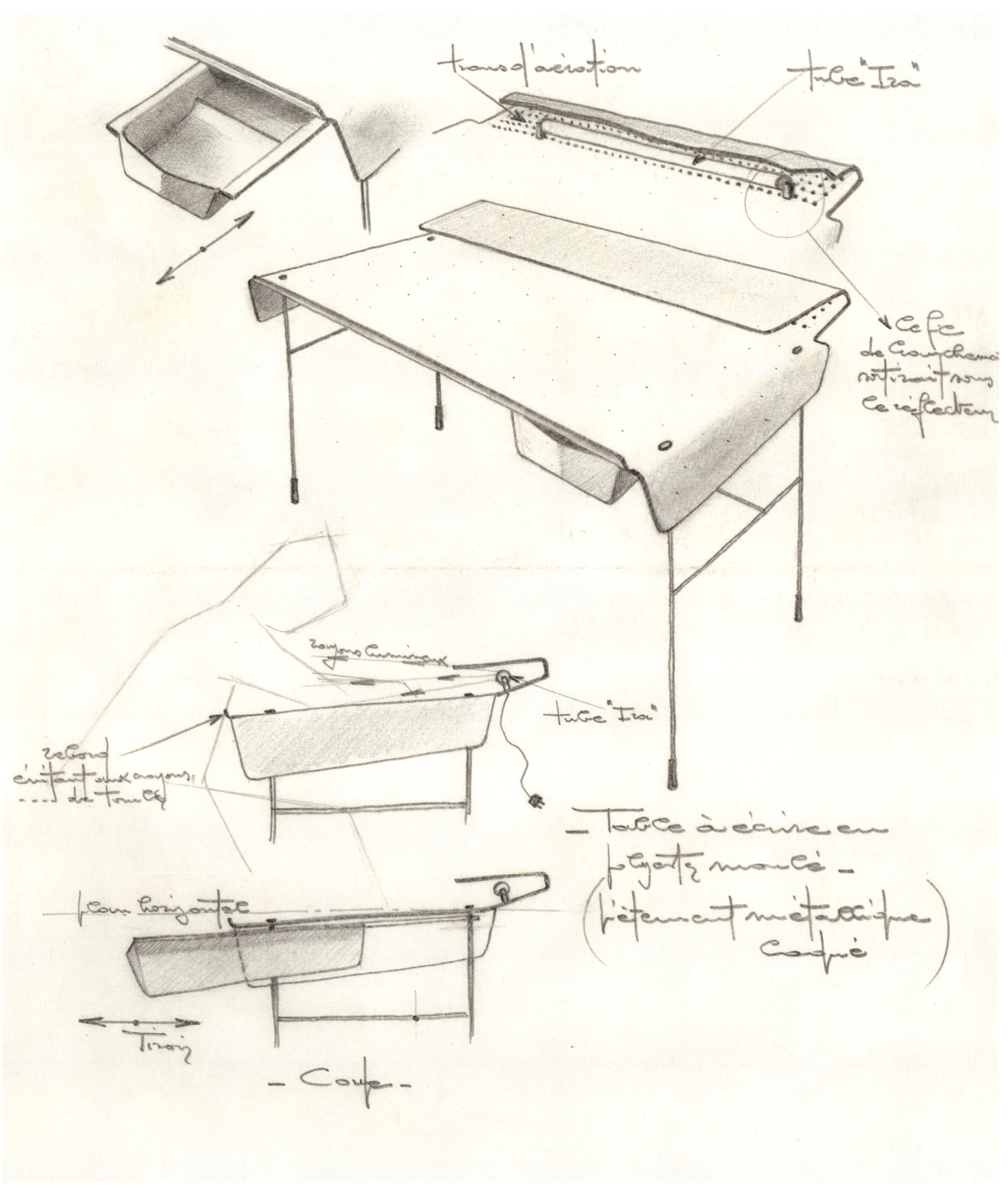

Projet de bureau-écritoire, contreplaqué moulé sur piètement métallique intégrant un éclairage, 1951-1953.
Project for a desk/writing case, molded plywood on metal leg assembly with built-in lighting, 1951–1953.

Projet de siège, contreplaqué moulé empilable, 1951-1953.
Project for a seat, stackable molded plywood, 1951–1953.

Découverte de l'ergonomie

Avant d'entreprendre son service militaire, en mai 1955, parallèlement à ses débuts de créateur de luminaires et de meubles, et sur les conseils de ses professeurs, il va voir Jacques Viénot. Ce dernier l'intègre à l'équipe de Technès pour un stage. Michel Buffet y rencontre Roger Tallon et Jean Parthenay, qui seront ses mentors pour quelques mois. Il collabore à différents projets en tant que petite main, en découpant du carton, et y apprend, essentiellement par l'observation, les bases d'un métier dont il n'a pas la moindre idée, où l'on élabore des objets de la vie courante. Il faut signaler que ce métier est alors parfaitement inconnu. Jacques Viénot est le premier en France à ouvrir un bureau d'études d'esthétique industrielle, l'équivalent de l'*industrial design* anglo-saxon.

Ainsi, après un début de carrière dans le design domestique, Michel Buffet fait la découverte d'un nouveau continent. L'expérience est de courte durée. À ce stade, rien n'est joué. Ce sont les hasards de la vie qui vont le faire basculer vers le design industriel, de façon inopinée.

Lors de son service militaire en Algérie, puis au Maroc, affecté comme attaché au service météorologique de l'armée de l'air à la Direction de la Météorologie nationale, il se trouve affecté à la station de Marrakech, chargé d'observer, d'établir et de transmettre l'observation des phénomènes météo locaux. C'est alors que, face aux difficultés que représentent ce travail d'observation et l'inadéquation de certains instruments mis à sa disposition, il conçoit une amélioration de « l'environnement instrumental », selon sa propre expression. Proposition qui sera discutée par la Direction des instrumentations de la météorologie nationale et réalisée sur place.

Dans son autobiographie, Michel Buffet raconte comment il fait cette première expérience d'ergonomie. Face à la complexité des tâches à accomplir simultanément pour les observations météorologiques qui lui incombent, il a l'idée de simplifier l'exécution de son travail. Il dessine un aménagement pour poser confortablement théodolite et carnet, être éclairé et libérer ses mains de multiples objets nécessaires, tels que lampe électrique, carnet, crayon, gomme et chronomètre.

« À Marrakech, où je m'installais, entouré de quelques autres appelés et d'un *chaouch*, je m'aperçus vite que l'observation météo et la prévision n'étaient pas mon fort. Par contre, c'est bien là que je pris ma première leçon d'ergonomie, tout attentif à l'impossible combinatoire nécessaire à l'observation de nuit : gonfler un ballon, y attacher un lampion et l'allumer (bougie et allumettes…), le suivre dans sa course plus ou moins rapide ou désordonnée à partir d'un théodolite tout en notant à chaque minute ordonnée et abscisse du ballon, dans le noir, en s'aidant d'une lampe de poche sur un carnet prévu à cet effet. En ayant bien évidemment recours, j'allais l'oublier, à un chronomètre manuel… Beaucoup de choses pour un seul homme, surtout quand le vent était impétueux et qu'il déroutait en permanence ballon et lampion[1] ! »

Pour réaliser son prototype, il retrouve le travail de la tôle, sous le contrôle des mécaniciens qui entretiennent les avions de l'école de pilotage à laquelle il est rattaché. Admiratif de leur habileté à former et souder des feuilles de métal, fines mais d'une grande résistance, à l'instar des carlingues des Junker 52, avions allemands récupérés de la dernière guerre mondiale, et plus tard des capots des 2 CV Citroën, Michel Buffet s'en souviendra et utilisera cette technique ultérieurement.

[1] Michel Buffet, *Profession, designer industriel*, Paris, Éditions des Écrivains, 1999, p. 31.

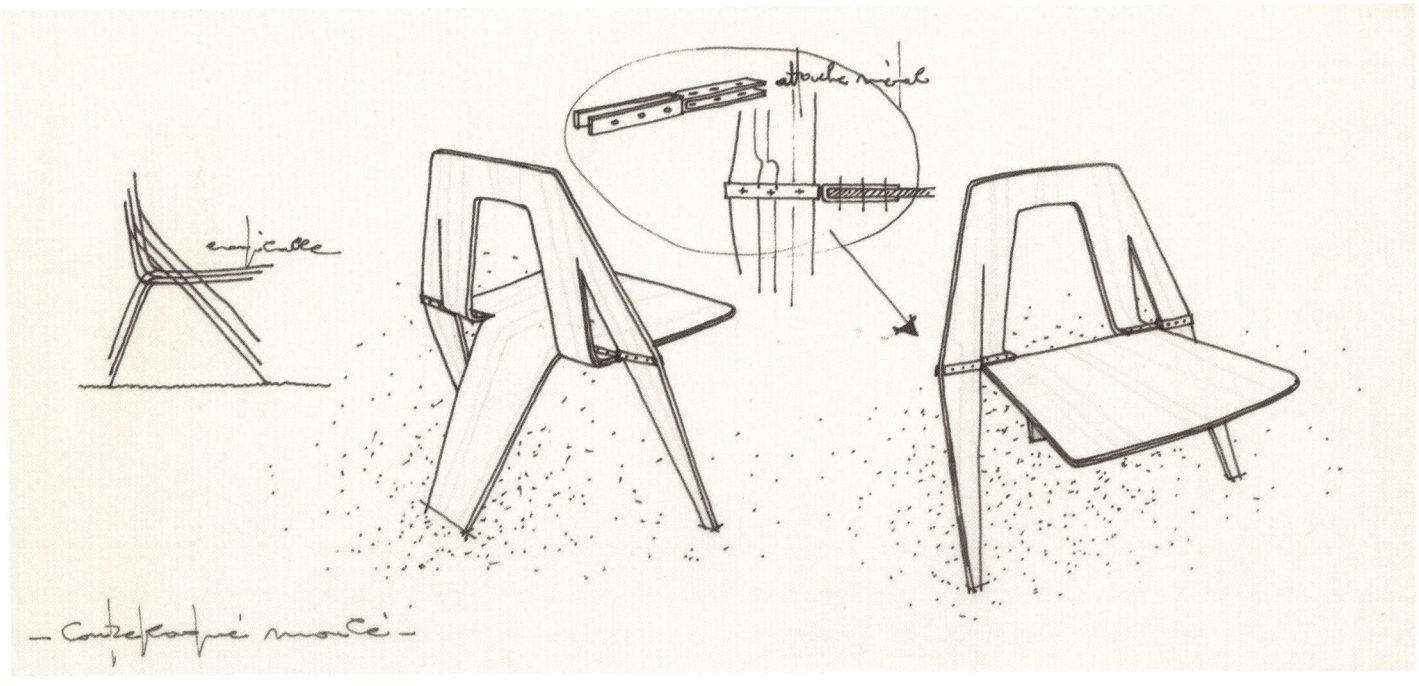

Théodolite fixé sur un support lumineux en tôle d'acier. Site d'observation de la Météorologie nationale, Marrakech, 1955.
Theodolite attached to an illuminated support in steel plate. Observation site of the National Weather Service, Marrakech, 1955.

Étude ergonomique pour un support de théodolite.
Ergonomic study for a theodolite support.

Discovery of ergonomics

Before starting his military service, in May 1955, concurrently with his beginnings as a lighting and furniture creator, and on the advice of his teachers, he went to see Jacques Viénot, who brought him into the Technès team for an internship. Michel Buffet met Roger Tallon and Jean Parthenay, who would be his mentors for a few months there. He collaborated on different projects at a low level, cutting out board, and learned, mostly by observation, the basis of a profession that he knew nothing about, in which objects of daily life are developed. This profession was totally unknown at the time. Jacques Viénot was the first in France to open an office of "industrial aesthetics" (what was known as industrial design in the Anglo-Saxon world).

Thus, having started his career in design for the home, Michel Buffet discovered a whole new world. The experience was of short duration. At this stage, nothing was final. It was the randomness of life that unexpectedly thrust him into industrial design.

During his military service in Algeria, then Morocco, appointed as attaché to the meteorological department of the French Air Force at the National Meteorological Division, he was posted to the Marrakech station, tasked with observing, establishing, and transmitting his observations of local weather phenomena. It was at this time, faced with the difficulties of this observation task and the inappropriateness of the instruments available, that he designed an improvement in "the instrumental environment," to use his own expression. The proposal was discussed by the Instrumentation Division of the National Weather Service and executed onsite.

In his autobiography, Michel Buffet explains how he did his first ergonomic experiment. Faced with the complexity of the tasks to be accomplished simultaneously for the meteorological observations assigned to him, the idea of simplifying the execution of his work occurred to him. He designed a way to comfortably set down his theodolite and notebook, light his work area, and free his hands of the many required objects, such as a flashlight, notebook, pencil, eraser, and chronometer.

"In Marrakech, where I was living, surrounded by a few other draftees and a *chaouch*, I quickly noticed that observing and forecasting the weather was not my strong point. On the other hand, it was there that I had my first ergonomics lesson, very attentive to the impossible combination needed for night observation: blowing up a balloon, attaching a lantern to it and lighting it (candle and matches…), following it in its more or less rapid or disordered race using a theodolite while jotting down the x and y axes of the balloon every minute, in the dark, using a flashlight on a notebook for that purpose. Quite obviously in using, I almost forgot, a manual chronometer… A lot of things for just one man, especially when the wind was raging and constantly diverted the balloon and the lantern!"[1]

To make his prototype, he worked with sheet metal once again, under the control of the mechanics who maintained the planes of the flying school to which he was attached. Admiring their skill in shaping and welding thin but very resistant metal sheets, like the cabins of the Junker 52s, German planes recovered from World War II, and later the hoods of the Citroën 2 CVs, Michel Buffet would remember and later use this technique.

[1] Michel Buffet, *Profession, designer industriel*, Paris, Éditions des Écrivains, 1999, p. 31.

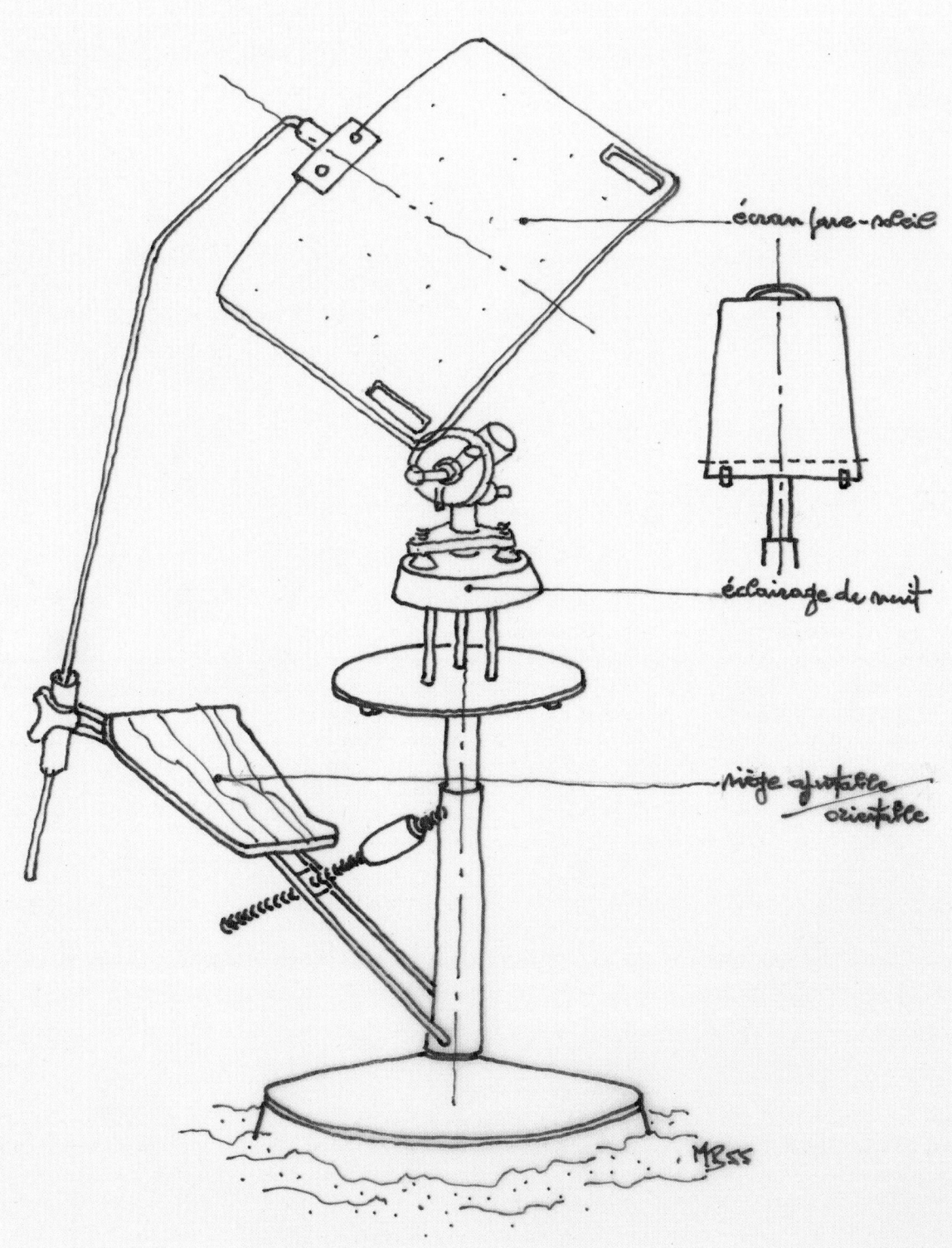

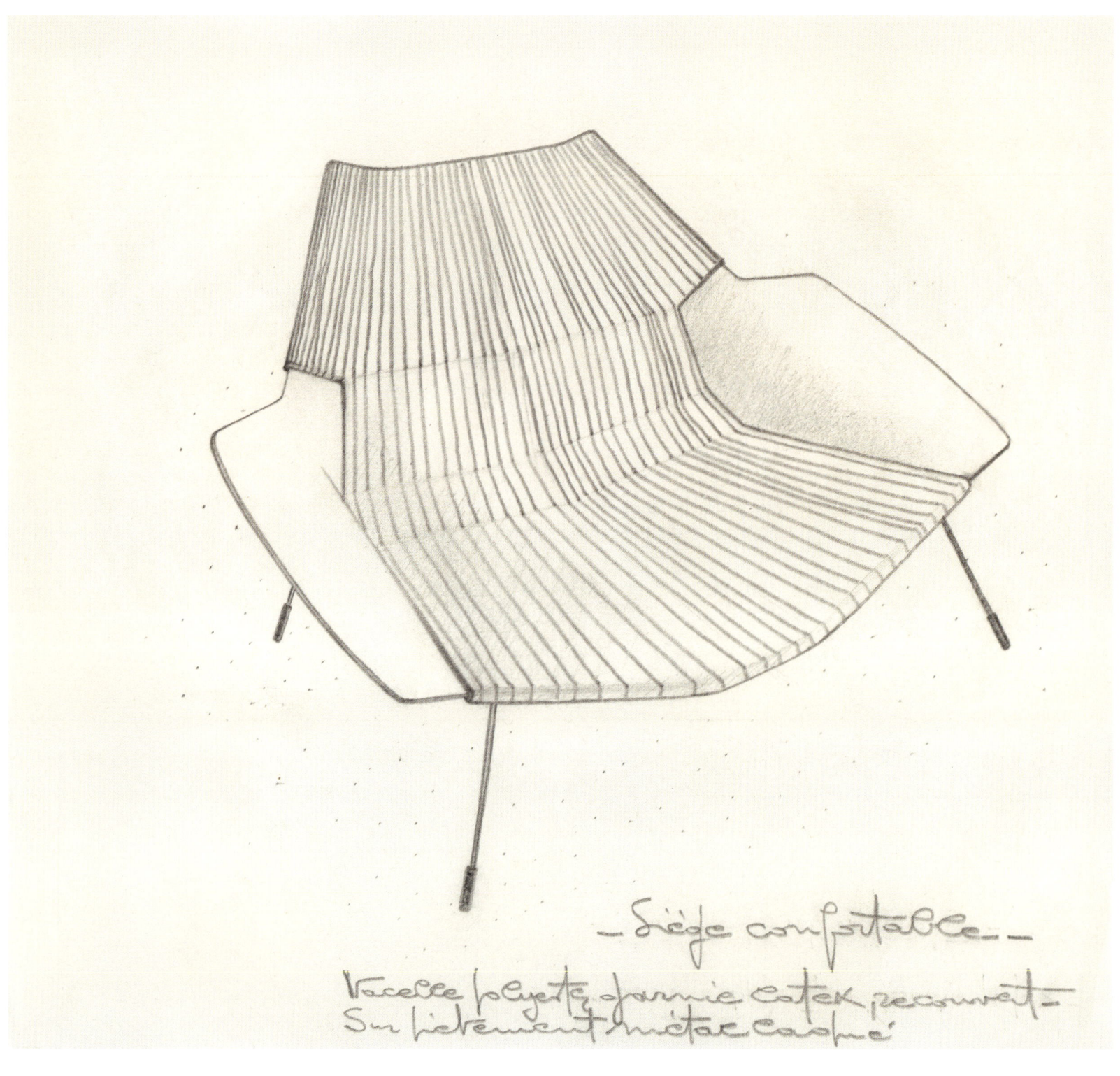

Projet de siège grand confort, garniture textile sur piètement métallique, 1951-1953.
Project for a very comfortable seat, fabric covering on metal leg assembly, 1951–1953.

Projet de siège grand confort, contreplaqué moulé, garniture textile sur piètement métallique, 1951-1953.
Project for a very comfortable seat, molded plywood, fabric covering on metal leg assembly, 1951–1953.

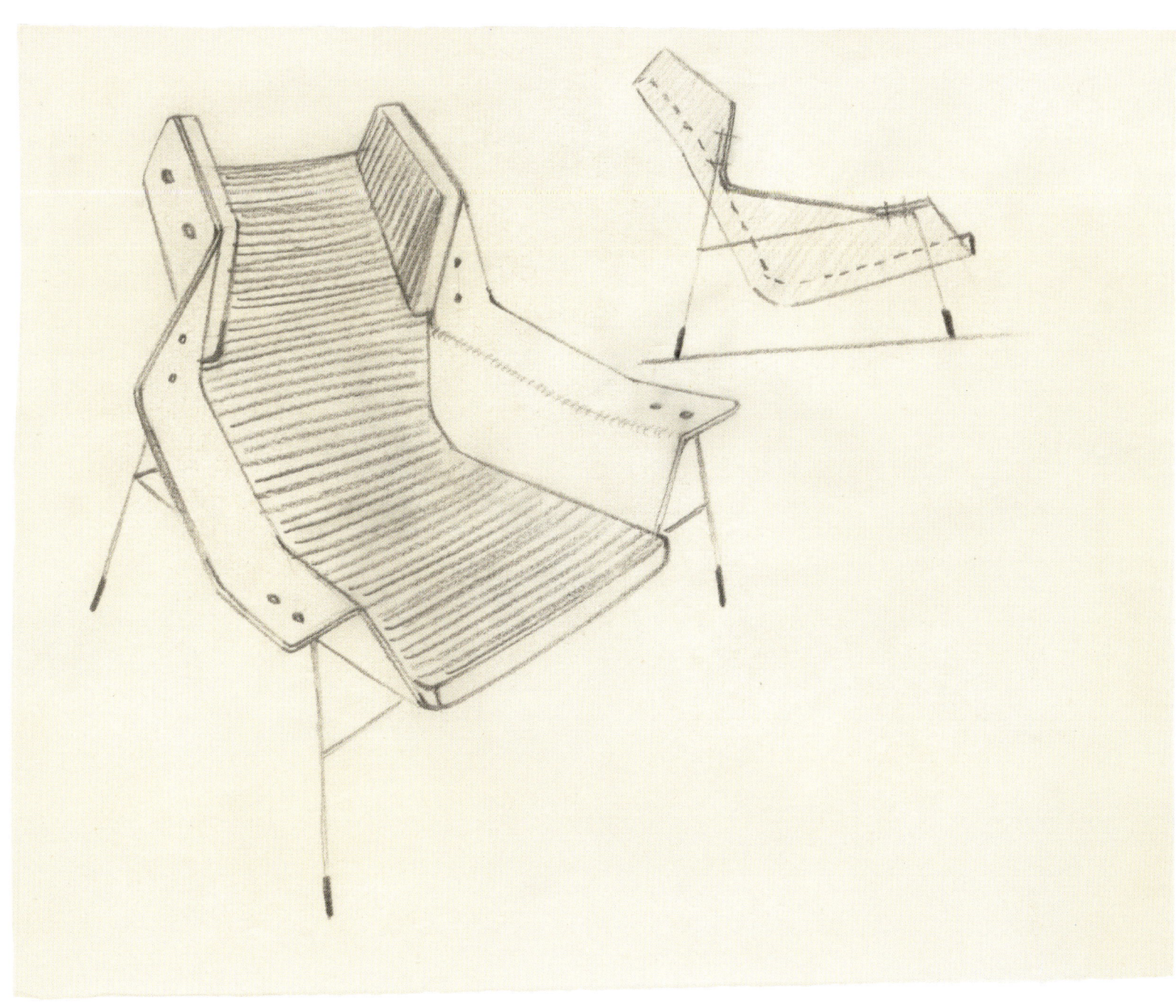

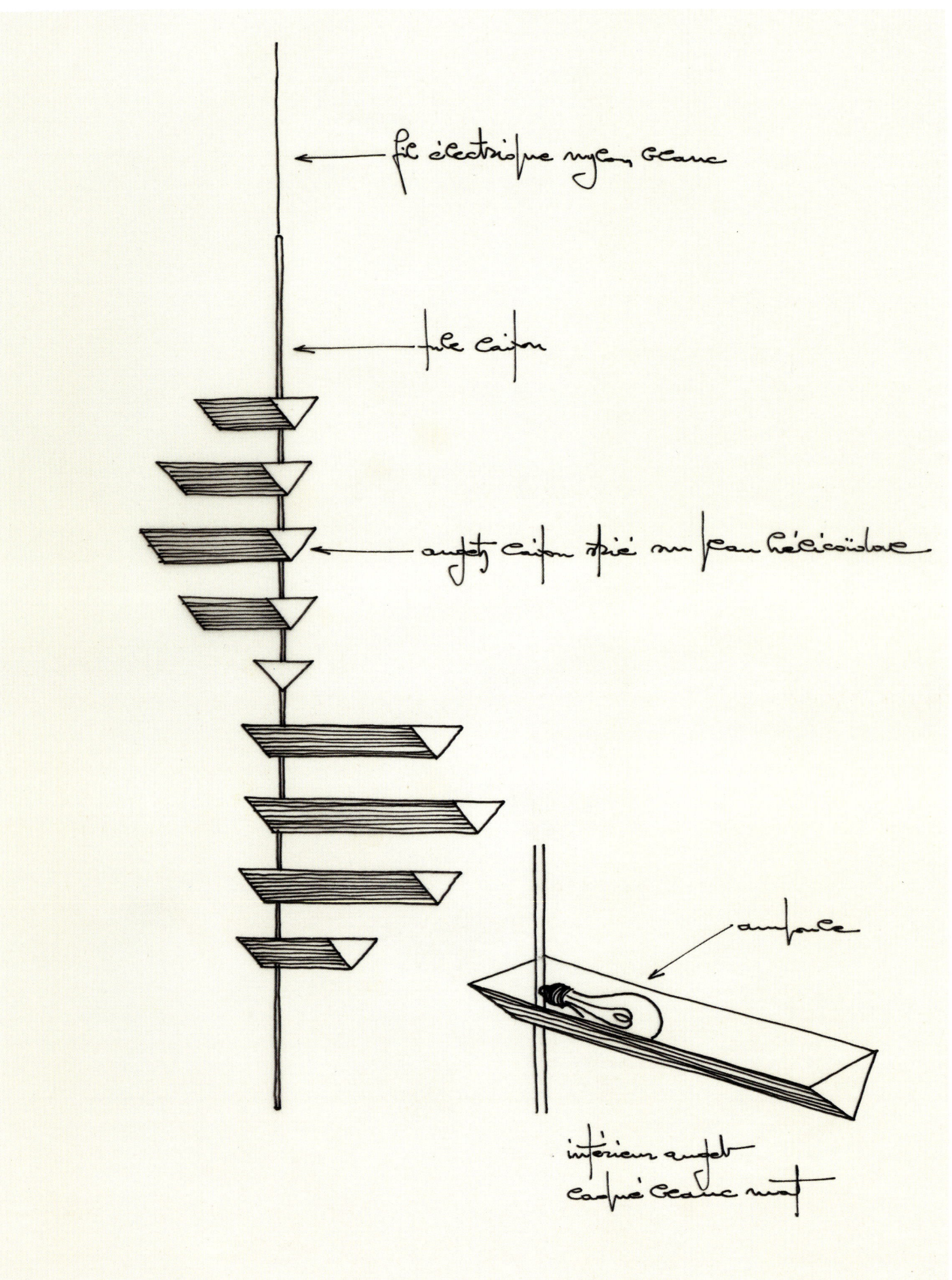

Projet de luminaire pour les Artisans du sanctuaire, 1954.
Light project for the Artisans du sanctuaire, 1954.

Plongée dans l'esthétique industrielle

A plunge into industrial design

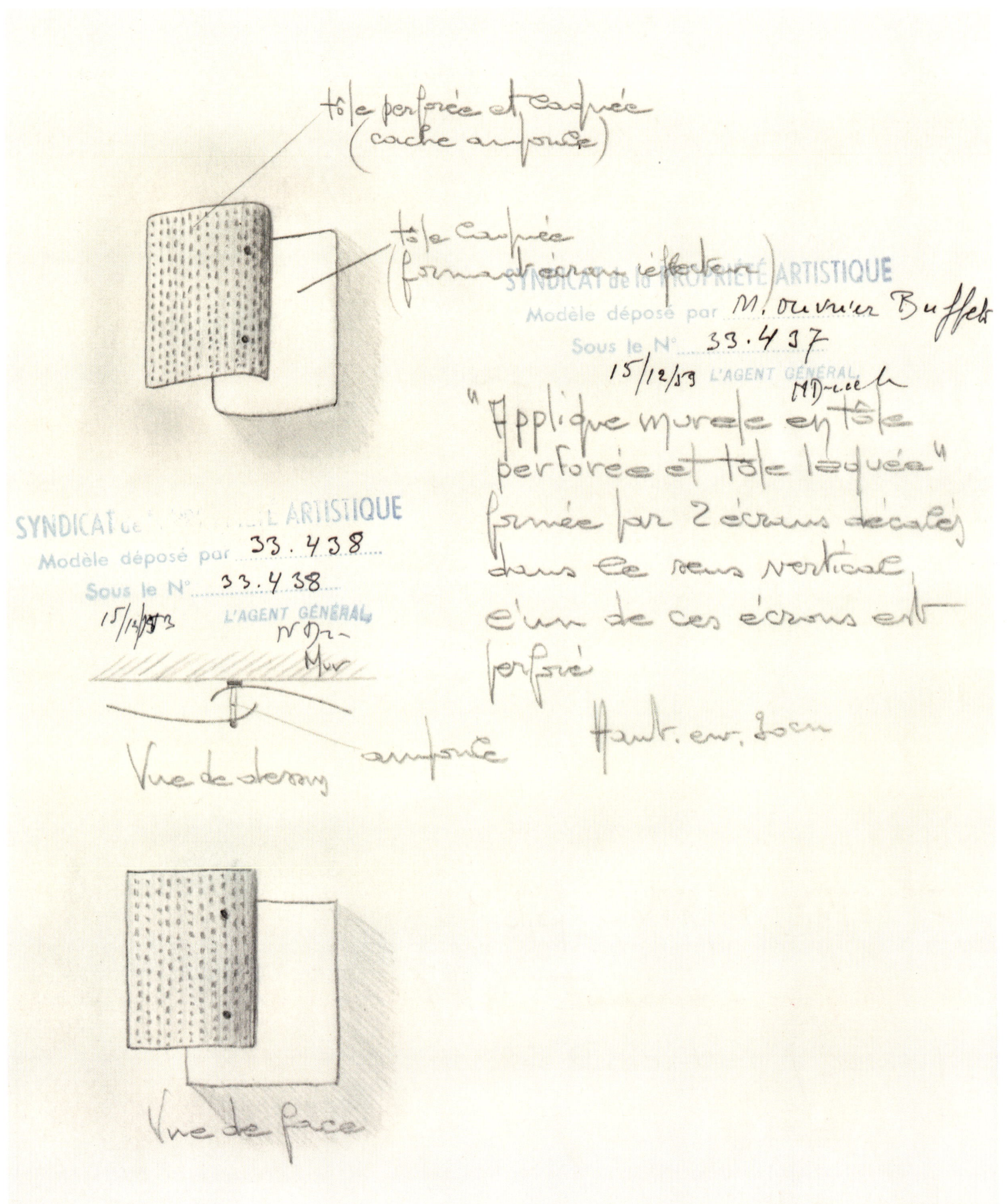

Applique *B 205*, dépôt n° 33.438 auprès du Syndicat de la propriété artistique, 1953.
Wall lamp *B 205*, registration no 33.438 at the Syndicat de la propriété artistique, 1953.

Après cet apprentissage improbable, de retour en France après son service militaire, il reprend contact avec Jacques Viénot, son passage à Technès lui ayant donné goût à ce qui deviendra le design industriel. Ne pouvant pas l'intégrer à son équipe, celui-ci l'oriente vers la Compagnie américaine de l'esthétique industrielle. Créé en 1952 à Paris par Raymond Loewy, ce bureau d'études, qui deviendra la CEI, Compagnie de l'esthétique Industrielle en 1958, recherche des collaborateurs.

C'est ainsi qu'en 1956, sa vie prend un tournant décisif lorsque, à l'âge de 25 ans, il se rend à l'agence située au fond de la cour intérieure d'un immeuble bourgeois de l'avenue Bugeaud, près du bois de Boulogne. Le jeune homme, impressionné, se trouve face à une élégante porte laquée bleu foncé avec trois lettres gravées sur un disque de laiton éclairé : « CEI ».

« Je me souviens encore de mon premier contact avec le maître des lieux, qui partageait son temps entre son bureau new-yorkais et la Compagnie américaine de l'esthétique industrielle à Paris. Allure 1930, pardessus cachemire col relevé et chapeau mou assorti, fine moustache et visage hâlé, descendant d'une automobile jamais vue. Ni française, ni américaine, ni italienne… dessinée par lui et construite à l'unité, noire et aérodynamique avec une calandre exagérément chromée à grands fanons qui ne passait pas inaperçue mais qui finalement ne me fit pas grosse impression, plutôt retenu par la jolie jeune femme qui l'accompagnait, Viola, son épouse[2]. »

La Compagnie américaine de l'esthétique industrielle est alors dirigée par Harold Barnett, assisté de Pierre Gautier-Delaye. Michel Buffet est embauché sur-le-champ.

En France, à l'époque, il n'existe aucune filière pour ce nouveau métier qui n'est pratiqué que par deux bureaux d'études, la CEI de Raymond Loewy et Technès de Jacques Viénot, deux pionniers de l'esthétique industrielle.

2 Michel Buffet, *Profession, designer industriel*, op. cit., p. 15.

Projet de lampadaire-colonne, tôle laquée blanc, verre dépoli et laiton verni, 1951-1953.
Project for a floor lamp column in white-lacquered sheet metal, varnished brass, and frosted glass, 1951–1953.

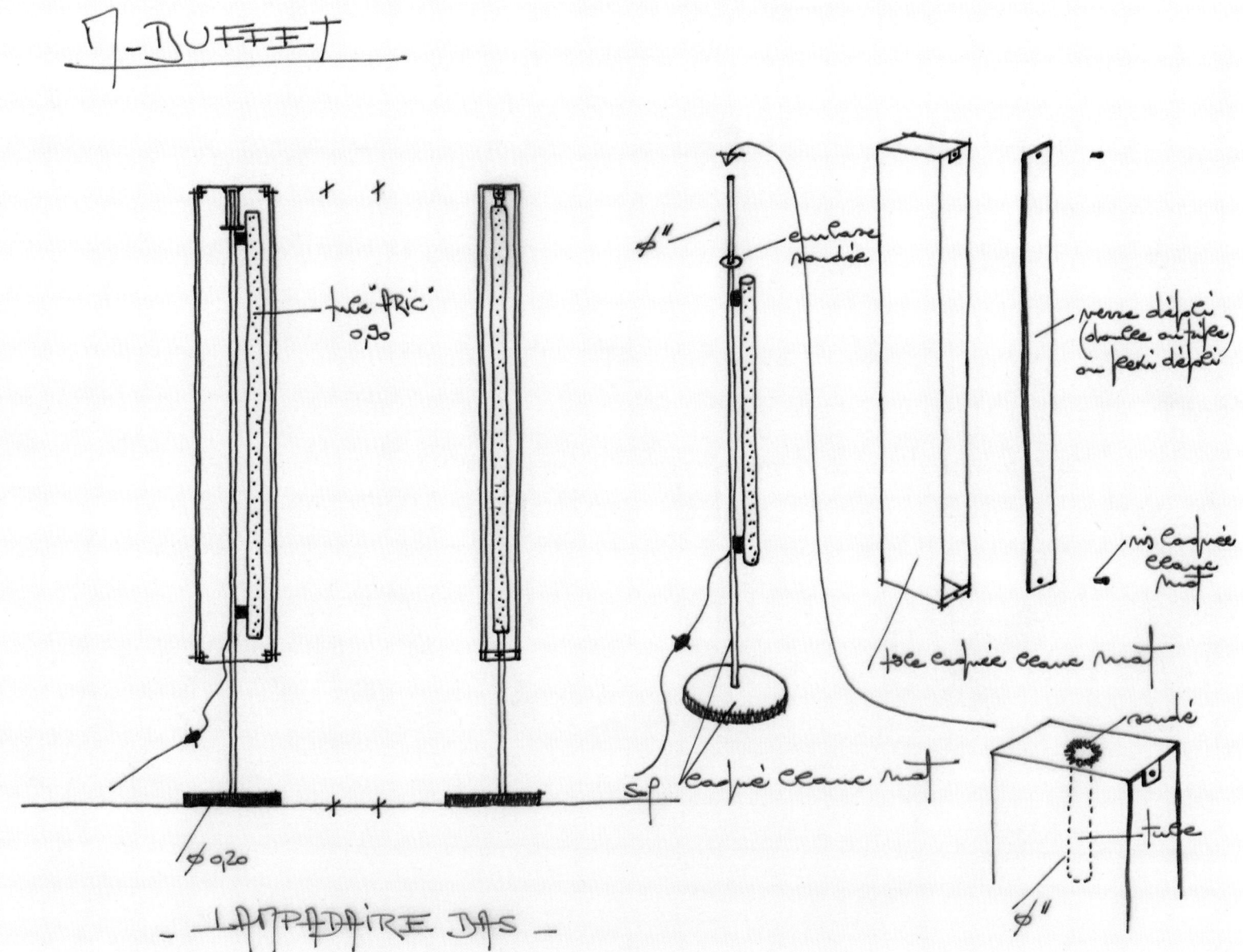

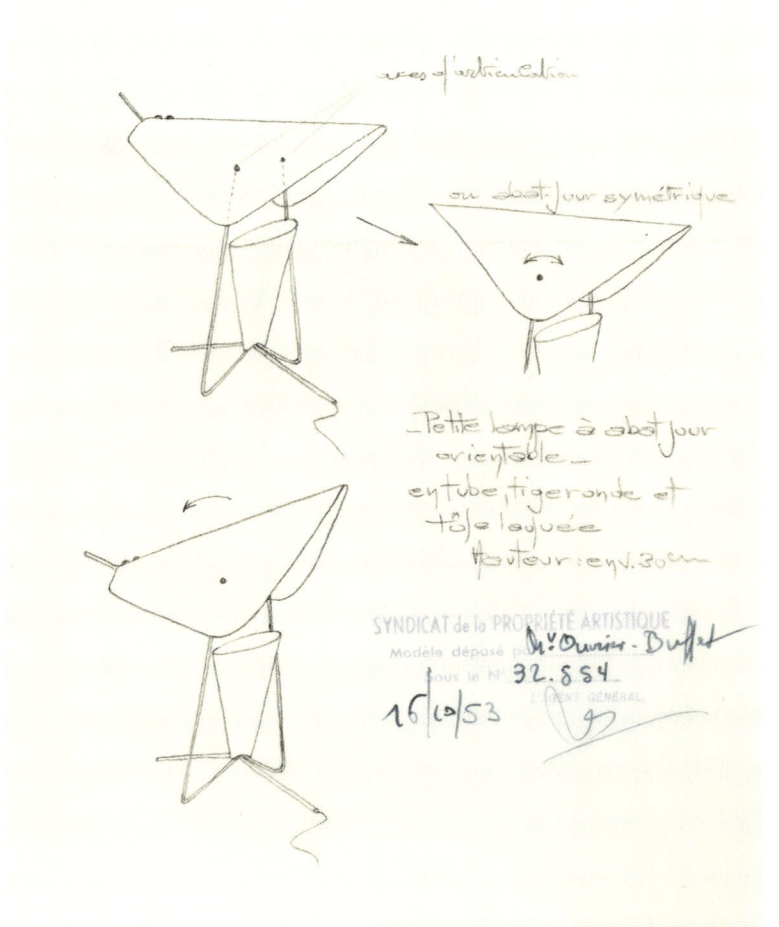 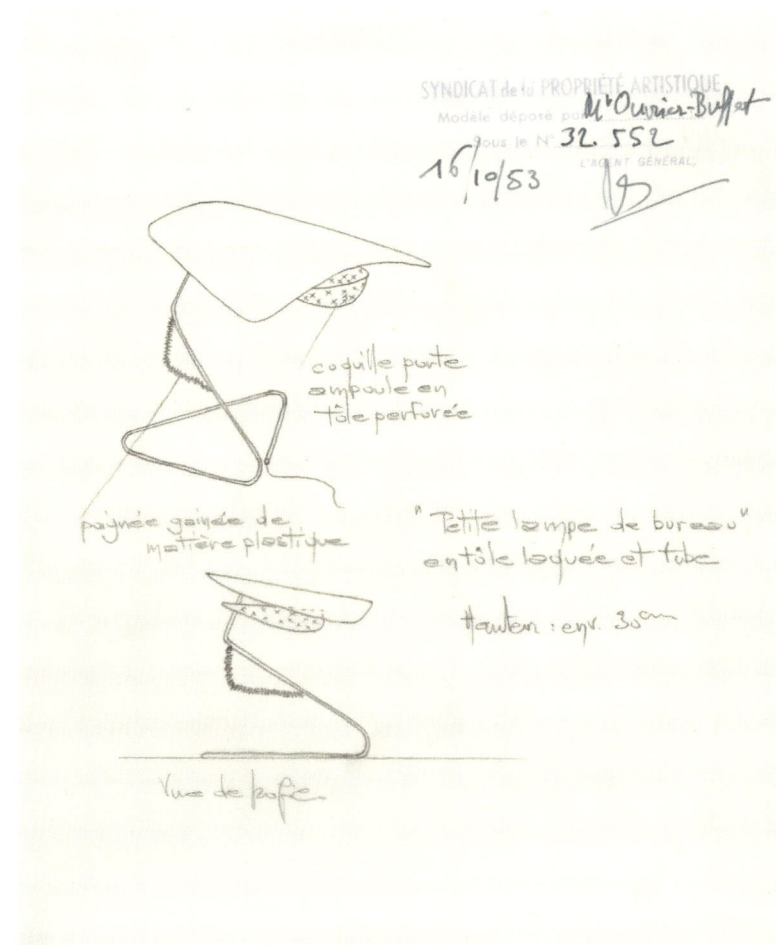

After this improbable apprenticeship, when he returned to France after his military service, he contacted Jacques Viénot again, his time at Technès having given him a taste for what would become industrial design. Unable to offer him a position on his team, Jacques Viénot sent him to the Compagnie américaine de l'esthétique industrielle. This design office, created in 1952 by Raymond Loewy, which would become the Compagnie de l'esthétique industrielle (CEI) in 1958, was looking for collaborators.

In 1956, his life took a decisive turn when, at the age of twenty-five, he went to the agency located at the back of the inner courtyard of a Hausmannian building on the avenue Bugeaud, near the Bois de Boulogne. The young man, impressed, found himself in front of an elegant dark blue-lacquered door with three letters engraved on an illuminated brass disk: CEI. "I still remember my first contact with the master of the premises, who divided his time between his New York office and the Compagnie américaine de l'esthétique industrielle in Paris. With a 1930s look, a cashmere coat with the collar turned up and a matching soft hat, a slender mustache and a suntanned face, getting out of a car that no one had ever seen. Neither French, American, or Italian… that he had designed and had built as a one-off unit, black and aerodynamic with an excessively chrome-plated radiator grille with large vents that did not go unnoticed but in the end didn't impress me very much as I was more struck by the pretty young woman who accompanied him, Viola, his wife."[2]

The Compagnie américaine de l'esthétique industrielle was run at the time by Harold Barnett, assisted by Pierre Gautier-Delaye. Michel Buffet was hired immediately.

In France during that period there was no sector for this new profession, which was only practiced by two design offices, Raymond Loewy's CEI and Jacques Viénot's Technès, two pioneers in industrial design.

2   Michel Buffet, *Profession, designer industriel*, op. cit., p. 15.

Lampe à poser *B 200*, dépôt n° 32.554 auprès du Syndicat de la propriété artistique, 1953.
Table lamp *B 200*, registration no 32.554 at the Syndicat de la propriété artistique, 1953.

Lampe à poser *B 202*, dépôt n° 32.552 auprès du Syndicat de la propriété artistique, 1953.
Table lamp *B 202*, registration no 32.552 at the Syndicat de la propriété artistique, 1953.

Lampe dite *Méridien B 208*, dépôt n° 32.550 auprès du Syndicat de la propriété artistique, 1953.
Lamp called *Méridien B 208*, registration no 32.550 at the Syndicat de la propriété artistique, 1953.

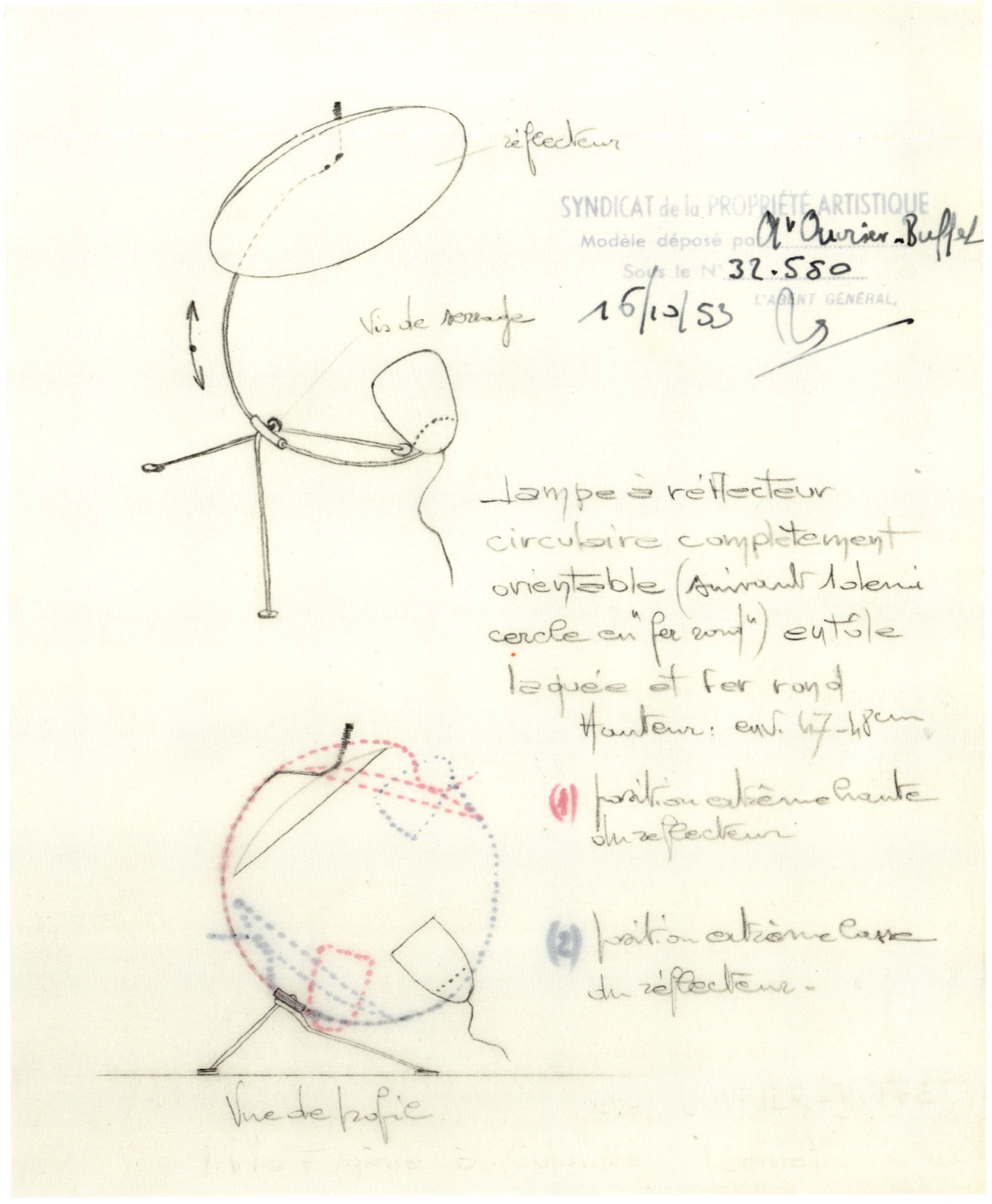

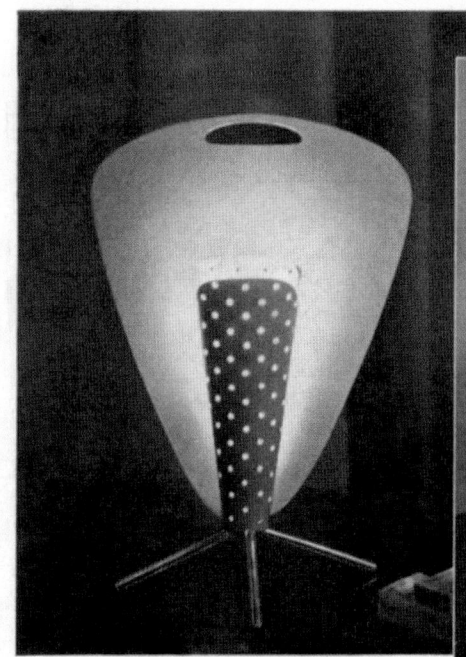

B 210. — Lampe en métal laqué blanc, pied laiton poli verni, éclairage diffusant et indirect. Hauteur 0.40.

B 202. — Lampe laiton poli verni, réflecteur métal perforé laqué blanc. Déflecteur métal laqué blanc ou couleur, poignée rotin. Hauteur 0.33.

B 204. — Lampe métal laqué blanc ou couleur, éclairage indirect et diffusant, pied laiton poli verni. Haut. 0.32.

MODÈLES DE MICHEL BUFFET

B 201. — Lampe en métal laqué blanc, pied laiton poli verni. Hauteur 0.30.

B 207. — Lampe en métal perforé laqué blanc pivotante sur son pied en laiton poli verni. Hauteur 0.40.

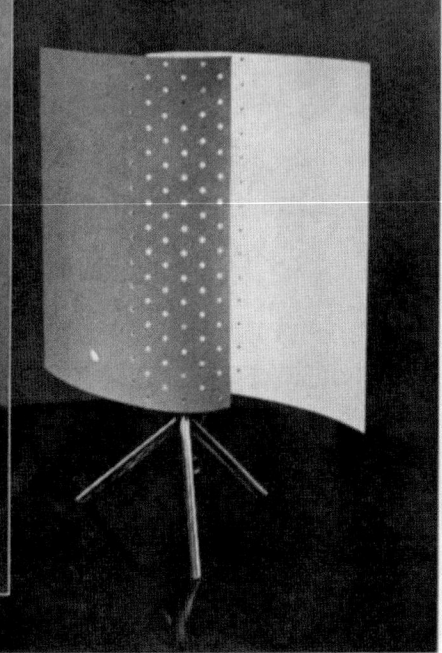

B 200. — Lampe métal laqué blanc ou couleur, déflecteur supérieur orientable. Hauteur 0.33.

De l'esthétique industrielle au design

L'esthétique industrielle est issue de la longue marche vers une conciliation entre l'art et l'industrie. Cette préoccupation remonte au milieu du XIXe siècle, lorsque l'intrusion brutale de l'industrialisation dans l'environnement provoque incompréhension et refus. L'apparition des chemins de fer et des usines bouleverse le paysage des villes et des campagnes, et la production en série inonde le marché de produits sans âme s'inspirant de formes et de décors surannés. Il manque un maillon esthétique nécessaire pour conseiller et orienter la production.

Persuadés que rien n'arrêtera la modernisation en marche, des artistes décident de passer à l'action. Certains abandonnent leur chevalet pour se consacrer à la création d'un environnement domestique de qualité. En Angleterre, dès 1861, William Morris fonde les Arts & Crafts, société d'architectes et de peintres ayant pour objectif le renouvellement des sources d'inspiration et la mise en valeur du savoir-faire artisanal. Ils créent meubles, textiles, papiers peints et objets d'art qui revivifient l'art de vivre. Cette initiative aura des répercussions dans l'Europe entière.

En France, à la suite de l'exposition des « Beaux-arts appliqués à l'industrie » de 1863, un « appel aux artistes[3] » est lancé par le comité d'organisation, avec à sa tête l'architecte décorateur Ernest Guichard. Cette mobilisation aboutit à la fondation, en 1864, de l'Union centrale des beaux-arts appliqués à l'industrie, qui devient en 1882 l'Union centrale des arts décoratifs (Ucad), dont l'objectif est de prouver que la création contemporaine s'inscrit en prolongation des plus belles œuvres de l'art ancien. L'action, pédagogique, est destinée à former le goût du public tout autant que celui des industriels. Leur devise « Le beau dans l'utile » sous-entend l'évolution des formes en fonction des besoins et non un attachement à des formes obsolètes.

De génération en génération, les artistes martèlent leur désir de créer dans un contexte moderne. Prenant position en faveur de la technologie, qu'ils considèrent comme inéluctable, ils font l'éloge des beautés de la machine, depuis les peintres impressionnistes français jusqu'aux futuristes italiens, et en font des sujets d'étude. Cet esprit de renouveau souffle partout en Europe. En Allemagne, Hermann Muthesius, lorsqu'il fonde en 1907 le Deutscher Werkbund, réunissant artistes et industriels, reprend le flambeau des Arts & Crafts, mais sa dimension industrielle lui donne une impulsion supplémentaire déterminante. L'objectif du Werkbund était d'obtenir des produits certes standardisés mais capables de rivaliser avec l'ébénisterie française pour capter sa clientèle. La qualité esthétique des produits devait ainsi servir les intérêts commerciaux de l'industrie. Parmi ses membres, les architectes Peter Behrens, Henry van de Velde, Ludwig Mies van der Rohe, Walter Gropius furent porteurs d'une modernité toujours d'actualité. L'école du Bauhaus, ouverte par Gropius en 1919, fut le creuset des inventions les plus novatrices du design domestique.

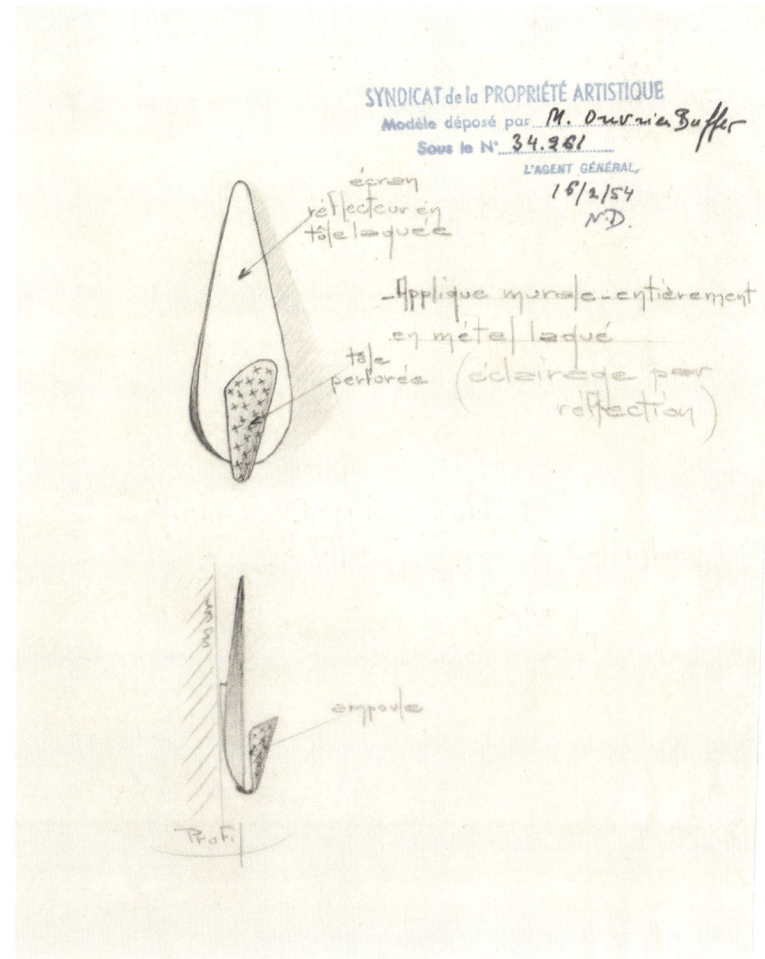

Page de gauche/Left-hand page
Modèles de Michel Buffet, catalogue Luminalite, 1954-1955.
Models by Michel Buffet, Luminalite catalogue, 1954–1955.

Applique B 209, dépôt n° 34.261 auprès du Syndicat de la propriété artistique, 1954.
Wall lamp B 209, registration no 34.261 at the Syndicat de la propriété artistique, 1954.

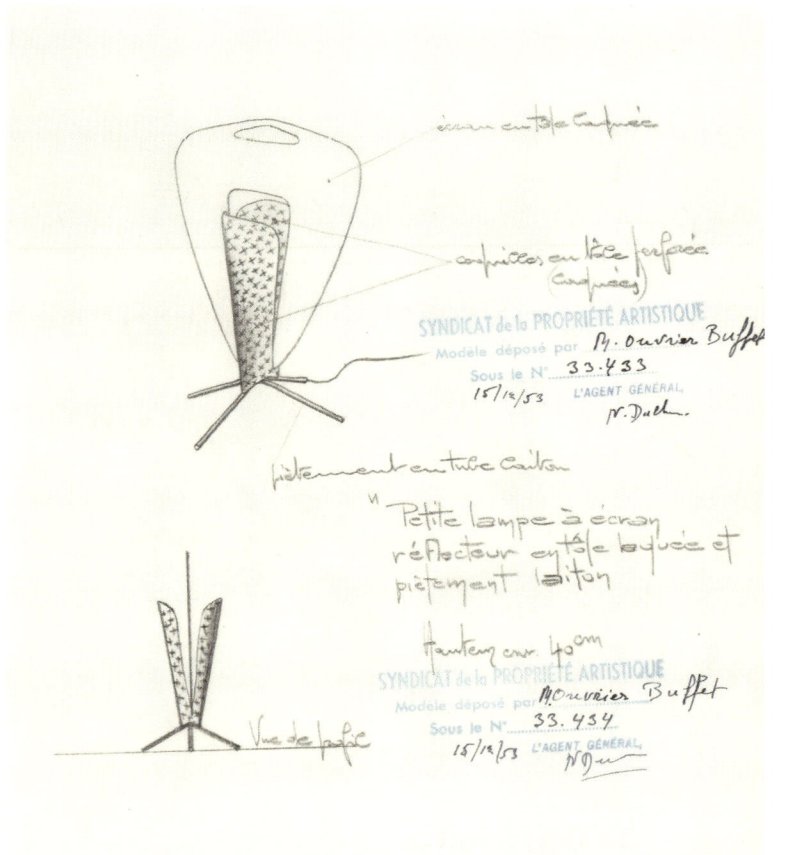
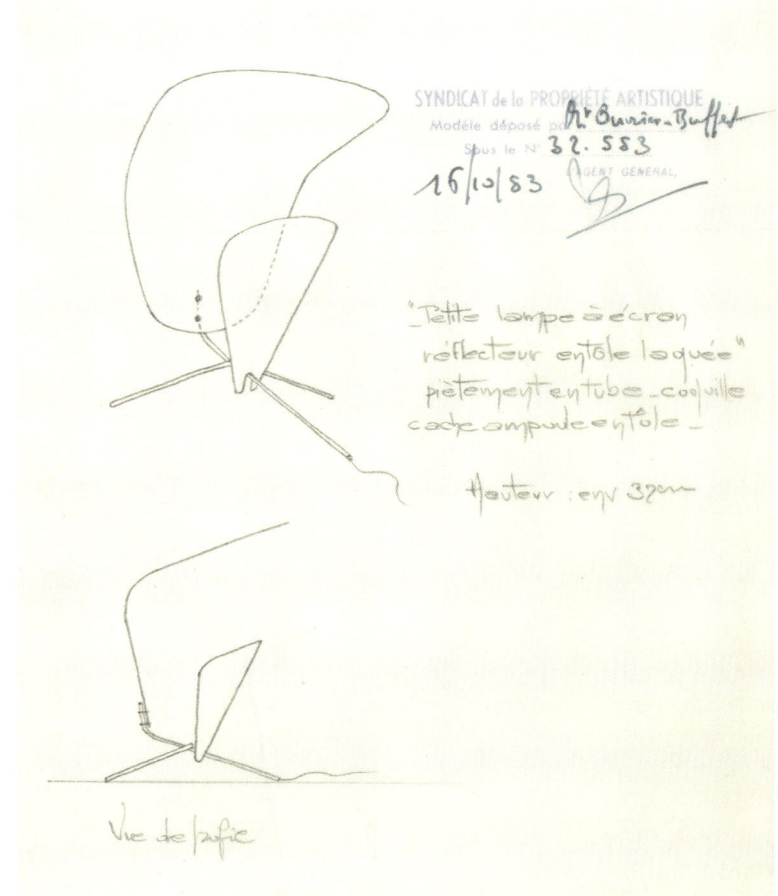

Lampe *B 210*, dépôt n° 33.433 auprès du Syndicat de la propriété artistique, 1953.
Lamp *B 210*, registration no 33.433 at the Syndicat de la propriété artistique, 1953.

Lampe *B 204*, dépôt n° 32.553 auprès du Syndicat de la propriété artistique, 1953.
Lamp *B 204*, registration no 32.553 at the Syndicat de la propriété artistique, 1953.

From industrial aesthetics to design

Industrial design grew out of the long march toward a reconciliation of art and industry. This preoccupation dated back to the mid-nineteenth century, when the sudden intrusion of industrialization in the environment aroused incomprehension and rejection. The appearance of railroads and factories turned the landscape of towns and the countryside upside down, and mass production inundated the market with soulless products inspired by outdated forms and decorations. An aesthetic link in the chain to advise and guide production was missing.

Persuaded that nothing would stop the progress of modernization, artists decided to take action. Some of them abandoned their easel to devote themselves to the creation of a quality home environment. In England, in 1861, William Morris founded the Arts and Crafts movement, a society of architects and painters whose objectives were the renewal of sources of inspiration and greater value given to craft skills. They created furniture, textiles, wallpaper, and art objects that gave a new boost to the art of fine living. This initiative would have repercussions throughout Europe.

In France, after the exhibition *Beaux-arts appliqués à l'industrie* in 1863, a "call for artists"[3] was launched by the organization committee, with the architect and decorator Ernest Guichard at its helm. This mobilization led to the founding, in 1864, of the Union centrale des beaux-arts appliqués à l'industrie, which in 1882 became the Union centrale des arts décoratifs (Ucad). Its aim was to prove that contemporary creation was an extension of the most beautiful works of the art that had preceded it. Pedagogical action was planned to train the taste of the public as much as that of manufacturers. Their motto, "the beautiful in the useful," underlay the evolution of forms according to needs and not an attachment to obsolete forms.

From generation to generation, artists vigorously stressed their desire to create in a modern context. Taking a pro-technology position, which they considered unavoidable, they praised the beauty of the machine, from the French Impressionist painters to the Italian futurists, and made it a subject for study. This spirit of renewal was everywhere in Europe. In Germany, Hermann Muthesius, when he founded the Deutscher Werkbund in 1907, bringing together artists and manufacturers, carried on the Arts and Crafts movement, but its industrial dimension gave it an additional decisive impetus. The objective of the Werkbund was to obtain products that were, certainly, standardized, but able to vie with French cabinetmaking to capture its clientele. The aesthetic quality of the products therefore was to serve

Projet de siège en contreplaqué, piètement métallique, 1951-1953.
Project for a plywood seat, metal leg assembly, 1951–1953.

55

Michel Buffet, Raymond Loewy et son épouse Viola dans leur maison Tierra Caliente à Palm Springs en Californie, vers 1973.
Michel Buffet, Raymond Loewy, and his wife Viola in the Tierra Caliente house in Palm Springs, California, ca. 1973.

the commercial interests of industry. Among its members, the architects Peter Behrens, Henry van de Velde, Ludwig Mies van der Rohe, and Walter Gropius were bearers of a modernity that is still influential today. The Bauhaus school, which Gropius opened in 1919, was the crucible of the most innovative inventions of design for the home.

Thanks to the prestige of its artists, France played a major role in this Art Nouveau period. A new generation then fell in step with the European avant-garde and decided to turn its back on the past. It militated for creating a purely modern living environment by using materials and technologies that came from industry, with new and unusual forms as a result. This radical current is particularly well illustrated by Robert Mallet-Stevens, whose minimalist architecture recalled that of Josef Hoffmann, and by Le Corbusier, whose work was marked by the spirit of the Werkbund with which he became familiar during the time he spent at Peter Behrens's studio. This fever reached creators from every horizon who pooled their forces. The Union des artistes modernes (UAM) was founded in 1929, on the instigation of these pioneers and Francis Jourdain, an architect and theoretician.

This iconoclastic spirit, however, would run up against strong resistance in France, a country that had trouble freeing itself from its artistic past and reconciling the competencies of its engineers and its fine craftsmen. A strong reticence curbed the acceptance of an indispensable mutation, the assurance of economic success. There were discordant voices between those who thought that the living environment should remain traditional, steering clear of the industrial world, and the progressive movement, which militated for the interdisciplinarity of the so-called major and minor arts, by bringing graphic design and photography as well as technology, the art of engineers, into it. It was in this context that Jacques Viénot played a major role. After founding the Technès agency in 1949, he created the Institut d'esthétique industrielle in 1951—two decades before the Musée des arts décoratifs opened the Centre de création industrielle (CCI) in 1969—bringing into existence this new sector whose applications seem limitless today.

The term "industrial aesthetics" was contested in the 1950s and 1960s, because it seemed to evoke a label and not a real discipline, even an art in itself. Some designers, like Roger Tallon, even militated for an emancipation from aesthetics. The UAM called its selections "Formes utiles," the underlying meaning being that what was true and useful was necessarily beautiful. The question raised at the time was knowing what to call the practitioner of this new specialty: industrial model creator, engineer-aesthetician, industrial stylist? These different terms were all used.

When the CCI was founded, in 1969, the Musée des arts décoratifs avoided the word "design," because this English word was still not permitted in official French. In the catalogue of the inaugural exhibition, *Qu'est-ce que le design?*,[4] the curators explained that this term brought together two ideas, *dessin* [drawing] and *dessein* [plan], both form and project, but it was impossible for them to find a satisfactory French equivalent. In reality, the English term had already imposed itself and has remained in use till today.

3 Yolande Amic, "Les débuts de l'Ucad et du musée des Arts décoratifs," *Cahiers de l'Ucad*, n°. 1, 1978, p. 52.
4 *Qu'est-ce que le design?*, Paris, Centre de création industrielle, 1969.

Grâce au prestige de ses artistes, la France joue un rôle majeur en ces temps d'Art nouveau. Puis une nouvelle génération se met au diapason de l'avant-garde européenne et décide de tourner le dos au passé. Elle milite pour élaborer un cadre de vie purement moderne en utilisant les matériaux et les technologies issus de l'industrie, avec pour conséquence des formes nouvelles inusitées. Ce courant radical est particulièrement illustré par Robert Mallet-Stevens, dont l'architecture minimaliste rappelle celle de Josef Hoffmann, et par Le Corbusier dont l'œuvre est marquée par l'esprit du Werkbund qu'il a connu lors de son passage à l'atelier de Peter Behrens. Cette fièvre gagne des créateurs de tous horizons qui unissent leurs forces. L'Union des artistes modernes (UAM) est fondée en 1929, à l'instigation de ces pionniers et de Francis Jourdain, architecte et théoricien.

Cet esprit de rupture va se heurter toutefois à de fortes résistances en France, pays qui se libère difficilement de son passé artistique et a peine à concilier les compétences de ses ingénieurs et celles de ses artisans d'art. De fortes réticences freinent l'acceptation d'une mutation indispensable, gage de réussite économique. Les voix sont discordantes entre ceux qui pensent que le cadre de vie doit rester traditionnel, bien à l'écart du monde industriel, et le mouvement progressiste, qui milite pour l'interdisciplinarité des arts, dits majeurs ou mineurs, en y faisant entrer le graphisme, la photographie mais aussi la technologie, l'art des ingénieurs. C'est dans ce contexte que Jacques Viénot joue un rôle de poids. Après avoir fondé en 1949 l'agence Technès, il crée l'Institut d'esthétique industrielle en 1951, deux décennies avant qu'une institution, le musée des Arts décoratifs, n'ouvre en son sein le Centre de création industrielle (CCI), en 1969, donnant existence à cette nouvelle filière dont les applications semblent illimitées aujourd'hui.

L'appellation « esthétique industrielle » est contestée dans les années 1950 et 1960, car elle semble évoquer un simple habillage et non une vraie discipline, voire un art en soi. Certains comme Roger Tallon militaient même pour un affranchissement de l'esthétique. L'UAM intitule ses sélections « Formes utiles », sous-entendant que ce qui est véridique et utile est nécessairement beau. La question se pose alors de savoir comment appeler le praticien de cette nouvelle spécialité : créateur de modèles industriels, ingénieur esthéticien, styliste industriel ? Les différentes appellations sont utilisées.

Lors de la fondation du CCI, en 1969, le musée des Arts décoratifs évite le mot « design », car cet anglicisme n'a pas encore droit de cité dans la langue officielle. Dans le catalogue de l'exposition inaugurale, « Qu'est-ce que le design[4] ? », les commissaires expliquent que ce terme regroupe deux notions, *dessin* et *dessein*, à la fois forme et projet, mais qu'il leur a été impossible de trouver un équivalent français satisfaisant. En réalité, le terme anglais s'est déjà imposé et il l'est resté jusqu'à ce jour.

3   Yolande Amic, « Les débuts de l'Ucad et du musée des Arts décoratifs », *Cahiers de l'Ucad*, n° 1, 1978, p. 52.
4   *Qu'est-ce que le design ?*, Paris, Centre de création industrielle, 1969.

RAYMOND LOEWY (1893-1986), LE PIONNIER

Tandis que la vieille Europe s'épuise dans des débats d'idées et des concepts intellectuels sur la place à donner à l'esthétique industrielle, la jeune Amérique produit sans états d'âme des objets industriels d'un goût discutable, avec pour principal objectif leurs débouchés commerciaux. La crise économique de la fin des années 1920 donne un coup de frein à la production de masse et avive la concurrence.

Ceci ouvre la voie à Raymond Loewy, qui va faire la démonstration que l'esthétique valorise un produit et augmente ses ventes. Il inaugure ainsi outre-Atlantique une discipline

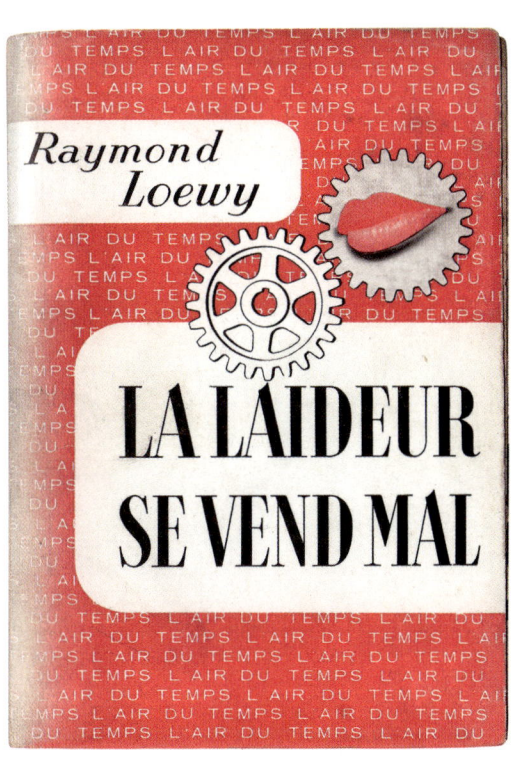

Couverture du livre de Raymond Loewy, *La laideur se vend mal*, première édition française, 1953.
Cover of Raymond Loewy's book, *La laideur se vend mal*, first French edition, 1953.

Couverture du livre de Raymond Loewy, *Never Leave Well Enough Alone*, première édition anglaise, 1951.
Cover of Raymond Loewy's book, *Never Leave Well Enough Alone*, first English edition, 1951.

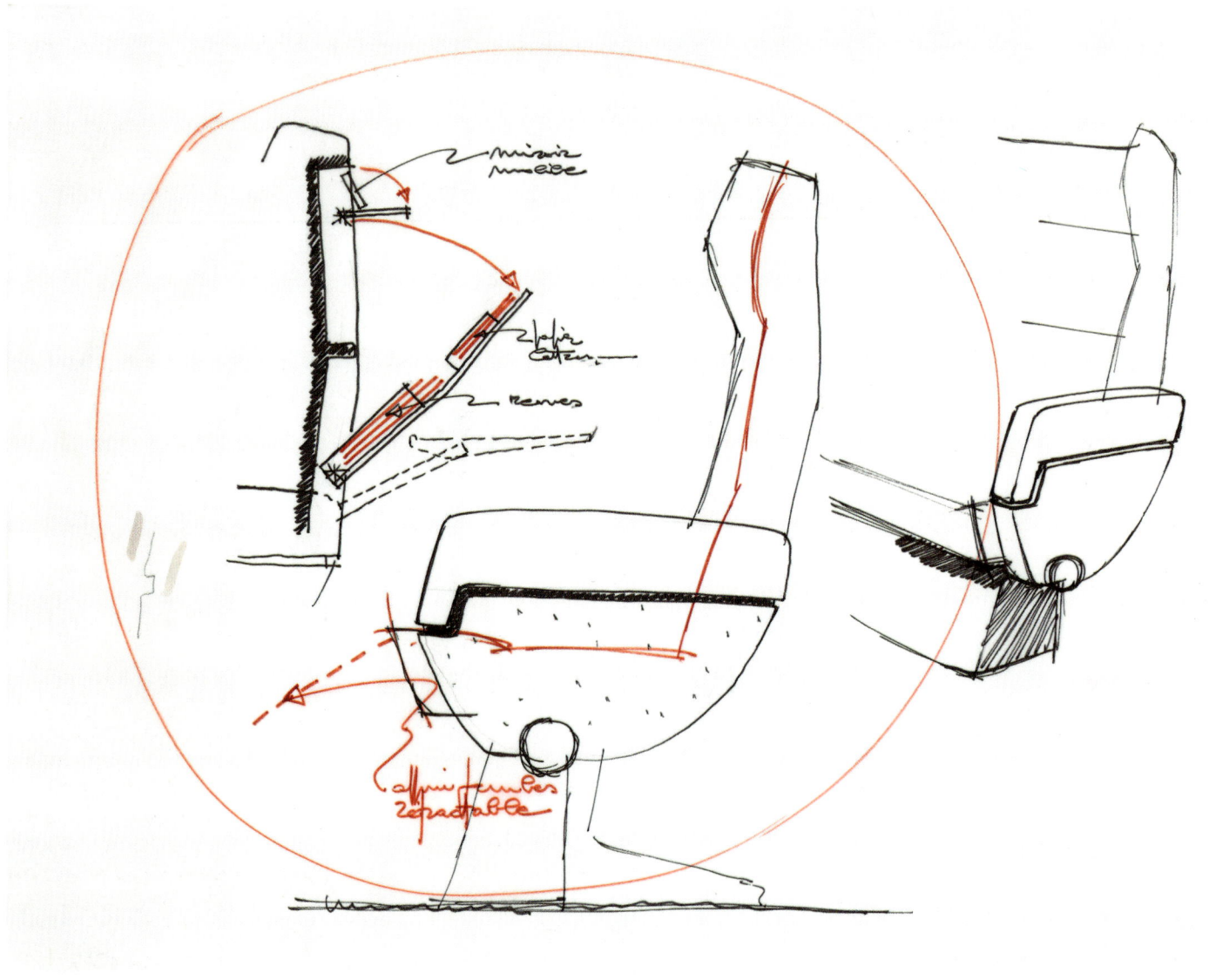

RAYMOND LOEWY (1893–1986), THE PIONEER

While old Europe was exhausting itself in debates on ideas and intellectual concepts on the place to be given to industrial design, young America was producing, without any soul-searching, industrial objects of questionable taste whose principal objective was their commercial outlet. The economic crisis at the end of the 1920s had put the brakes on mass production and kindled competition.

This opened the way for Raymond Loewy, who would demonstrate that aesthetics enhanced a product and increased its sales. He inaugurated a new discipline in America. The impact of the stripped-down lines that he proposed and the elegance of the objects that he remodeled were a sales argument that enhanced technology and attracted consumers. He proved that making the consumer dream was a source of profit for the manufacturer.

Born in 1893, Raymond Loewy crossed the Atlantic and arrived in New York in 1919 without any specific aim, after having fought in World War I and studied engineering. He began as a window dresser for the New York department stores Macy's and Saks Fifth Avenue, then as a fashion illustrator for *Vogue* and *Harper's Bazaar*. Not obtaining the success he hoped for, he continued his profession as a stylist, applying it to industrial objects. In line with the artistic trends of the period, he was a supporter of minimalism, the simplification of lines and the elimination of decoration to the benefit of the quality of the materials, as the Modernist movements of the 1920s advocated. It was with this spirit of the artist-decorator that he won his first battle, in 1929, with the Gestetner duplicating machine, whose technical complexity he concealed by a kind of "housing."

This innovation attracted the attention of manufacturers wanting to increase their market share, who entrusted their production to him. It was the starting point of his success. That same year, he founded his design office in New York. His reputation grew. To remodel the bodies of the railcars of the Pennsylvania Railroad or Studebaker cars, he streamlined them to make them more aerodynamic and cleave through the air more rapidly. And he consequently created a style that would be linked to his name. Considering transportation to be synonymous with modernity, he became passionate about "inhabitability." Attentive to the passengers' comfort, he did not limit himself to giving the body a form, but also designed the interior of buses, trains, then planes, right up to the Skylab space shuttle.

Simultaneously, his work extended to a broad range of manufactured products. He transformed the appearance and packaging of everyday consumer

nouvelle. L'impact des lignes épurées qu'il propose, l'élégance des objets qu'il remodèle représentent un argument de vente qui valorise la technologie et attire les consommateurs. Il prouve que faire rêver le consommateur est source de profit pour l'industriel.

Né en 1893 à Paris, Raymond Loewy traverse l'Atlantique et débarque à New York en 1919, sans objectif précis, après avoir combattu à la Première Guerre mondiale et suivi des études d'ingénieur. Il débute comme étalagiste pour les magasins Macy's et Saks Fifth Avenue, puis comme illustrateur de mode pour *Vogue* et *Harper's Bazaar*. N'obtenant pas le succès escompté, il poursuit son métier de styliste, en l'appliquant aux objets industriels. En accord avec les tendances artistiques de l'époque, il est adepte du minimalisme, de la simplification des lignes et de la suppression du décor au profit de la qualité des matériaux, comme le préconisent les mouvements modernistes des années 1920. C'est avec cet esprit d'artiste décorateur qu'il gagne sa première bataille, en 1929, avec le duplicateur Gestetner, dont il cache la complexité technique par un «capotage». Cette innovation attire l'attention d'industriels désireux d'élargir leur part de marché, qui lui confient leur production. C'est le point de départ de son succès. Il fonde cette même année son bureau d'études à New York. Sa réputation grandit. Pour remodeler les carrosseries des locomotives de la Pennsylvania Railroad ou des voitures Studebaker, il utilise l'aérodynamisme, autrement dit le *streamline*, pour fendre l'air plus rapidement. Et il en fait un style attaché à son nom. Considérant que le transport est synonyme de modernité, il se passionne pour l'«habitabilité». Attentif au confort des passagers, il ne se contente pas de donner forme à la carrosserie mais aménage aussi l'intérieur d'autobus, de trains, puis d'avions, jusqu'à la navette spatiale Skylab.

Simultanément, son travail s'étend à un large horizon de produits manufacturés. Il transforme l'allure et l'emballage des produits de grande consommation. Grille-pain, automobiles, réfrigérateurs, locomotives, poubelles de gares passent entre ses mains. Le graphisme et la couleur du logo soulignent l'image de l'entreprise. La justesse de ses vues explique la pérennité des produits auxquels son nom reste encore attaché, dont la liste est longue, que ce soit l'image de Lucky Strike, les autobus Greyhound, la compagnie pétrolière Exxon, les locomotives de la Pennsylvania Railroad, les automobiles Studebaker, entre autres.

Ses domaines d'activité s'étendent, au-delà de l'objet industriel et du design graphique, à l'aménagement intérieur, grâce à son association avec William Snaith, architecte, qui met en place un concept de magasins en libre-service totalement inédit et performant[5]. Le succès est tel qu'en 1949 une division de design et d'aménagement de magasins est ajoutée aux activités de Raymond Loewy Associates (RLA). Devenu l'un de ses fleurons, ce département prend son autonomie en 1961 et devient la Raymond Loewy/William Snaith Inc. La notoriété de cette dernière s'étend à l'Europe, avec pour conséquence la fondation d'un bureau à Paris, la Compagnie américaine de l'esthétique industrielle, en 1952, qui devient, en 1958, la CEI.

Au-delà du milieu industriel, Loewy acquiert une renommée dans le milieu culturel avec la reconnaissance de l'esthétique industrielle aux États-Unis. Ainsi, dès les années 1930, le Museum of Modern Art (MoMA) de New York fait entrer dans ses collections des objets technologiques comme la machine à écrire Olivetti, la machine à coudre Elna…, les considérant au même titre que des objets d'art, et organise concours et expositions sur l'art de vivre. De ce fait, le designer obtient le statut d'artiste.

Loewy devient un personnage officiel lorsque, en 1946, il préside l'American Society of Industrial Designers (ASID). Sa renommée devient internationale lorsqu'il fait la couverture du *Time Magazine* d'octobre 1949. Il décrit ses débuts de carrière dans *Never Leave Well Enough Alone* en 1952, ouvrage qui sort en France sous le titre *La laideur se vend mal*, en 1953. Faisant le bilan de son parcours professionnel, il publie en 1979 *Design industriel*, simultanément à New York et à Paris.

5   William Snaith a publié *The Store of Tomorrow* en 1944. Cité par Laura Cordin dans *Raymond Loewy*, Paris, Flammarion, 2003, p. 181.

Projet de siège passager standard pour avion de ligne, avec la Société industrielle pour l'aéronautique (Sipa), 1965.
Project for a standard passenger seat for an airliner, with the Société industrielle pour l'aéronautique (Sipa), 1965.

Projet de fiche signalétique individuelle pour la flotte Air France, 1972. CEI.
Project for an individual signage sheet for the Air France fleet, 1972. CEI.

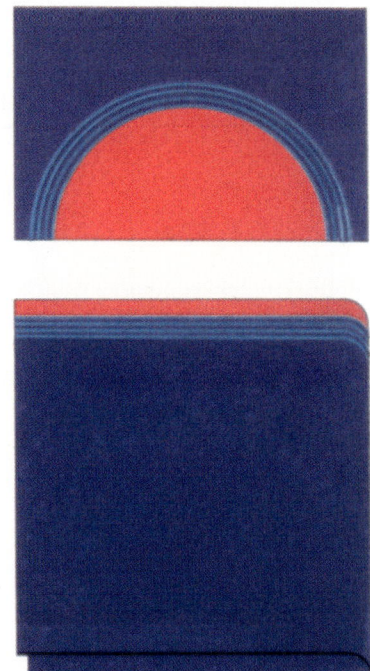

Projet d'oreillers et de couvertures pour la flotte Air France, 1972. CEI.
Project for cushions and blankets for the Air France fleet, 1972. CEI.

Projet de siège passager standard pour avion de ligne, 1972. CEI.
Project for a standard passenger seat for an airliner, 1972. CEI.

products. Toasters, cars, refrigerators, railcars, garbage cans at train stations all passed through his hands. The graphics and color of the logo strengthened the image of the company. The insightfulness of his views explains the durability of the products that still bear his name. The list is long and includes, among others, the Lucky Strike image, Greyhound buses, the Exxon oil company, Pennsylvania Railroad railcars, and Studebaker cars, among others.

His fields of activity extended beyond the industrial object and graphic design to interior design, through his association with the architect William Snaith, who established a totally new and efficient self-service store concept.[5] Success was so great that in 1949, a store design and interior layout division was added to the activities of Raymond Loewy Associates. Having become one of its flagships, this department became autonomous in 1961 and was renamed Raymond Loewy/William Snaith, Inc. Its fame spread to Europe and the result was the opening of an office in Paris, the Compagnie américaine de l'esthétique industrielle, in 1952, which became, in 1958, the CEI.

Apart from the industrial sector, Loewy acquired fame in the cultural milieu with the recognition of industrial design in the United States. Consequently, as of the 1930s, the Museum of Modern Art (MoMA) in New York brought technological objects into its collections, such as the Olivetti typewriter and the Elna sewing machine, among others, considering them on the same level as art objects, and organized competitions and exhibitions on the art of fine living. As a result, the designer obtained the status of artist.

Loewy became an official figure when, in 1946, he was appointed president of the American Society of Industrial Designers (ASID). His renown became international when he made the cover of the October 1949 edition of *Time* magazine. He described the beginnings of his career in *Never Leave Well Enough Alone* in 1952, in a work published in France a year later under the title *La laideur se vend mal* ("Ugliness sells badly"). He wrote a recap of his professional itinerary, *Design Industriel*, published simultaneously in New York and Paris in 1979.

5   William Snaith published *The Store of Tomorrow* in 1944. Cited by Laura Cordin in *Raymond Loewy*, Paris, Flammarion, 2003, p. 181.

THE CEI, THE INCUBATOR OF A GENERATION OF DESIGNERS

The establishment of the Compagnie de l'esthétique industrielle began with the interior design of department stores and supermarkets. The first client was the BHV department store in Paris, which, wanting an overhaul, called on Raymond Loewy, given his successes in the United States. To fulfill this commission, Loewy recruited a former employee from his New York office, Harold Barnett. Barnett, who had decided to live in Paris after the war to continue his training at the École nationale supérieure des beaux-arts, called on his acquaintances, many new graduates who, once trained in design, would become independent. Among them was Pierre Gautier-Delaye, who would later open his own agency, taking with him the best client of the period, Air France. Jacques Cooper, trained at the École Boulle, would work at the CEI for a short time before joining Alsthom. He designed the first version of the Paris-Sud-Est TGV (high-speed train). Collaborators from the United States would periodically work at the CEI.

When he joined the company, Michel Buffet also encountered alumni from the École des arts décoratifs.

LA CEI, L'INCUBATEUR D'UNE GÉNÉRATION DE DESIGNERS

L'implantation de la Compagnie de l'esthétique industrielle débute avec l'aménagement de grands magasins et de supermarchés. Le premier client est le BHV qui, désirant faire peau neuve, s'adresse à Raymond Loewy au vu de ses réussites aux États-Unis. Pour honorer cette demande, Loewy recrute un ancien de son bureau de New York, Harold Barnett. Celui-ci, qui était resté vivre à Paris après la guerre pour y poursuivre sa formation à l'École nationale supérieure des beaux-arts, fait appel à ses connaissances, de nombreux jeunes fraîchement sortis de leurs études qui, une fois formés au design, prendront leur indépendance. Parmi eux, Pierre Gautier-Delaye, qui plus tard ouvrira sa propre agence, emportant avec lui le meilleur client de l'époque, Air France. Jacques Cooper, formé à l'école Boulle, y fera un court passage avant d'intégrer Alsthom. Il dessinera la première version du TGV Paris-Sud-Est. À ceux-ci s'ajoutent des collaborateurs venant ponctuellement des États-Unis.

Lorsqu'il intègre la CEI, Michel Buffet y retrouve également d'anciens élèves de l'École des arts décoratifs.

La CEI va devenir l'un des plus exceptionnels bureaux de design industriel en France et formera une génération de professionnels. Le bureau regroupe un large panel de spécialistes aux compétences multiples, des experts en volumes et environnement, des graphistes, compétents en présentation et en communication. L'équipe fait appel à des ingénieurs pour des conseils en mécanique fonctionnelle, à des psychologues capables de prévoir les réactions des consommateurs et à des professionnels en relations publiques. L'assemblage de toutes ces compétences permet à la CEI de proposer un large éventail de services. L'activité s'étend, au-delà de l'architecture d'espaces commerciaux, à l'aménagement d'hôtels, de bureaux, puis à l'habitabilité dans les transports et au design d'objets industriels. Enfin, une grande importance est donnée à la communication graphique, sous forme d'identité visuelle et de logotypes, indispensable à l'image d'une entreprise et au lancement de produits.

La réussite tient aux compétences de l'équipe, mais aussi à Raymond Loewy, dont la notoriété attire de nombreux clients. S'il ne suit pas complètement les projets, il tient à rester le patron et tous portent sa signature. Ce qui ne sera pas sans créer quelques tensions avec les chefs de projets, notamment Michel Buffet, malgré l'autonomie qui leur est laissée.

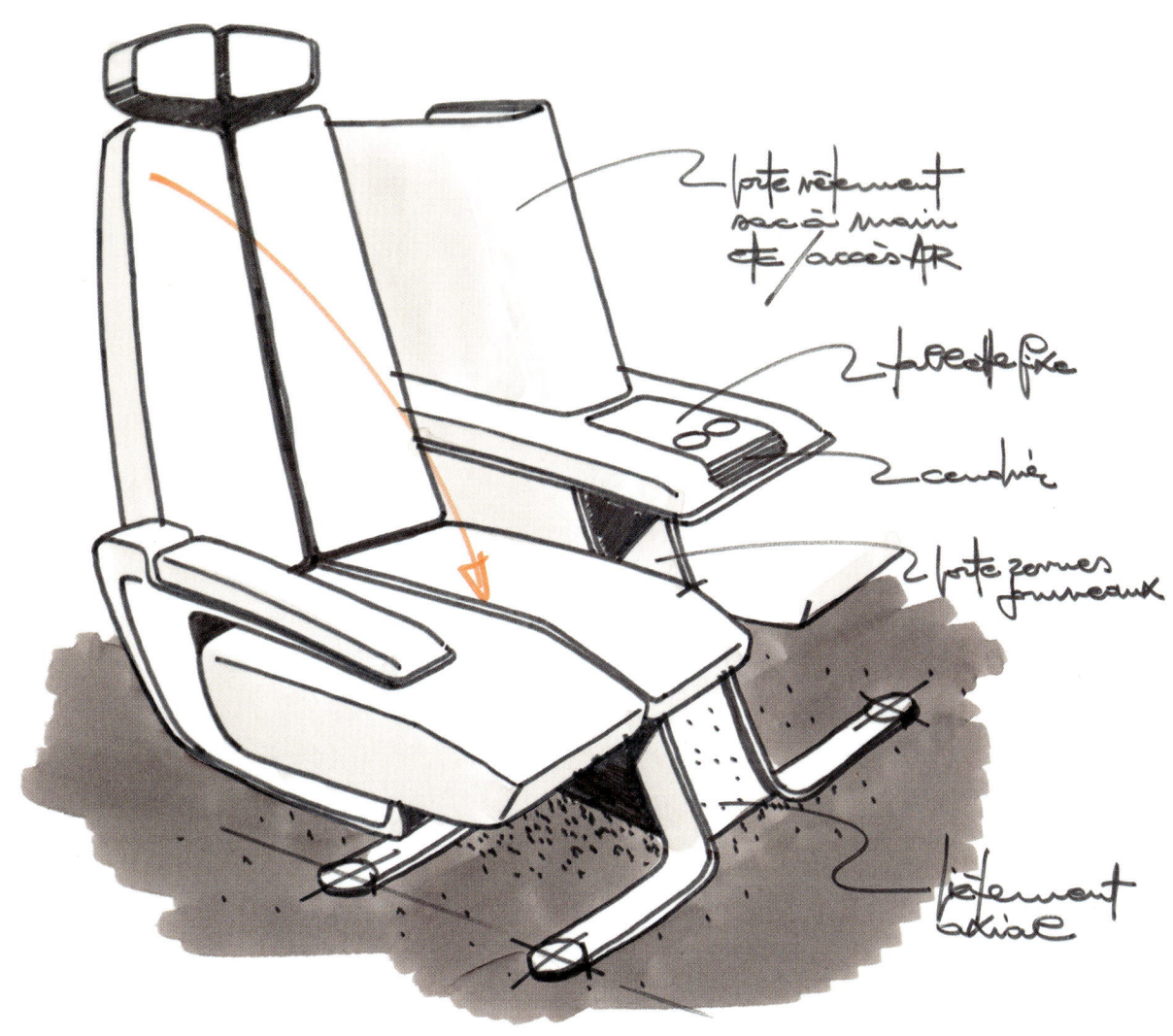

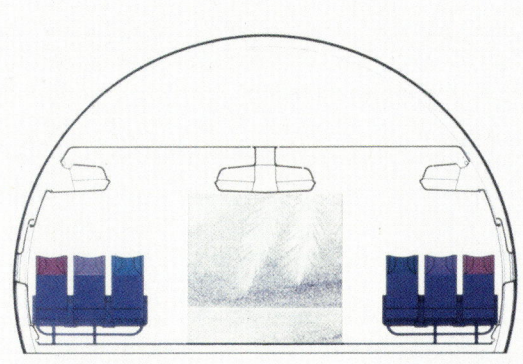

37 projection cinétique

Projets de décor pour l'aménagement intérieur des avions de l'ensemble de la flotte Air France, 1972. CEI.
Interior design and decoration project for the planes of the entire Air France fleet, 1972. CEI.

The CEI would become one of the most exceptional industrial design offices in France, and went on to train a whole generation of professionals. The office had a broad panel of specialists with a host of competencies: experts in volume and environment, graphic designers, skilled professionals in presentation and communication. The team called on engineers for advice on functional mechanics, psychologists who were able to predict the reactions of consumers, and public relations professionals. The assembly of all these talents made it possible for the CEI to offer a broad range of services. The activity spread beyond the architecture of commercial spaces to the interior design of hotels and offices, to inhabitability in transportation, and to the design of industrial objects. Lastly, great importance was given to graphic communication, in the form of visual identity and logotypes, indispensable to the image of a company and the launch of products.

The company's success was due to the team's competencies, but also to Raymond Loewy, whose renown attracted many clients. Even if he did not completely follow all the projects, he remained the boss and all of them bore his signature. This created a degree of tension with the project managers, notably Michel Buffet, despite the autonomy they were given.

Les Constructeurs de Fernand Léger, reproduits en couverture de la revue *Esthétique industrielle*, n° 2, 1951.
Les Constructeurs by Fernand Léger, reproduced on the cover of the review *Esthétique industrielle*, no 2, 1951.

JACQUES VIÉNOT L'AVANT-GARDISTE

Homme d'affaires éclairé, amateur d'art, polyglotte, Jacques Viénot n'est pas un créateur mais un administrateur et un fin diplomate. Il est convaincu que la technique possède un versant artistique et doit être intégrée à la synthèse des arts. En continuateur des doctrines qui ont traversé les XIXᵉ et XXᵉ siècles, il consacre son action à convaincre les industriels et les artistes d'œuvrer collectivement. À cette fin, il diffuse ses idées en créant des revues, en organisant des expositions en France et à l'étranger, et en réunissant des personnalités politiques, intellectuelles et artistiques pour en débattre.

Mais il ne se contente pas de conseiller. Il descend dans l'arène et montre l'exemple en opérant lui-même une mutation de ses propres activités. Passant de l'objet d'art à l'objet industriel, il ouvre un bureau d'études dont le nom, Technès, réunit les notions de technique et d'esthétique.

En début de carrière, à la tête de la maison de décoration DIM (Décoration Intérieure Moderne), Jacques Viénot se place délibérément dans le camp des modernes. Il n'est pas membre de l'UAM mais épouse sa cause et adhère à l'Ucad en tant que membre souscripteur de 1924 à 1935[6]. Cependant, au-delà de ces débats, la crise de 1929 porte un coup très rude aux industries du luxe. Dans ce contexte économique difficile, ses affaires périclitent et il est amené à chercher de nouveaux débouchés. Lors d'un voyage aux États-Unis, il est frappé par l'ouverture d'esprit des industriels de ce pays. Ainsi, les usines DuPont de Nemours, fabricant d'explosifs et de soie artificielle, consacrent un département entier au «style», avec à sa tête un directeur chargé de capter les dernières tendances artistiques dans le monde afin de faire évoluer leur production. Sa rencontre avec Raymond Loewy à New York achève de lui donner l'idée de convertir son bureau de décoration en un bureau conseil en esthétique industrielle, notion alors totalement inconnue en France. Mais il se heurte à la frilosité des industriels[7]. Devenu directeur de l'atelier Primavera, il incite les Grands Magasins du Printemps à participer aux Expositions de l'habitation qui, dans le cadre du Salon des arts ménagers, sont une vitrine des innovations technologiques depuis les années 1930 et le resteront jusqu'à la fin des Trente Glorieuses.

Dans la revue *Art présent*, qu'il fonde en 1945 (avant qu'elle ne s'intitule *Esthétique industrielle* en 1951), il milite pour que les beautés de la technique soient mises en valeur et considérées comme les autres arts. Dans ce but, il fait appel à un large éventail d'esprits éclairés. Le comité de patronage de la revue regroupe des scientifiques tels que Louis de Broglie, membre de l'Institut, des directeurs de musées, comme Jean Cassou du Musée national d'art moderne, René Huyghe du musée du Louvre, Jacques Guérin, du musée des Arts décoratifs, Raymond Cogniat, inspecteur général des Beaux-Arts, mais aussi des architectes comme Pol Abraham ou Le Corbusier, des industriels comme Tony Bouilhet de la maison d'orfèvrerie Christofle, des verriers d'art comme Michel Daum et des personnalités représentatives de l'esthétique industrielle au niveau international, l'Anglais Gordon Russell, président du Council of Industrial Design, créé à Londres en 1944, ainsi que le Franco-Américain Raymond Loewy, en tant que président de l'American Society of Industrial Designers.

Il crée en 1951 l'Institut d'esthétique industrielle, fonde le label Beauté France, ancêtre de l'actuel Janus de l'industrie, et c'est sous son impulsion qu'est constitué en 1957 l'International Council of Societies of Industrial Design (ICSID), encore actif aujourd'hui.

6 Annuaires de l'Ucad, Paris, bibliothèque des Arts Décoratifs, Z 123.
7 Jocelyne Le Bœuf, *Jacques Viénot, pionnier de l'esthétique industrielle en France*, Rennes, Presses universitaires de Rennes, 2006, p. 44.

«On achète avec ses yeux», publicité Technès reproduite dans la revue *Esthétique industrielle*, 1951.
"On achète avec ses yeux," Technès advertisement reproduced in the review *Esthétique industrielle*, 1951.

JACQUES VIÉNOT
THE AVANT-GARDIST

An enlightened businessman, art-lover and polyglot, Jacques Viénot was not a creator but an administrator and a subtle diplomat. He was convinced that technology had an artistic dimension and should be incorporated into the synthesis of the arts. Continuing the doctrines that had crossed the nineteenth and twentieth centuries, he devoted his action to convincing manufacturers and artists to work together. For this purpose, he disseminated his ideas by creating reviews, holding exhibitions in France and abroad, and bringing together political, intellectual, and artistic personalities to discuss them.

But he did not confine himself to being an advisor. He rolled up his sleeves and set an example by transforming his own activities. Moving from the art object to the industrial object, he opened a design office whose name, Technès, combined the ideas of the technical and the aesthetic.

Early in his career, at the helm of the decorating firm DIM (Décoration Intérieure Moderne), Jacques Viénot deliberately chose the camp of the Moderns. He was not a member of the UAM, but he championed its cause and was a member and subscriber of the Ucad from 1924 to 1935.[6] However, beyond these debates, the 1929 economic crisis struck a hard blow at the luxury industries. In this difficult context, his business activities plunged and he had to look for new opportunities. During a trip to the United States, he was struck by the open-mindedness of the country's manufacturers. For example, the DuPont de Nemours factories, which produced explosives and artificial silk, devoted an entire department to "style," run by a manager in charge of capturing the latest artistic trends worldwide in order to make their production evolve. His meeting with Raymond Loewy in New York gave him the idea of converting his decorating office into an industrial design consulting firm, a concept totally unknown in France. But he ran into an overcautious mindset in manufacturers.[7] Having become the director of the Primavera workshop, he urged the Printemps department store to take part in the Expositions de l'habitation, which, in the framework of the Salon des arts ménagers, had been a showcase for technological innovations since the 1930s and would remain so to the end of the Thirty Glorious Years.

In his review *Art présent*, which he founded in 1945 (before it was renamed *Esthétique industrielle* in 1951), he militated for the beauty in technology to be given a higher status and be considered like the other arts. With this aim, he called on a broad range of enlightened minds. The magazine's patronage committee comprised scientists such as Louis de Broglie, a member of the Institut de France, museum directors like Jean Cassou of the Musée national d'art moderne, René Huyghe of the Louvre, Jacques Guérin, Musée des Arts décoratifs, and Raymond Cogniat, principal inspector of Fine Arts, but also architects like Pol Abraham and Le Corbusier, manufacturers like Tony Bouilhet of Christofle, which specialized in silverware, art glassmakers like Michel Daum, and personalities representing industrial design internationally, such as the Englishman Gordon Russell, president of the Council of Industrial Design, created in London in 1944, and the Franco-American Raymond Loewy, president of the American Society of Industrial Designers.

In 1951, he created the Institut d'esthétique industrielle and founded the label Beauté France, ancestor of today's Janus de l'Industrie award, and it was under his impetus that the International Council of Societies of Industrial Design (ICSID), still active today, was created in 1957.

6 Yearbooks of the Ucad, Paris, Bibliothèque des Arts Décoratifs, Z 123.
7 Jocelyne Le Bœuf, *Jacques Viénot, pionnier de l'esthétique industrielle en France*, Rennes, Presses universitaires de Rennes, 2006, p. 44.

TECHNÈS, UNE PÉPINIÈRE DE DESIGNERS

Jacques Viénot crée Technès en 1949. S'entourant de collaborateurs de choix, il en fait une agence innovante, à la solide réputation.

Venu des arts décoratifs, il pense que l'habillage des produits leur donne caractère et élégance. Il considère qu'un produit manufacturé, quel qu'il soit, appareils ménagers, de bricolage et autres machines-outils, doit faire la fierté de l'utilisateur, refléter son goût et être un marqueur de son implantation dans la société. « On achète avec ses yeux », comme le dit le slogan de Technès. Il faut séduire l'acheteur par l'image, plaide-t-il auprès des industriels. Forme, couleur, charte graphique complètent la silhouette de l'objet, jusqu'au logo, qui est le symbole d'une marque, ses armoiries.

Tandis qu'il est en recherche incessante de clients, Jacques Viénot peut s'appuyer sur deux collaborateurs de poids, Jean Parthenay et Roger Tallon. Jean Parthenay entre chez Technès dès son ouverture et y reste jusqu'en 1970. Ancien élève de l'ENSAD, il ne connaît pas le design et n'en a même jamais entendu parler lorsqu'il est recruté. Roger Tallon y travaille de 1952 à 1973 avant de créer sa propre agence, Design Programmes SA. L'atelier où Michel Buffet va découvrir ce métier, en 1954, est une simple pièce dans l'appartement de Jacques Viénot, rue Michel-Ange. Le succès venu rapidement, l'équipe doit bientôt être renforcée, et l'agence déménage dans des locaux plus vastes, boulevard Raspail.

Quant au rôle que jouait Jacques Viénot, les avis divergent. Tandis que pour Parthenay, il ne prenait pas part à l'étude des projets et ne donnait aucune directive, pour Tallon, Jacques Viénot n'imposait pas ses points de vue mais souhaitait y mettre sa patte. Les apprentis designers y trouvaient une formation qu'aucune école ne dispensait encore.

Preuve que la technologie doit aller de pair avec l'esthétique, les plus belles réussites de Technès sont exposées à la XIe Triennale de Milan, en 1957. Cette même année, Viénot organise à la Foire de Paris l'exposition « De l'idée à la forme », qui attire les industriels et le grand public.

LA CONCURRENCE ENTRE LES DEUX AGENCES

Il est intéressant de noter que Raymond Loewy et Jacques Viénot sont de la même génération, puisque nés la même année, en 1893. Ils ouvrent chacun leur bureau d'études à Paris à peu près à la même date. Ils vont donc inévitablement se partager une même clientèle. L'un et l'autre offriront à une jeune génération de créatifs une formation dans une filière innovante.

Il faut néanmoins souligner que Jacques Viénot se convertit au design industriel vingt ans après Raymond Loewy qui, lui, avait ouvert son agence à New York dès 1929. Les retombées de sa notoriété au-delà des États-Unis vont l'amener à ouvrir un bureau d'études à Paris en 1952, qui deviendra un haut lieu du design industriel. Les deux agences, Technès et la CEI seront des lieux d'excellence où sera élaboré un art de vivre contemporain combinant technologie et convivialité.

En dépit de l'estime de Viénot à l'égard de Loewy, il existait une rivalité sous-jacente entre les deux bureaux d'études-phares. La CEI, qui pratiquait des méthodes à l'américaine, offrait de meilleures rémunérations. Ainsi Roger Tallon fut-il tenté d'y travailler. Néanmoins, il ne regretta jamais d'être resté chez Technès, préférant l'espace de liberté que lui offrait Viénot plutôt que d'être dans l'ombre de Loewy[8].

Malgré leurs devises « On achète avec ses yeux » de Viénot et « La laideur se vend mal » de Loewy, ils insistaient tous les deux sur l'importance de la fonctionnalité du produit. Il fallait être beau mais surtout utile.

8   Témoignages extraits du livre de Jocelyne Le Bœuf, *Jacques Viénot, pionnier de l'esthétique industrielle*, op. cit., p. 139.

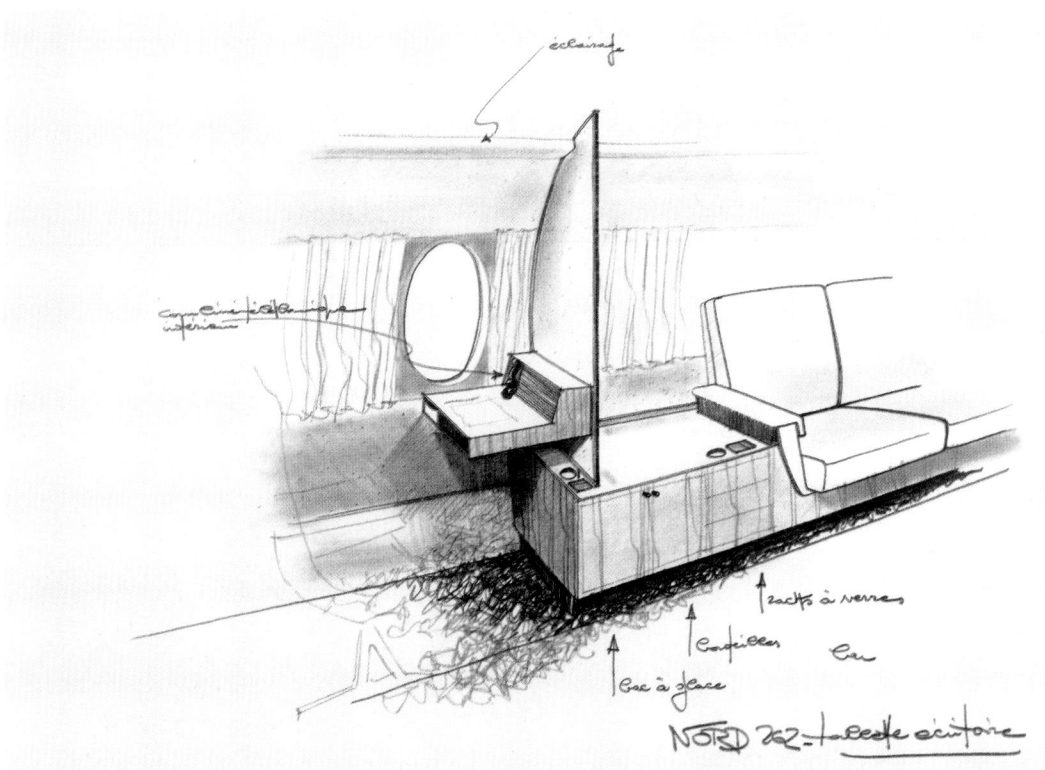

Projet d'aménagement d'une cabine avec écritoire pour l'avion Nord 262, 1966. CEI.
Project for the interior design and decoration of a cabin with writing case for the Nord 262, 1966. CEI.

Projet d'aménagement de l'hélicoptère SA 360, version VIP avec la SOCEA, pour Sud-Aviation, 1965.
Interior design project for the SA 360 helicopter, VIP version with the SOCEA, for Sud-Aviation, 1965.

TECHNÈS, A BREEDING GROUND FOR DESIGNERS

Jacques Viénot created Technès in 1949. Surrounding himself with hand-picked collaborators, he made it an innovative agency with a solid reputation.

Having come from the decorative arts, he thought that the appearance of products gave them character and elegance. He considered that any manufactured product, whether a household appliance or a tool, should make users proud, reflect their taste and be a marker of their insertion in society. "People buy with their eyes" was Technès' slogan. The buyer had to be seduced by the image, he argued to manufacturers. Form, color, and graphic guidelines completed the object's silhouette, going as far as the logo, which is a brand's symbol, its coat of arms.

In his constant search for clients, Jacques Viénot could rely on two collaborators who were heavyweights in their field: Jean Parthenay and Roger Tallon. Jean Parthenay joined Technès when it opened and remained there until 1970. An alumnus of the ENSAD, he was not familiar with design and had never even heard it talked about when he was hired. Roger Tallon worked there from 1952 to 1973 before creating his own agency, Design Programmes SA. The studio where Michel Buffet would discover this profession, in 1954, was a single room in Jacques Viénot's apartment, on the rue Michel-Ange in Paris. Success arrived quickly, the team soon had to be strengthened, and the agency moved to much larger premises on the boulevard Raspail.

As to the role that Jacques Viénot played, opinions differed. Whereas for Parthenay, he did not take part in project studies and gave no directives, for Tallon, Jacques Viénot did not impose his viewpoints but wanted to get involved. The apprentice designers received training at the agency that not a single school provided at the time.

Proof that technology was to go hand in hand with aesthetics, Technès' greatest successes were exhibited at the 11th Milan Triennial in 1957. That same year, Viénot organized the exhibition *De l'idée à la forme* at the Foire de Paris, which attracted both manufacturers and the general public.

COMPETITION BETWEEN THE TWO AGENCIES

It is interesting to note that Raymond Loewy and Jacques Viénot were part of the same generation and were even born the same year, in 1893. Each of them opened his design office in Paris at more or less the same date. They would therefore inevitably share the same clientele. Both of them would offer a young generation of creators training in an innovative sector.

It must nonetheless be stressed that Jacques Viénot was converted to industrial design twenty years after Raymond Loewy, who had opened his agency in New York in 1929. His fame went beyond the United States and led him to open a design office in Paris in 1952, which became a mecca of industrial design. The two agencies, Technès and the CEI, were places of excellence where a contemporary art of fine living that combined technology and conviviality would be developed.

Despite the esteem that Viénot had for Loewy, there was an underlying rivalry between the two flagship design offices. The CEI, which followed American methods, offered better salaries. Roger Tallon was tempted to work there. Nevertheless, he never regretted staying at Technès, preferring the freedom that Viénot offered him to being in Loewy's shadow.[8]

In spite of their mottos—"People buy with their eyes" for Viénot and "Ugliness sells badly" for Loewy—both of them stressed the importance of the product's functionality. It not only had to be beautiful, but above all useful.

8 Jocelyne Le Bœuf, *Jacques Viénot, pionnier de l'esthétique industrielle en France, op. cit.*, p. 139.

De la CEI à Knoll

Lorsque Michel Buffet entre à la Compagnie américaine de l'esthétique industrielle, en 1956, l'activité de celle-ci est répartie en trois départements : « Architecture commerciale », « Packaging » et « Design de produits ». Chaque responsable de projet est autonome. Le bureau de Paris travaille alors à la rénovation esthétique des produits industriels et à la création de nouvelles images de marque et d'emballages, mais il doit aussi son succès à l'introduction en France d'un nouveau concept de grands magasins self-service, à l'instar des *department stores* américains. Les grands magasins adoptent l'idée et font appel à la CEI. C'est d'ailleurs dans ce domaine que Michel Buffet débute puisque, à son arrivée, il intègre le département « Architecture commerciale », socle des activités du bureau d'études. Il collabore aux aménagements pour le BHV, les Galeries Lafayette, le Printemps, Air France, IBM, ainsi qu'aux études sur les manifestations visuelles des stations-service de BP.

La clientèle s'adresse à la CEI en raison de la notoriété que Raymond Loewy a acquise dès la fin des années 1930, bien que ce nouveau concept de magasins soit dû à son associé, William Snaith. Architecte de formation, ce dernier révolutionne l'aménagement d'espaces commerciaux, qu'il restructure de fond en comble. Les marchandises sont stockées en périphérie du magasin pour approvisionner aisément et rapidement les rayons en limitant les coûts de personnel ; les escalators facilitent les communications ; l'implantation des rayons est méthodiquement calculée. Des circuits lisibles pilotent l'acheteur vers différents rayons thématiques, repérables par des bandeaux dont la typographie, les coloris et un éclairage judicieux incitent à l'achat. L'architecture intérieure, le logo, la charte graphique forment un procédé publicitaire mnémotechnique appliqué à l'échelle architecturale.

William Snaith, se souvient Michel Buffet, était un homme de terrain, qui est toujours resté proche du client – à la différence de Raymond Loewy. Il n'hésitait pas à « tomber la veste », retrousser ses manches et, crayon en main pour exposer ses idées, inscrire sur les plans ce qu'il avait en tête.

Les deux années que Michel Buffet passe à la CEI, de 1956 à 1958, sont une période d'immersion déterminante. Michel Buffet y apprend son métier sous la houlette des uns et des autres. Il n'est alors responsable d'aucun projet mais il apprécie d'évoluer dans cette large structure d'une quinzaine de collaborateurs, venus d'horizons différents. En effet, il s'y trouve des designers industriels chargés des produits, des designers graphiques experts dans l'art de présenter et de communiquer, des architectes à même de résoudre des problèmes tridimensionnels et d'environnement. L'équipe a également recours à des ingénieurs qui sont des conseils en mécanique fonctionnelle, à des psychologues industriels, compétents en matière de relations publiques, d'études de marché et de comportement du consommateur.

Le jeune designer est fasciné par l'ambiance qui règne dans ce bureau. Allant d'un projet à l'autre, il se forme sur le tas. Les affaires marchent si bien que l'agence déménage rapidement pour le 39, avenue d'Iéna, sur la totalité du cinquième étage, avec une annexe pour la réalisation de maquettes. Ce milieu est extrêmement formateur.

360_VERSION V.I.P.

Projet de stand d'exposition pour la revue *L'Œil*, 1959.
Project for an exhibition booth for the review *L'Œil*, 1959.

From the CEI to Knoll

When Michel Buffet entered the Compagnie américaine de l'esthétique industrielle in 1956, its activity was divided into three departments: commercial architecture, packaging, and product design. Each project manager was autonomous. The Paris office worked at the time on the aesthetic renovation of industrial products, and the creation of new brand images and packaging, but it also owed its success to the introduction of a new concept into France—self-service department stores—like those in the United States. French department stores adopted the idea and called on the CEI. It was in this area that Michel Buffet started, since when he arrived he joined the commercial architecture department, the foundation of the design office's activities. He worked on interior design for BHV, Galeries Lafayette, Printemps, Air France, and IBM, as well as on studies for the visual identities of BP's service stations.

The clientele turned to the CEI because of the renown that Raymond Loewy had acquired in the late 1930s, even if this new store concept was due to his partner William Snaith. An architect by training, Snaith revolutionized the interior design of commercial spaces, which he restructured from top to bottom. Merchandise was stored on the periphery of the store to easily and quickly supply the various departments, limiting personal costs; escalators facilitated communications; the siting of departments was methodically calculated. Readable circuits guided the buyer to the different thematic departments, which could be located by banners whose typography, colors, and judicious lighting encouraged purchasing. The interior architecture, the logo, and the graphic guidelines formed a mnemotechnical advertising process applied to the architectural scale. William Snaith, Michel Buffet remembers, was a man of the field, who always remained close to the customer—unlike Raymond Loewy. He never hesitated to take off his jacket, roll up his sleeves, and, pencil in hand, present his ideas and jot down on the plans what was in his mind.

The two years that Michel Buffet spent at the CEI, from 1956 to 1958, were a period of decisive immersion. He learned his profession there under the leadership of its collaborators. He was not in charge of any project but he liked being involved in this large structure with fifteen or so employees, all from different horizons. There were industrial designers in charge of products, graphic designers who were experts in presenting and communicating, architects able to solve three-dimensional and environmental projects. The team also called on engineers who were consultants in functional mechanics, industrial psychologists skilled in public relations, market research, and consumer behavior.
The young designer was fascinated by the atmosphere that reigned in this agency. Going from one project to another, he was trained on the job. Business was going so well that the office quickly moved to 39, avenue d'Iéna, taking the entire fifth floor, with an annex for model-making. This milieu was extremely formative for Michel Buffet.

LE DESIGN, ŒUVRE COLLECTIVE

Avant d'être enseignée dans les écoles d'art, cette discipline est pratiquée par un milieu éclectique. Au tout début, lorsque l'on s'est préoccupé d'esthétique, en France, faute de spécialistes, on a fait appel à des artistes provenant d'horizons divers, que rien ne destinait à travailler pour l'industrie.

Ainsi Paul Arzens (1903-1990), artiste, collectionneur d'art (surtout de trains miniatures) et bricoleur de génie, presque de la génération de Viénot, est le plus ancien conseiller esthéticien pour la SNCF, du début des années 1950 à la fin des années 1960. C'est lui qui donne des couleurs à l'aspect extérieur du matériel roulant, rompant avec le « vert wagon ». Il est l'auteur de la série de locomotives avec un profil de coureur dans les *starting blocks*, surnommées les « nez cassés ». Parallèlement à cette activité ferroviaire, il dessine aussi des voitures futuristes, tel *L'Œuf*, voiture électrique construite en 1942, en aluminium, avec un pavillon sphérique en Plexiglas que, paraît-il, il était le seul à pouvoir conduire.

André Vigneau (1892-1968), peintre, est l'auteur des mannequins-cubistes de l'installateur Siegel utilisés par René Herbst pour ses aménagements de boutiques à l'Exposition internationale de 1925. Il se passionne pour la photographie puis pour le cinéma et finit sa carrière comme conseiller à EDF en matière d'éclairage et d'esthétique industrielle. Ses élégantes corbeilles à courrier en polystyrène à pans coupés sont sélectionnées par l'UAM-« Formes utiles ».

Maurice Calka (1921-1999), sculpteur et urbaniste, devient designer lorsqu'il dessine en 1960 un meuble-bureau, le *Boomerang*, pour la maison de décoration Leleu. Il propose une version décapotable de la Renault 5 présentée au Salon de l'automobile en 1976 dont l'intérieur est garni de tissus Cacharel. Trop en avance, ce projet n'est finalement pas retenu par la Régie.

Georges Patrix (1920-1992) fait une carrière dans le cinéma avant de devenir designer en esthétique industrielle. Il se lie à Jacques Viénot pour l'organisation du congrès international d'esthétique industrielle en 1953 avant de fonder son propre atelier d'esthétique industrielle en 1954.

La description de ces parcours hétéroclites des premiers designers industriels, tout comme l'éventail des compétences multiples que Michel Buffet découvre à la CEI, donnent raison à Georges Patrix lorsqu'il décrit sa profession. « Ce métier, dit-il, touche à tant de domaines qu'un bureau d'études doit être constitué de professionnels venant de disciplines diverses – architectes, ingénieurs, dessinateurs industriels, mais aussi graphistes, peintres, décorateurs. Car ce travail doit être le fruit d'une équipe plutôt que d'un seul concepteur, afin que la forme définitive ne soit pas une expression trop personnelle[9]. »

9 Denis Huysmans, Georges Patrix, *L'Esthétique industrielle*, PUF « Que sais-je », 1961, p. 96.

EXPÉRIENCE CHEZ KNOLL

Bien que fasciné par le travail des équipes de la CEI, Michel Buffet garde toujours une attirance pour le versant artistique de sa profession, lui qui n'a cessé de dessiner des objets et du mobilier depuis l'âge de 20 ans. Encore étudiant, non seulement il réalise des luminaires qui seront édités et exposés, mais il conçoit l'aménagement intérieur d'une villa au Pyla-sur-Mer et un autel pour la chapelle de Bondy. Plus tard, en 1965, parallèlement à son travail de designer industriel à la CEI, il participe à l'aménagement de la bibliothèque pour enfants de Clamart La Joie par les Livres, qui est une révélation par sa grande innovation tant sur le plan

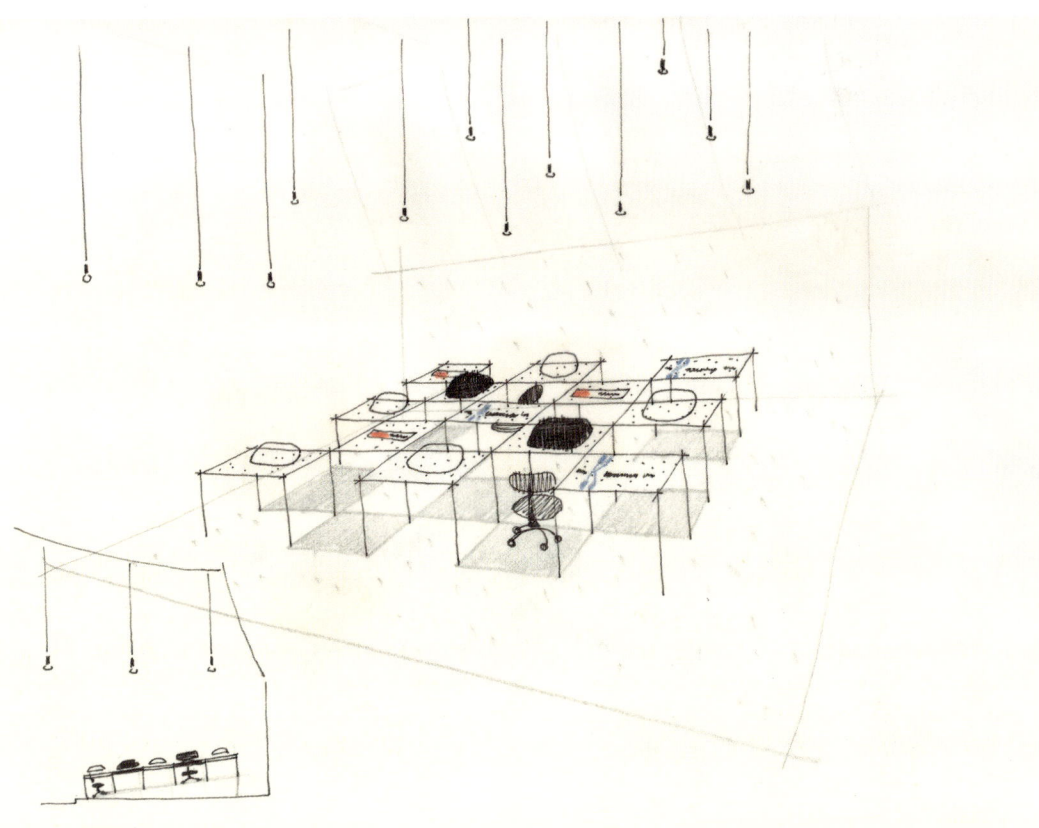

Projet de stands d'exposition pour IBM et Knoll International, 1959.
Project for an exhibition booth for IBM and Knoll International, 1959.

DESIGN, A COLLECTIVE WORK

Before being taught in art schools, this discipline was practiced in an eclectic milieu. At the very beginning in France, when the focus was on aesthetics, lacking specialists, artists whom nothing had prepared to work for industry were called on from various fields.

For example, Paul Arzens (1903–1990), an artist and art collector (especially of model trains) and a brilliant handyman, almost of Viénot's generation, was the oldest aesthetics advisor for the SNCF, the French national train company, from the early 1950s to the late 1960s. He was the one who chose the colors for the exterior of the rolling stock, breaking with the "green car." He was the author of a series of railcars with the profile of a runner on the starting block, nicknamed the "broken noses." In parallel to this railroad activity, he also designed futuristic automobiles, like L'Œuf ("the egg"), an electric car built in 1942, in aluminum, with a spherical Plexiglas roof that, apparently, he alone could drive.

André Vigneau (1892–1968), a painter, was the creator of the cubist mannequins of the installer Siegel that were used by René Herbst for his interior layouts for stores at the Exposition internationale of 1925. He was fascinated by photography and cinema, and finished his career as a lighting and industrial design consultant for EDF, the French national electricity company. His elegant polystyrene letter trays with cut-off corners were chosen by the UAM for its "Formes utiles" section.

Maurice Calka (1921–1999), a sculptor and urban planner, became a designer when he imagined a desk in 1960, the Boomerang, for the Leleu decorating firm. He proposed a convertible version of the Renault 5, presented at the 1976 Automobile Show, whose interior was covered with Cacharel fabrics. Too far ahead of its time, in the end the project was not selected by the carmaker.

Georges Patrix (1920–1992) made his career in cinema before becoming an industrial designer. He collaborated with Jacques Viénot for the organization of the International Congress of Industrial Design in 1953, before founding his own industrial design studio in 1954.

The description of these eclectic careers of the first industrial designers, just like the broad range of competencies that Michel Buffet discovered at the CEI, proved Georges Patrix right when he described his profession. "This profession," he said, "touches so many disciplines that a design office must be made up of professionals who come from diverse disciplines—architects, engineers, industrial draftsmen, but also graphic designers, painters, and decorators. Because this work should be the fruit of a team rather than a sole designer, in order that the final form not be too personal an expression." [9]

9 Denis Huysmans, Georges Patrix, L'Esthétique industrielle, PUF "Que sais-je," 1961, p. 96.

EXPERIENCE AT KNOLL

Although fascinated by the work of the CEI teams, Michel Buffet has always been attracted by the artistic dimension of his profession. He has been designing objects and furniture since the age of twenty. When he was still a student, not only did he design lights that would be issued and exhibited, but he created the interior design of a villa in Le Pyla-sur-Mer and an altar for the Bondy chapel. Later, in 1965, alongside his work as an industrial designer at the CEI, he took part in creating the interior design of the children's library in Clamart called La Joie par les Livres, which was a revelation due to its major innovation in both architectural and pedagogical terms.[10] His furniture and objects were selected for major exhibitions, at the Salon des artistes décorateurs, the Salon des arts ménagers, the "Formes utiles" section of the UAM, the Milan Triennials (twice) and lastly the Universal Expositions of Brussels and Osaka.

His taste for what is called today "the art of fine living" consequently encouraged him to seize the opportunity to join the team of Knoll International France, whose objective he had heard was to create a design office for furnishings. Thinking that this opportunity would open up the possibility of developing his qualities as a designer of living spaces, without verifying this information, he left the CEI in 1958 to join Knoll. But he was quickly disenchanted. In fact, enhanced by the designers' prestige that made the firm's success, Knoll's goal was above all to distribute its catalogue's models despite other projects such as those executed for Saint-Gobain, UNESCO, a villa for the shah's family in Tehran, and a pavilion for the park of Giovanni Agnelli, the CEO of Fiat, in Turin, with the installation of sculptures by artists such as Henry Moore.

At Knoll, Michel Buffet discovered a milieu of art-lovers around Yves Vidal, director of Knoll France and a major collector, and approached an avant-garde group brought together by André Bloc who, through his review L'Architecture d'aujourd'hui, would make the creations of the most famous modern architects and artists known.

Very quickly, however, he noticed that the commercial aspect and not creativity for new models prevailed. Although this milieu did not match his aspirations, his time at Knoll nevertheless provided him with the chance to make contacts that would permit him, among others, to present a chair at the 1957 Milan Triennial that would be recommended for the UNESCO building, under construction in Paris.

10 Built by the architects Gérard Thurnauer, Jean Renaudie, Jean-Louis Véret, and Pierre Riboulet, it is a listed Historic Monument.

architectural que pédagogique[10]. Ses meubles et objets sont sélectionnés pour les expositions de premier plan, au Salon des artistes décorateurs, au Salon des arts ménagers, sélection « Formes utiles » de l'UAM, aux Triennales de Milan à deux reprises et enfin aux Expositions universelles de Bruxelles et d'Osaka.

Son goût pour ce que l'on appelle aujourd'hui « l'art de vivre » l'incite ainsi à saisir l'occasion d'intégrer l'équipe de Knoll International France, dont il a entendu dire que l'objectif est la création d'un bureau d'études pour l'équipement mobilier. Pensant que cette place lui ouvrira des possibilités de développer ses qualités de concepteur pour l'habitat, sans vérifier ces informations, il quitte la CEI, en 1958, pour entrer chez Knoll. Mais il va rapidement déchanter. En effet, auréolé du prestige des créateurs qui ont fait le succès de la firme, Knoll a surtout pour but de diffuser les modèles de son catalogue malgré d'autres projets tels que ceux réalisés pour Saint-Gobain, l'Unesco, une villa pour la famille du shah à Téhéran, ou un pavillon du parc de Giovanni Agnelli, patron de Fiat à Turin avec l'installation de sculptures comme celles d'Henry Moore.

Michel Buffet y découvre avec intérêt un milieu d'amateurs d'art, autour d'Yves Vidal, directeur de Knoll France et grand collectionneur, et approche un groupe d'avant-garde réuni par André Bloc qui, au travers de sa revue *L'Architecture d'aujourd'hui*, fera connaître les réalisations des architectes et des plasticiens modernes les plus notoires.

Mais très vite, il s'aperçoit que l'aspect commercial prime et non la créativité pour de nouveaux modèles. Bien que ce milieu ne corresponde pas à ses aspirations, son passage chez Knoll lui donne néanmoins l'occasion d'établir des contacts qui lui permettront, entre autres, de présenter à la Triennale de Milan en 1957 une chaise qui sera pressentie pour figurer au siège du palais de l'Unesco, en construction à Paris.

10 Construite par les architectes Gérard Thurnauer, Jean Renaudie, Jean-Louis Véret et Pierre Riboulet, elle est classée au titre Monuments historiques.

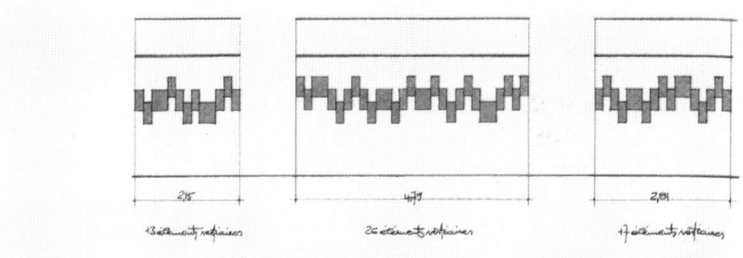

Hall d'entrée avec les vestiaires de la bibliothèque pour enfants La Joie par les Livres, Clamart, 1966.
Entrance hall with lockers for the children's library La Joie par les Livres, Clamart, 1966.

Michel Buffet et Annette Schlumberger lors de la conception de la bibliothèque de Clamart La Joie par les Livres, 1965.
Michel Buffet and Annette Schlumberger during the design of the Clamart library La Joie par les Livres, 1965.

Stand Roland, fabricant de sacs en papier, Salon de l'emballage, CNIT, 1960. CEI.
Booth for Roland, paper bag manufacturer, Salon de l'emballage, CNIT, 1960. CEI.

RETURN TO THE CEI

Luckily enough, in 1960 he was contacted by Harold Barnett to take over the commercial architecture department of the design office, which in the meantime had become the Compagnie de l'esthétique industrielle. Commercial architecture was the pillar of the CEI, to which two other departments, packaging and product design, were added.

Although before agreeing to head the department he had some hesitation as to his leadership qualities, he would remain in this position for twenty-five years, until 1985. Very quickly he settled into his new responsibilities, remodeled the team, and took over new projects.

His beginnings in commercial architecture led him to take an interest in transportation, starting with civil aviation, which was rapidly expanding in the early 1960s. It was a question of Europe competing with the United States, which had a large lead.

Meeting Henry Potez in 1963 was decisive for him. He was questioned and taken on to solve the problems of the interior design of airplane cabins, which were noisy and uncomfortable, to make the marketing of this new means of transportation possible. In charge of doing the interior layout of the firm's latest aircraft, the Potez 840, Michel Buffet came to the conclusion that it was impossible to make this plane inhabitable. Nevertheless, this experience was a springboard for undertaking new projects, such as Marcel Dassault's Mystère 20, renamed Falcon 20 for marketing purposes in the United States.

Next came the design of the cabin of several types of planes, such as Dassault's Mercure, Nord-Aviation's Nord 262 with Socata, and projects for two Sud-Aviation helicopters, seats and other equipment, but especially the prestigious commission for the interior design of the Concorde in 1972.

Having become a designer in the aeronautics industry, Michel Buffet then tackled land and sea transportation. He proposed to the CEI extending his department, which was renamed, in 1970, "industrial architecture and transportation".

In 1985, he left the CEI to found his own agency, Vecteur Design Industriel, with which he continued his activities as a designer until he decided to close it in 2000.

RETOUR À LA CEI

La chance lui sourit puisque, en 1960, il est rappelé par Harold Barnett pour prendre la direction du département « Architecture commerciale » du bureau d'études, qui est devenu entre-temps la Compagnie de l'esthétique industrielle. L'architecture commerciale est le pilier de la CEI, auquel s'adjoignent deux autres départements, « Packaging » et « Design de produits ».

Bien que, avant d'accepter la direction de ce département, il ait eu quelque hésitation sur ses qualités de meneur d'homme, il y restera vingt-cinq ans, jusqu'en 1985. Très rapidement, il s'installe dans ses nouvelles fonctions, remodèle l'équipe et prend en main de nouveaux projets.

Ses débuts dans l'architecture commerciale l'amènent à s'intéresser au transport, à commencer par l'aviation civile en pleine expansion en ce début des années 1960. Il s'agit pour l'Europe de concurrencer les États-Unis qui ont une large avance.

Sa rencontre avec Henry Potez, en 1963, est déterminante. Il est questionné et engagé pour résoudre les questions que pose l'aménagement des carlingues d'avions, bruyantes et inconfortables, afin de rendre possible la commercialisation de ce nouveau moyen de transport. Chargé d'aménager le dernier né de la firme, le Potez 840, Michel Buffet conclut à l'impossibilité de rendre habitable cet appareil. Néanmoins, cette expérience est un tremplin pour entreprendre de nouveaux projets, tels que le Mystère 20 de Marcel Dassault, rebaptisé Falcon 20 pour sa commercialisation aux États-Unis.

Viendront ainsi la conception de l'habitacle de plusieurs avions, comme le Mercure de Dassault, le Nord 262 avec la Socata pour Nord-Aviation, les projets de deux hélicoptères pour Sud-Aviation, des sièges et autres équipements, mais surtout la commande prestigieuse de l'aménagement du Concorde, en 1972.

Devenu designer dans l'aéronautique, Michel Buffet aborde ensuite les transports par terre, par rail et par mer. Il propose alors à la CEI de donner une extension au département dont il a la charge, qui s'appelle à partir de 1979 « Architecture industrielle et transport ».

En 1985, il quitte la CEI pour fonder sa propre agence, Vecteur Design Industriel, avec laquelle il poursuit ses activités de designer jusqu'à ce qu'il décide sa fermeture, en 2000.

écritoire-secrétaire
writing-secretary

Projet d'écritoire-secrétaire pour le Falcon 20, 1963. CEI.
Project for a writing case/secretary for the Falcon 20, 1963. CEI.

L'art de vivre dans les transports

The art of fine living in transportation

L'air
Un métier à inventer

LE POTEZ 840, UN PIED À L'ÉTRIER

Après la Seconde Guerre mondiale, la technologie fait un bond en avant, et l'objectif des constructeurs est l'aviation civile, commerciale et privée. Henry Potez, puis Marcel Dassault vont se lancer dans l'aventure.

Michel Buffet est propulsé dans ce domaine en 1963 grâce à sa rencontre avec Henry Potez. Pionnier de l'aviation militaire, ce dernier a fourni à l'armée française ses premiers avions de chasse en 1914. Désormais, il souhaite transformer son expertise et orienter son activité vers des avions civils. Lorsque la commande lui parvient, c'est une première pour la CEI dont l'expérience en aéronautique se bornait à l'*Alouette*, un hélicoptère pour l'Aérospatiale, dont s'était chargé Jacques Cooper qui avait quitté la Compagnie depuis lors.

De premières études ainsi que des maquettes d'aménagement le plongent dans les problématiques de la vie dans les airs, mais cet avion, le Potez 840, n'aura pas d'avenir. De petite section, l'avion était peu habitable et d'accessibilité peu pratique. D'une part, il fallait enjamber une poutre qui traversait la cabine en son centre, d'autre part le volume de carburant nécessaire pour obtenir une autonomie suffisante réduisait d'autant l'espace habitable.

Avec son équipe, Michel Buffet réfléchit aux solutions possibles, mais ce projet mal conçu tourne court, et Potez l'abandonne. Cependant il devient un événement dans sa carrière en lui mettant le pied à l'étrier, car Marcel Dassault, qui souhaitait se lancer sur le créneau de l'aviation d'affaires, a sur la planche à dessin le futur Falcon. Michel Buffet, qui a eu vent de ce projet par l'intermédiaire de l'homme de confiance d'Henry Potez, est fort intéressé et se tient prêt. Il sera chargé du projet.

L'AVENTURE DU FALCON 20

En 1964 débute sa vraie aventure aéronautique, avec la réalisation du premier avion d'affaires français, le Mystère 20, qui sera rebaptisé Falcon 20 en raison de son succès aux États-Unis. En effet, Marcel Dassault souhaite développer ses activités en direction d'une clientèle privée, qui existe principalement aux États-Unis. Il s'agit donc de prendre pied dans ce pays. Dans cette optique, il conçoit un avion biréacteur, pouvant transporter dix à douze passagers, dont l'habitabilité de la cellule est entièrement à concevoir. Cet avion d'affaires est une première chez l'avionneur.

Michel Buffet vit cette aventure avec enthousiasme, dès les premiers coups de crayon sur la planche à dessin, la main dans la main avec les ingénieurs. Il doit faire preuve d'innovation, puisque peu d'industriels en France sont équipés pour répondre à leurs demandes d'équipements et d'aménagements. Tout est à inventer pour trouver les bons réseaux. Il lui faut jongler entre l'insonorisation indispensable et le poids, problèmes récurrents en aéronautique, tout en répondant aux exigences des normes de l'aviation américaine, la Federal Aviation Administration (FAA) et de celles de clients fortunés et exigeants, comme l'armateur Stávros Niárchos ou le prince Aga Khan.

Un avion fourni par le constructeur est une coque vide. Il faut donc imaginer et proposer différents aménagements. Dassault vend des cellules soit vides, soit aménagées. Différentes solutions sont proposées sur catalogue, comprenant des gammes de matériaux et de couleurs dont les combinaisons s'adaptent aux goûts des différentes clientèles. Puis il faut trouver les entreprises dont le savoir-faire permette

Aménagement intérieur du Falcon 20, avec un sofa et six sièges, 1963. CEI.
Interior decoration of the Falcon 20, with sofa and six seats, 1963. CEI.

Le premier exemplaire du Falcon 20 en construction dans les usines Marcel Dassault, Mérignac, 1963.
The first Falcon 20 under construction at the Marcel Dassault factories, Mérignac, 1963.

Maquette d'aménagement pour l'avion Potez 840, 1963. CEI.
Interior design model for the Potez 840 airplane, 1963. CEI.

L'avion Potez 840 en vol.
The Potez 840 airplane in flight.

Double page suivante/ Following pages
Aménagement du Falcon 20 avec deux sofas et quatre sièges, catalogue, 1963. À droite, échantillons de tissus pour tapis, moquette, sièges, sofas et rideaux. CEI.
Interior decoration for the Falcon 20 with two sofas and four seats, catalogue, 1963. On the right, fabric samples for the rugs, carpeting, seats, sofas, and curtains. CEI.

In the air
A profession to be invented

THE POTEZ 840, A LEG UP

After World War II technology made a leap forward, and the objective of manufacturers was commercial and private civil aviation. Henry Potez and then Marcel Dassault would launch themselves into this adventure.

Michel Buffet was thrust into this field in 1963 when he met Henry Potez. A pioneer in military aviation, Potez had supplied the French Army with its first fighter planes in 1914. He now wanted to transform his expertise and focus his activity on civilian planes. When it received the commission, it was a first for the CEI whose experience in aeronautics was limited to the *Alouette*, a helicopter designed for Aérospatiale, handled by Jacques Cooper who had left the CEI afterward.

Preliminary studies as well as interior design models plunged him into life in the air, but this plane, the Potez 840, would not have any future. Narrow-bodied, the plane was not very comfortable and accessibility hardly practical. On one hand, the passenger had to straddle a beam that crossed the cabin in the center, and on the other, the amount of fuel needed to obtain sufficient autonomy proportionately reduced cabin space.

With his team, Michel Buffet thought about possible solutions, but this poorly designed project came to an abrupt end, and Potez dropped it. It became, however, an event in Michel Buffet's career, giving him a leg up, because Marcel Dassault, who wanted to get started in the business jet niche, had the future Falcon on the drawing board. Michel Buffet, who got wind of this project through Henry Potez's right-hand man, was very much interested and was ready for it. He would be responsible for the project.

THE FALCON 20 ADVENTURE

In 1964, his real aeronautics adventure began, with the creation of the first French business jet, the Mystère 20, which would be renamed Falcon 20 due to its success in the United States. Marcel Dassault wanted to develop his business in the direction of a private clientele that mainly existed in America. So he had to get a foothold in this country. Taking this angle into account, he designed a twin-engine plane that could transport ten to twelve passengers; its cabin had to be designed from scratch. This business jet was a first for the aircraft manufacturer.

Michel Buffet enthusiastically undertook this adventure, right from the first pencil strokes on the drawing board, working hand in hand with the engineers. He had to be innovative because few manufacturers in France were equipped to meet the requirements for cabin equipment and interior design. Everything had to be invented to find the right networks. He had to juggle between the indispensable soundproofing and the weight, recurring problems in aeronautics, while meeting the requirements of American aviation standards, the Federal Aviation Administration (FAA), and those of wealthy and demanding clients like the ship-owner Stavros Niarchos and Prince Aga Khan.

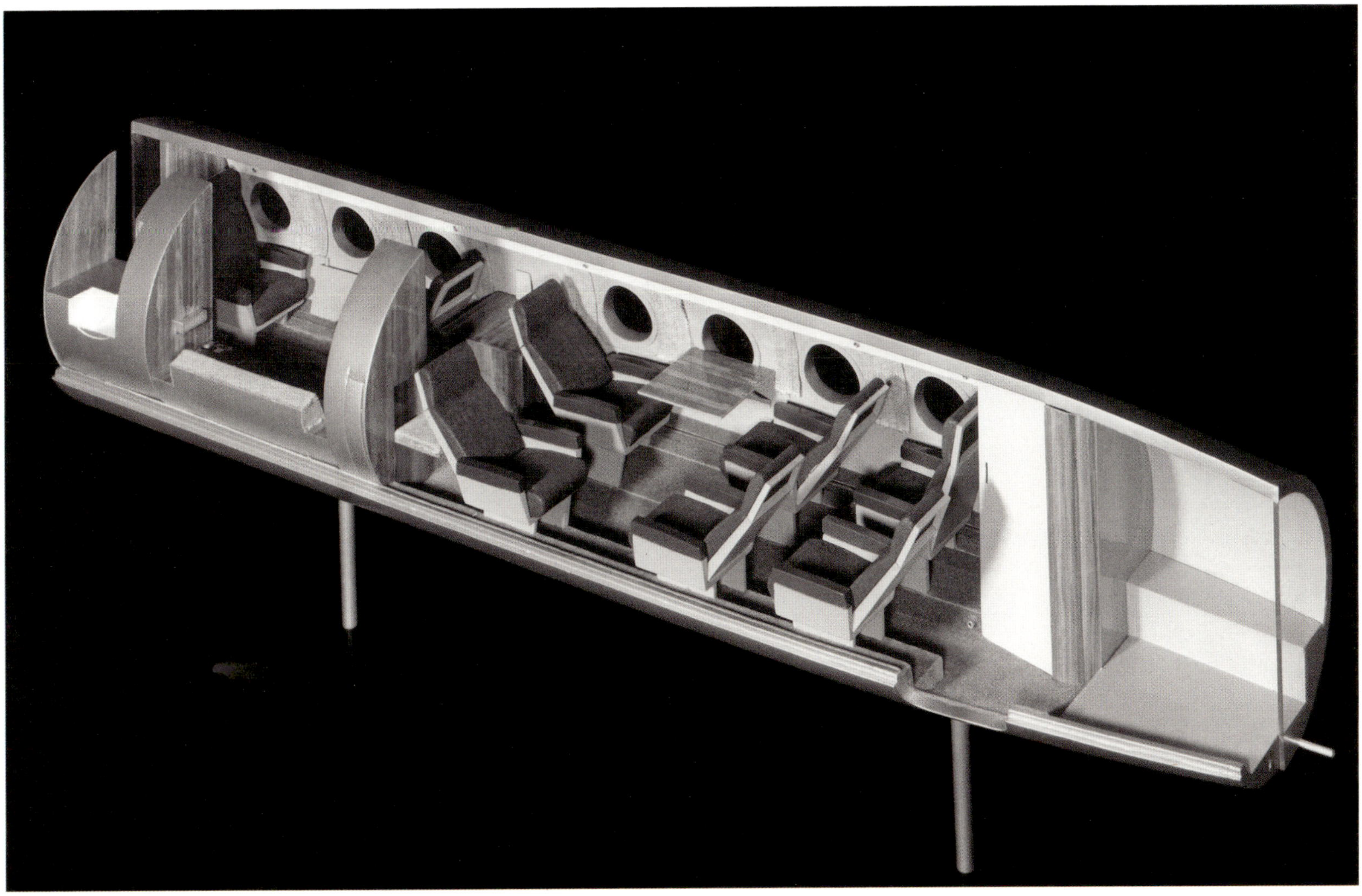

VERSION 2 SOFAS / 2 SETTEES

3

tapis moquette
carpet

sièges
seats

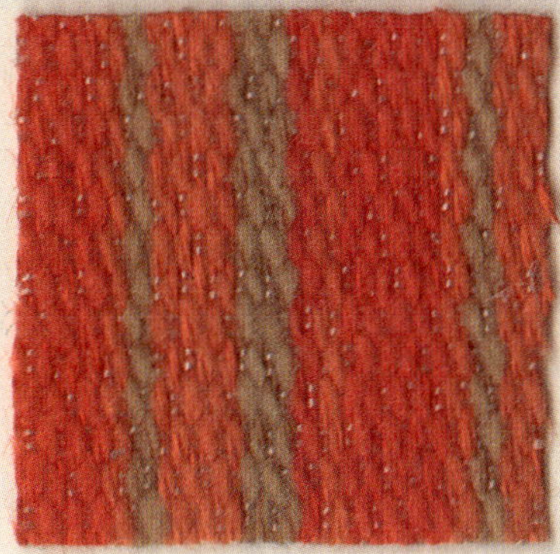

sofas
settees

rideaux
curtains

Projet de vestiaire pour le Falcon 20, 1963. CEI.
Project for a coatroom for the Falcon 20, 1963. CEI.

Projet d'aménagement pour la cabine de l'avion Nord 262, Nord-Aviation, 1966. CEI.
Interior design project for the cabin of the Nord 262 airplane, Nord-Aviation, 1966. CEI.

A plane supplied by the builder is an empty shell, so different interior layouts have to be imagined and proposed. Dassault sold airframes either empty or equipped. Different solutions were proposed in a catalogue, including ranges of materials and colors, whose combinations were adapted to the tastes of different clients. Then companies had to be found with the know-how to execute the project. For that, Michel Buffet turned to André Mauny, who proved to be an enormous help. A member of the Société des artistes décorateurs, he was experienced in ocean liner decoration and had also designed the luxurious interiors of the Latécoère clippers for transatlantic crossings, like the *Lieutenant de Vaisseau Paris*. His decorating firm, renowned and flourishing, whose offices were located on the rue Franklin, in a building by Auguste Perret, supplied wallpapers, textiles, and other accessories for finishing work such as doorknobs, curtain rods, and so on.

However, it had also created an annex firm, in Boulogne, just west of Paris, specialized in supplying aeronautical equipment. It was through André Mauny that Michel Buffet was put in contact with companies able to execute these interiors, like the Établissements Rousseau, experienced in equipping ships, and Les Matériaux Nouveaux, experts in various wall, floor, and seat coverings adapted to aeronautics. The seats were made in Great Britain by Rumbold, the only firm with experience in producing seats with retractable armrests, indispensable for this plane whose airframe was narrow.

Tension was frequent between the requirements of Pan Am and those of the FAA. To such a point that the Paris director of the project was quickly replaced by the general manager of Avions Marcel Dassault, Benno-Claude Vallière, a subtle negotiator, who, with an iron hand, brought the operation to a successful close. In contrast, working with the engineers at Mérignac was much more serene since the question was one of responding concretely to constraints: weight, noise and its elimination, usable volumes and their design.

Michel Buffet was rendered speechless by the way Marcel Dassault worked; from his Paris office and without ever moving, he had phone discussions that lasted hours, several times a day, with the managers of his design office. This was the case in deciding on the colors of the livery of airplane 001, which would give the young designer the opportunity to talk to the boss in person, directly by phone.

This Falcon was a success in the United States, where there was a sizable market for private planes. In 1967, Pan Am placed an order for 169 aircraft, becoming in a certain way the concessionaire of Avions Marcel Dassault (today Dassault Aviation).

la réalisation du projet. Pour cela, Michel Buffet s'adresse à André Mauny, qui se révèle d'une grande aide. Membre de la Société des artistes décorateurs, il est expérimenté en matière de décoration de paquebots et a également aménagé luxueusement l'intérieur des *clippers* Latécoère pour les traversées de l'Atlantique, comme le *Lieutenant de Vaisseau Paris*. Sa maison de décoration, réputée et florissante, dont les bureaux sont situés rue Franklin, dans un immeuble d'Auguste Perret, fournit papiers peints, textiles et autres accessoires du troisième œuvre comme poignées de portes, tringles… mais elle a également créé une entreprise annexe, à Boulogne, dans la région parisienne, spécialisée dans la fourniture d'équipements aéronautiques. C'est par son intermédiaire que Michel Buffet entre en contact avec des entreprises capables de réaliser ces aménagements, comme les Établissements Rousseau, expérimentés en équipement de bateaux de ligne, et la société Les Matériaux Nouveaux, experte en revêtements divers adaptés à l'aéronautique. Les sièges seront réalisés chez Rumbold, en Grande-Bretagne, la seule entreprise ayant l'expérience pour fabriquer des sièges avec accoudoirs rétractables, indispensables pour cet avion ayant une cellule de petit diamètre.

Les tensions sont fréquentes entre les exigences de la Pan Am et celles de la FAA. À tel point que le directeur parisien du projet est rapidement remplacé par le directeur général des Avions Marcel Dassault, Benno-Claude Vallière, fin négociateur, qui d'une main de fer fait aboutir l'opération. Par contraste, le travail avec les ingénieurs à Mérignac est d'une plus grande sérénité puisqu'il s'agit de répondre concrètement à des contraintes : le poids, le bruit et son élimination, les volumes utiles et leur aménagement.

Michel Buffet est médusé par la façon de travailler de Marcel Dassault qui, de son bureau parisien et sans jamais se déplacer, entretient une collaboration téléphonique des heures durant, plusieurs fois par jour, avec les responsables de son bureau d'études. Comme ce fut le cas pour décider des couleurs de la livrée de l'avion 001, ce qui donna l'occasion au jeune designer de parler en personne au patron, directement au téléphone.

Ce Falcon est un succès aux États-Unis, où il existe un important marché pour des avions privés. Dès 1967, la Pan Am passe une commande de 169 appareils, devenant en quelque sorte le concessionnaire des Avions Marcel Dassault (aujourd'hui Dassault Aviation).

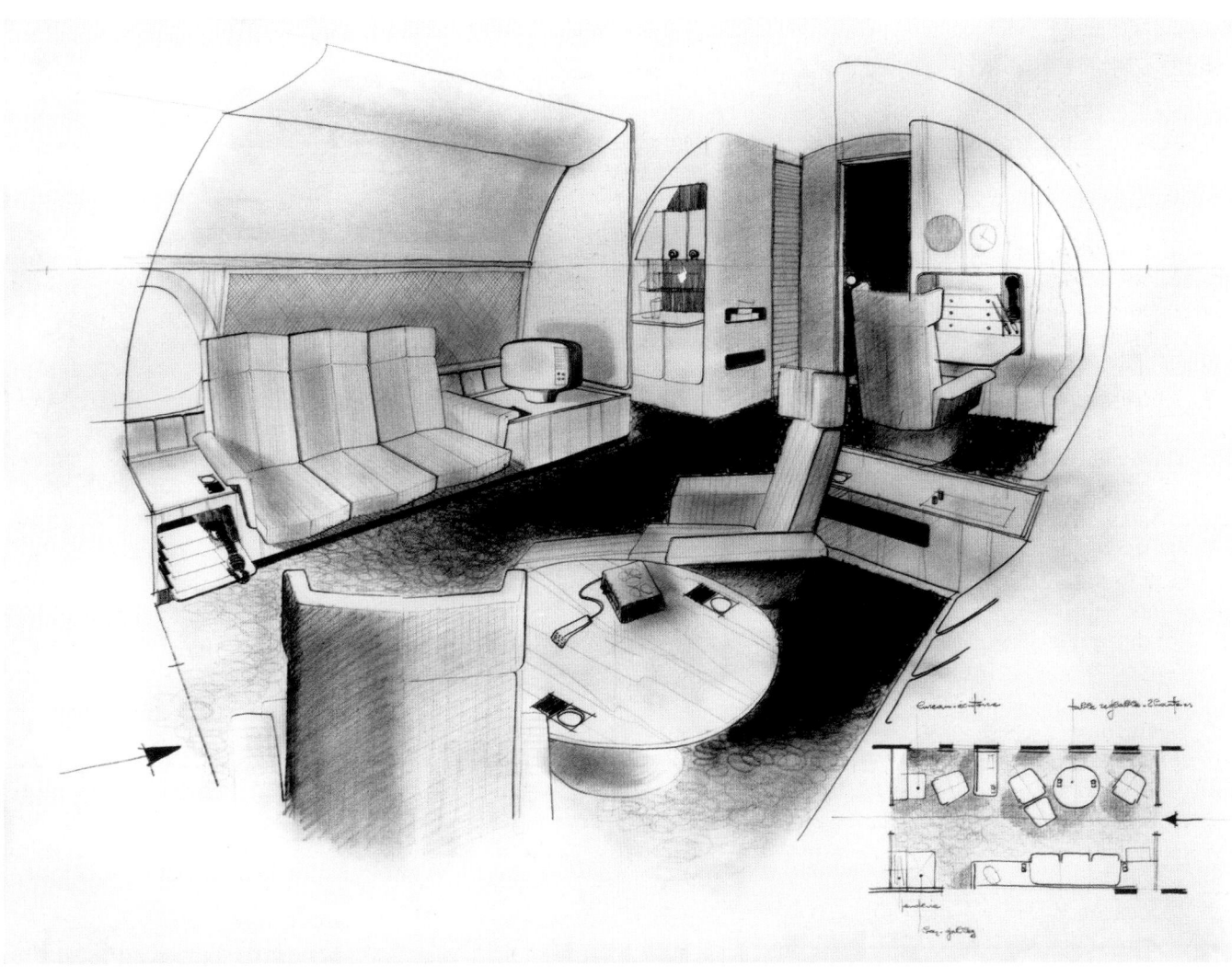

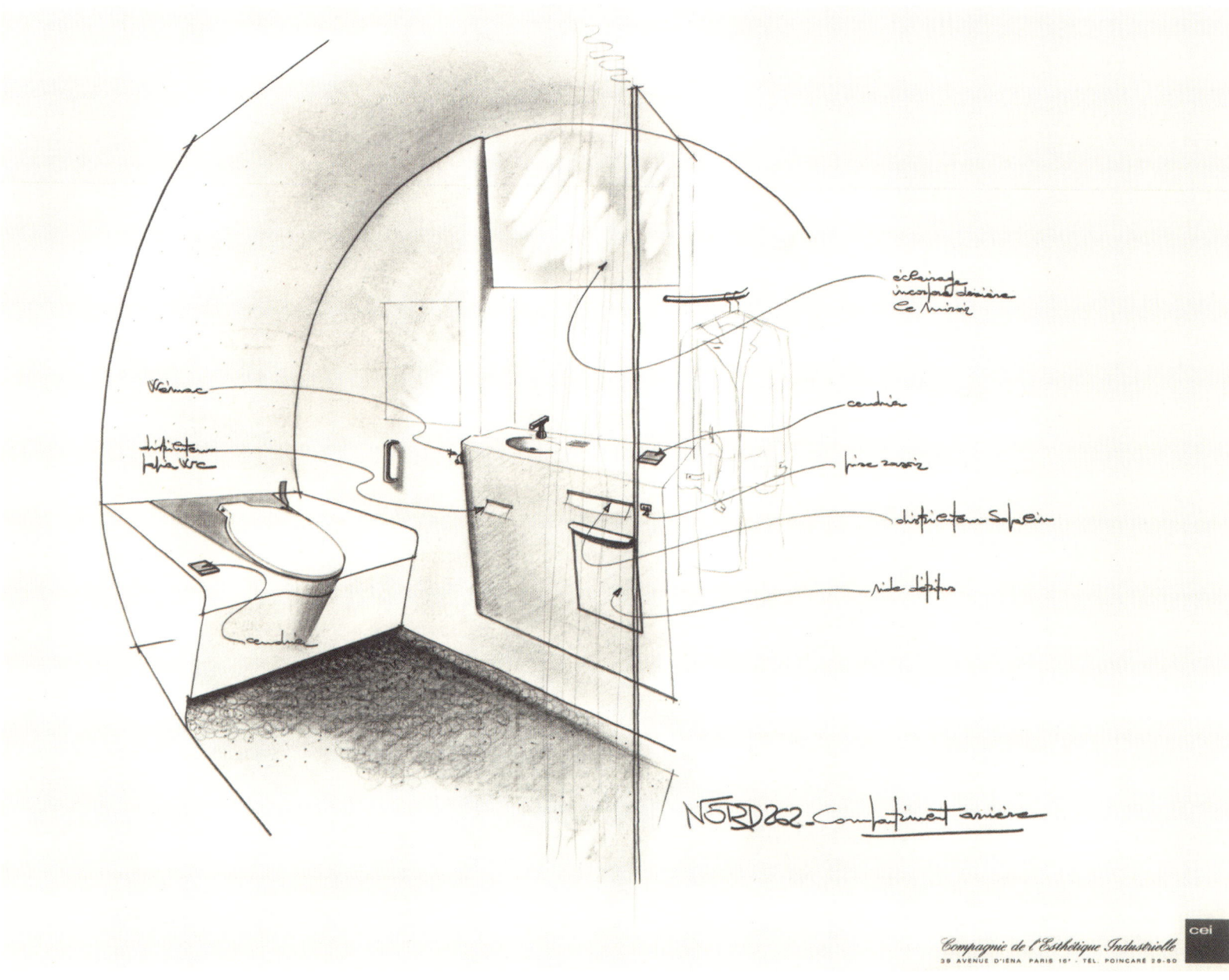

THE MERCURE AND THE NORD 262

During this same period, Michel Buffet undertook interior design projects for the Mercure, another short-haul Dassault plane, but one that was less successful. A design error on the part of the airplane manufacturer, it did not interest any company and only eleven of them were built, for Air Inter, on which their purchase was imposed.

But his expertise in this field led him to other projects. The aeronautics industry called on him personally to collaborate on the interior design of the Nord 262, with a capacity of ten to twelve passengers. He designed the entire distribution of the spaces of this plane's business version, restoring an atmosphere of conviviality and including the equipment required by the design. Socata, the Société pour la construction d'avions d'affaires, made the design elements, and Sipa produced the seats.

Several projects between 1964 and 1966 would remain on the drawing board, such as the Corvette business jet for Aérospatiale, intended to compete with Dassault's Falcon 20, as well as two helicopters for Sud-Aviation.

It was not until 1972 that Michel Buffet got involved with aeronautics again, with the prestigious Concorde program, after major creations for road, rail, and maritime transportation.

Projet d'aménagement du compartiment toilettes du Nord 262, 1966. CEI.
Interior design project for the toilets of the Nord 262, 1966. CEI.

Avion d'affaires Corvette pour l'Aérospatiale, 1966. En bas, projet d'aménagement. Sans suite.
Corvette business jet for Aérospatiale, 1966. Bottom, interior design project. Not executed.

LE MERCURE ET LE NORD 262

Pendant la même période, Michel Buffet réalise des projets d'aménagement du Mercure, un autre avion court-courrier de Dassault mais qui a moins de succès. Erreur de conception de l'avionneur, il n'intéresse aucune compagnie et n'est construit qu'en onze exemplaires, pour Air Inter, à qui son achat est imposé.

Mais sa compétence en ce domaine lui amène d'autres projets. L'industrie aéronautique fait appel à lui personnellement pour collaborer à l'aménagement du Nord 262, d'une capacité de dix à douze passagers. Il conçoit l'intégralité de la répartition des espaces de cet avion en version affaires, restituant une ambiance de convivialité comprenant les équipements nécessités par un tel aménagement. La réalisation est assurée pour Nord-Aviation par la Socata, Société pour la construction d'avions d'affaires, et par la Sipa pour les sièges.

Plusieurs projets, entre 1964 et 1966, resteront dans ses cartons personnels, comme l'avion d'affaires baptisé Corvette, pour l'Aérospatiale, destiné à concurrencer le Falcon 20 de Dassault, ainsi que deux hélicoptères pour Sud-Aviation.

Il faudra attendre 1972 pour que Michel Buffet renoue avec l'aéronautique, avec le programme prestigieux du Concorde, après de grandes réalisations pour le transport par route, par rail, ou en mer. Le transport, toujours.

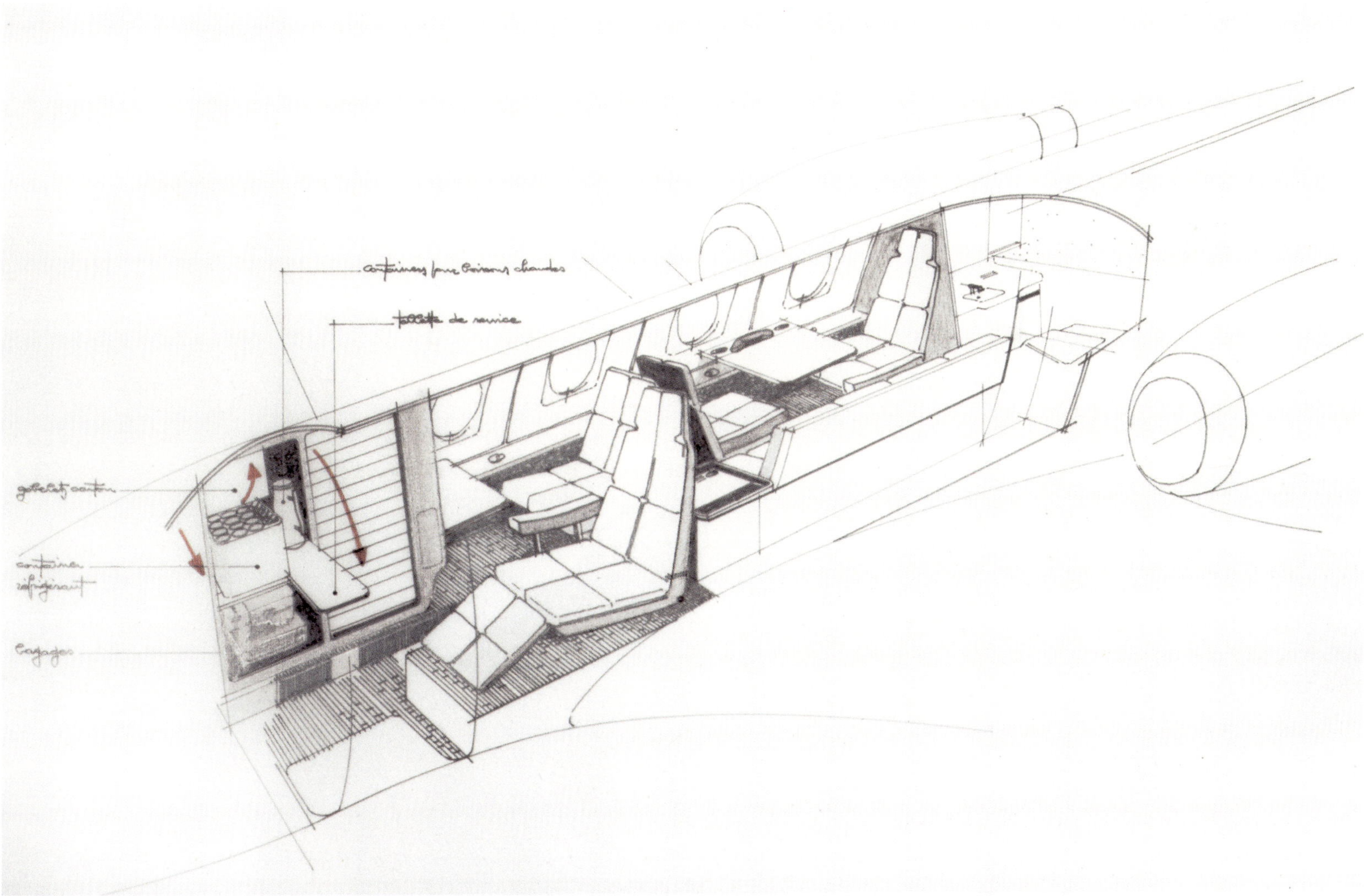

Maquette du Concorde. Projet d'identité visuelle extérieure de l'avion pour Air France, 1972. CEI.
Model of the Concorde. Exterior visual identity project for the plane for Air France, 1972. CEI.

Aménagement intérieur de la cabine passagers du Concorde, incluant porte-bagages fermés, 1972. CEI.
Interior design of the passenger cabin of the Concorde, including closed baggage compartments, 1972. CEI.

THE CONCORDE

This supersonic airliner, intended to carry 100 passengers, was designed by France and the UK to link Paris and London to New York. Agreed in 1962, the Concorde made its maiden flight in 1969 before service startup in 1976. For Michel Buffet, the Concorde project was as passionate an adventure as that of the Falcon 20, although the number and complexity of the project's participants gave him less freedom of action.

Whereas the Aérospatiale engineers handled the construction of the plane (airframe, wings, cockpit), the interior design was given to British Aerospace. The construction sites were in Toulouse and Bristol. The two companies concerned, British Airways and Air France, quite often had divergent views, which sometimes caused tension. After the decision to bring the Concorde into its fleet, Air France launched a competition in 1971 for the commercial service startup of the plane. Without hesitation, the choice was the CEI, as the agency was a pioneer in several fields—industrial design, commercial architecture, and the design of the environment. But this decision was also influenced by the personality of Raymond Loewy, a great connoisseur of transatlantic travel, whose expertise in aeronautics came to light when he designed the interior of TWA's Lockheed Constellation in 1945. Michel Buffet, who was director of transport design at the CEI, was put in charge of the project, which caused tension with Raymond Loewy, who wanted to personally take part in it.[11]

The program comprised the aircraft's livery,[12] the design of the two spaces—the plane was split in two—the study of a specific seat, and the onboard service. The flight attendants' uniform, the reception and accompaniment of the passenger from his or her arrival at the airport until boarding were also studied, but were not entrusted to them. The project of materializing the reception on the ground with a path of blue, white, and red light would not receive the approval of Roissy airport's architect, Paul Andreu. Michel Buffet was very disappointed, all the more so as the use of light in a space is an aesthetic language widely understood and employed today. As for the flight personnel, they were dressed by Nina Ricci.

The challenge was sizable and complex. The CEI was commissioned by Air France, and the project management was handled by the British. It was necessary to fight on several fronts, starting with the overhead luggage lockers, which had surprisingly been planned without a closing mechanism, then the seats, which had to be lightened by hundreds of grams, even kilograms.

The interior was the focus of attentive work to meet needs of every kind in this reduced space, those of passengers and of the flight personnel. Optimizing the space was spoken of, in every meaning of the term. The choice of floor, wall, and

LE CONCORDE

Cet avion de ligne supersonique, destiné à transporter cent passagers, est conçu par la France et l'Angleterre afin de relier Paris et Londres à New York. Décidé en 1962, le Concorde fait son premier vol en 1969, avant d'être mis en service en 1976. Le chantier du Concorde constitue pour Michel Buffet une aventure tout aussi passionnante que celle du Falcon 20, quoique l'ampleur et la complexité des intervenants lui donnent moins de liberté d'action.

Tandis que les ingénieurs de l'Aérospatiale sont chargés de la construction de l'avion (cellule, voilure, poste de pilotage), l'aménagement intérieur est confié à British Aerospace. Les chantiers se trouvent à Toulouse et à Bristol. Les deux compagnies concernées, British Airways et Air France, ont bien souvent des vues divergentes, ce qui provoque parfois des tensions. À la suite de sa décision d'intégrer Concorde à sa flotte, Air France lance un concours en 1971 pour la mise en service commercial de l'avion. Le choix se porte sans hésitation sur le projet de la CEI, cette agence pionnière dans plusieurs domaines, le design industriel, l'architecture commerciale et le design de l'environnement. Mais cette décision tient aussi à la personnalité de Raymond Loewy, grand connaisseur des voyages transatlantiques, dont l'expertise en aéronautique s'était révélée lors de l'aménagement du Lockheed Constellation de la TWA dès 1945. Michel Buffet, qui est directeur du design transport à la CEI, est chargé du projet, non sans tensions avec Raymond Loewy qui tenait à y participer personnellement[11].

Le programme comporte la livrée extérieure de l'appareil[12], l'aménagement intérieur des deux espaces – l'avion étant scindé en deux –, l'étude d'un siège spécifique et le service à bord. Les costumes des hôtesses et stewards, l'accueil et l'accompagnement du passager de l'arrivée à l'aéroport jusqu'à l'embarquement furent également étudiés, mais leur échappèrent. Le projet de matérialiser l'accueil au sol par un chemin de lumière bleu, blanc, rouge n'aura aucun succès auprès de l'architecte de Roissy, Paul Andreu. Michel Buffet en sera très déçu, d'autant que l'utilisation de la lumière dans l'espace est un langage esthétique largement compris et pratiqué aujourd'hui. Quant au personnel navigant, il fut habillé par Nina Ricci.

L'enjeu est de taille et complexe à maîtriser. La CEI est commissionnée par Air France, et la maîtrise d'ouvrage revient aux Anglais. Il faut batailler ferme sur plusieurs points. À commencer par les porte-bagages, qui étonnamment sont prévus sans fermeture, puis les sièges, qui doivent perdre des grammes, voire des kilos.

L'intérieur fait l'objet d'un travail attentif pour répondre aux besoins de tous ordres dans cet espace minimum, besoins des passagers et du personnel navigant. On parle d'*optimiser* l'espace dans tous les sens du terme. Le choix des revêtements du plancher, des parois et des cloisons destinés à traquer les nuisances acoustiques, celui des textiles et de leurs coloris, des sièges, de l'éclairage sont essentiels pour créer une ambiance conviviale et rassurante. Mais le siège reste l'élément primordial. Il doit être ergonomique, confortable et répondre aux contraintes de poids. Proposé autour de 20 kilos, l'équipe arrive à le réduire à 12. Son dossier est

partition coverings designed to reduce noise, of textiles and their colors, of seats and lighting are all essential to create a convivial and reassuring ambience. The seat however remained primordial. It had to be ergonomic, comfortable, and meet weight restrictions. Proposed at about twenty kilograms, the team managed to reduce the weight to twelve. Its back was equipped with a multipurpose shelf for reading, writing, and holding a meal tray. There were also various amenities behind a small flap such as safety instructions, a mirror, and a pocket for small items.

Michel Buffet planned an enveloping headrest to isolate the passengers and protect them from noise, which would not be created because it took up too much room. He also designed a central armrest wide enough to preserve a private space for each passenger.

Onboard service equally received a great deal of attention. During the first test flights, the plane's takeoff angle caused the dinnerware in the galleys to slide, making the food unpresentable. The round format had to be abandoned and was replaced by square shapes, much more difficult to make as the dinnerware was thin. It also had to be lightweight. The Concorde, designed to be an ambassador for French luxury know-how, had no choice but to call on renowned manufacturers. However, the weight of traditional materials—porcelain, crystal, silverware—was an obstacle. Only the porcelain manufacturer Raynaud, in Limoges, could meet the constraints. As for the flatware, which could easily be too heavy, it was produced by the silverware company Bouillet Bourdelle in Vichy.[13]

This Concorde service was such a success that it had repercussions on the equipping of other planes. On Air France's request, another version of the flatware, with plastic-coated handles matching the meal trays, as well as other tableware items of this service were ordered to equip the entire fleet.

This experience of working on Concorde was an exceptional one in Michel Buffet's career. The day before the delivery of the first plane, he was tasked with bringing Aérospatiale's invoice to Air France, from Toulouse to Paris. Already impressed by a mission like this, he was flabbergasted to be given a simple envelope—nevertheless containing an invoice for 1.4 billion francs!

Despite its technological feats and the beauty of its aerodynamic forms, this beautiful aircraft was a commercial failure. Concorde had been primarily designed to compete with the United States, which was preparing to send its astronauts to the moon. The challenge was successfully met, as its first flight took place that same year, in 1969. But it generated a great deal of protest due to the noise and pollution

équipé d'une tablette polyvalente pour lire, écrire et poser un plateau-repas, ainsi que d'aménités diverses derrière un petit abattant découvrant les consignes de sécurité, un miroir de courtoisie et un empochement pour de petits objets.

Michel Buffet projette un appui-tête enveloppant pour isoler le passager et le protéger des bruits, ce qui ne sera pas réalisé car cela prenait trop de place. Il conçoit également un accoudoir central suffisamment large pour conserver un espace privatif entre chaque passager.

Le service à bord fait aussi l'objet d'une attention toute particulière. Lors des premiers vols d'essais, l'angle de décollage de l'avion faisait glisser la vaisselle dans les *galleys* rendant ainsi la nourriture imprésentable. Il fallut donc abandonner le format rond pour des formes carrées, beaucoup plus difficiles à réaliser en faible épaisseur. Il s'agissait aussi de répondre aux exigences de légèreté. Le Concorde, destiné à être un ambassadeur du savoir-faire français dans le domaine du luxe, se devait de faire appel aux manufactures réputées. Or, le poids des matériaux traditionnels – porcelaine, cristal, argenterie – était un obstacle. Seule la manufacture de porcelaine Raynaud, à Limoges, répondit favorablement aux contraintes. Quant aux couverts, qui sont facilement d'un poids excessif, ils furent fabriqués par la maison d'orfèvrerie Bouillet Bourdelle, à Vichy[13].

Projets de *galleys* et de chariots pour la restauration à bord du Concorde, 1972. CEI.
Projects for galleys and carts for meals onboard the Concorde, 1972. CEI.

Page de gauche/Left-hand page
Projet de porte-bagages pour la cabine du Concorde, 1972. CEI.
Project for a baggage-holder for the cabin of the Concorde, 1972. CEI.

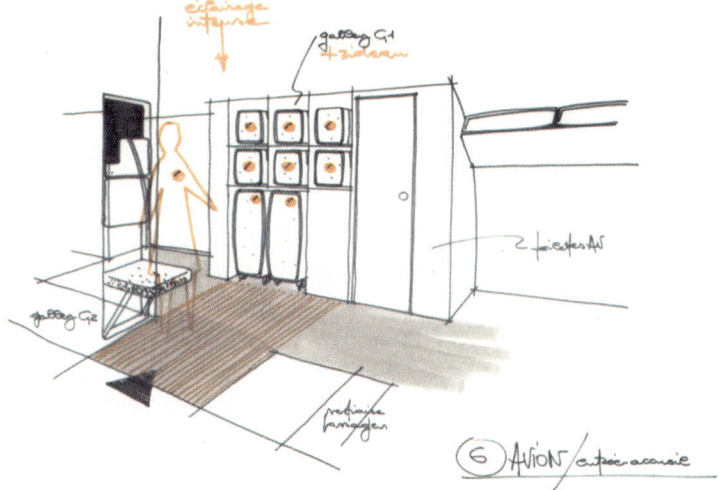

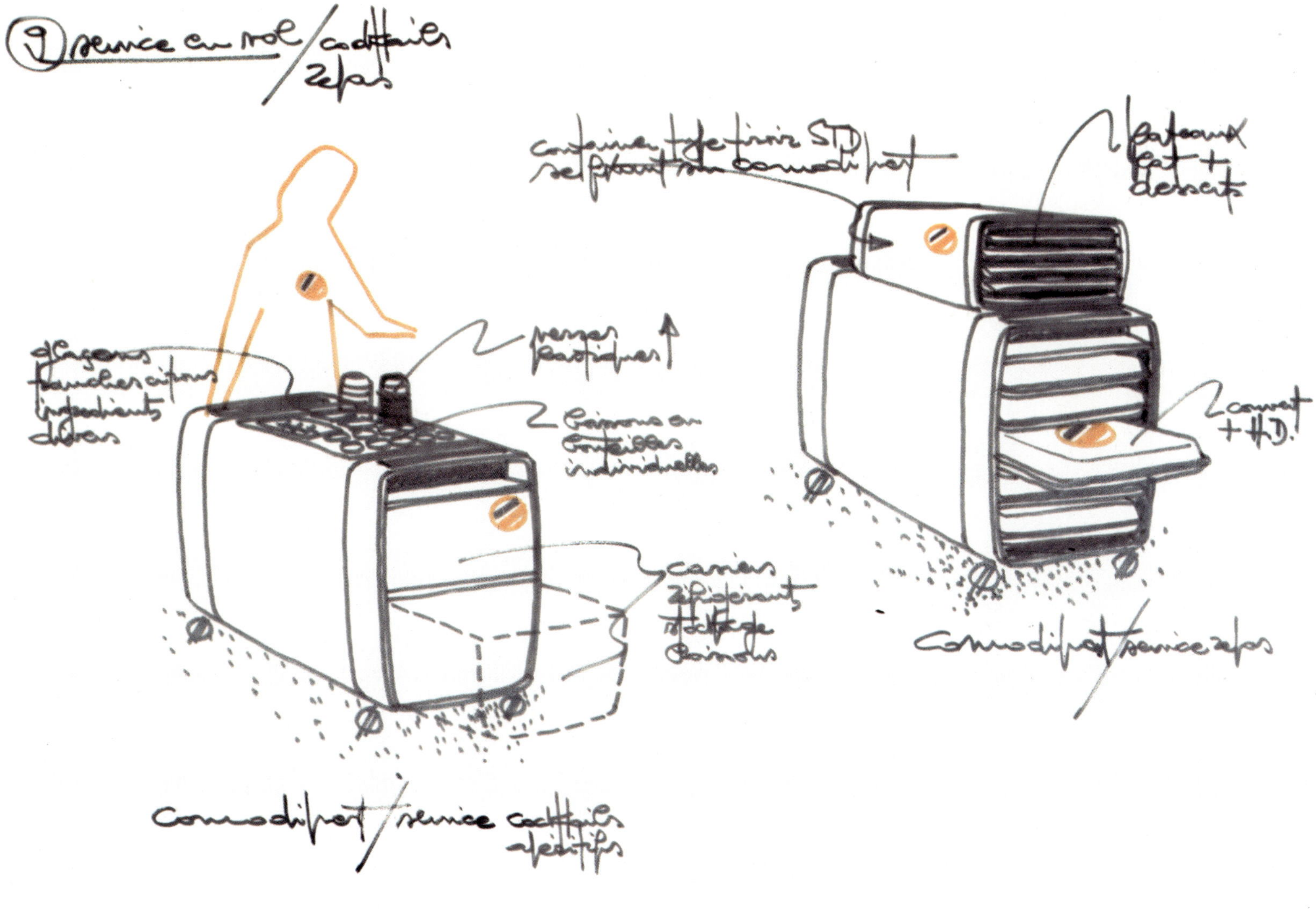

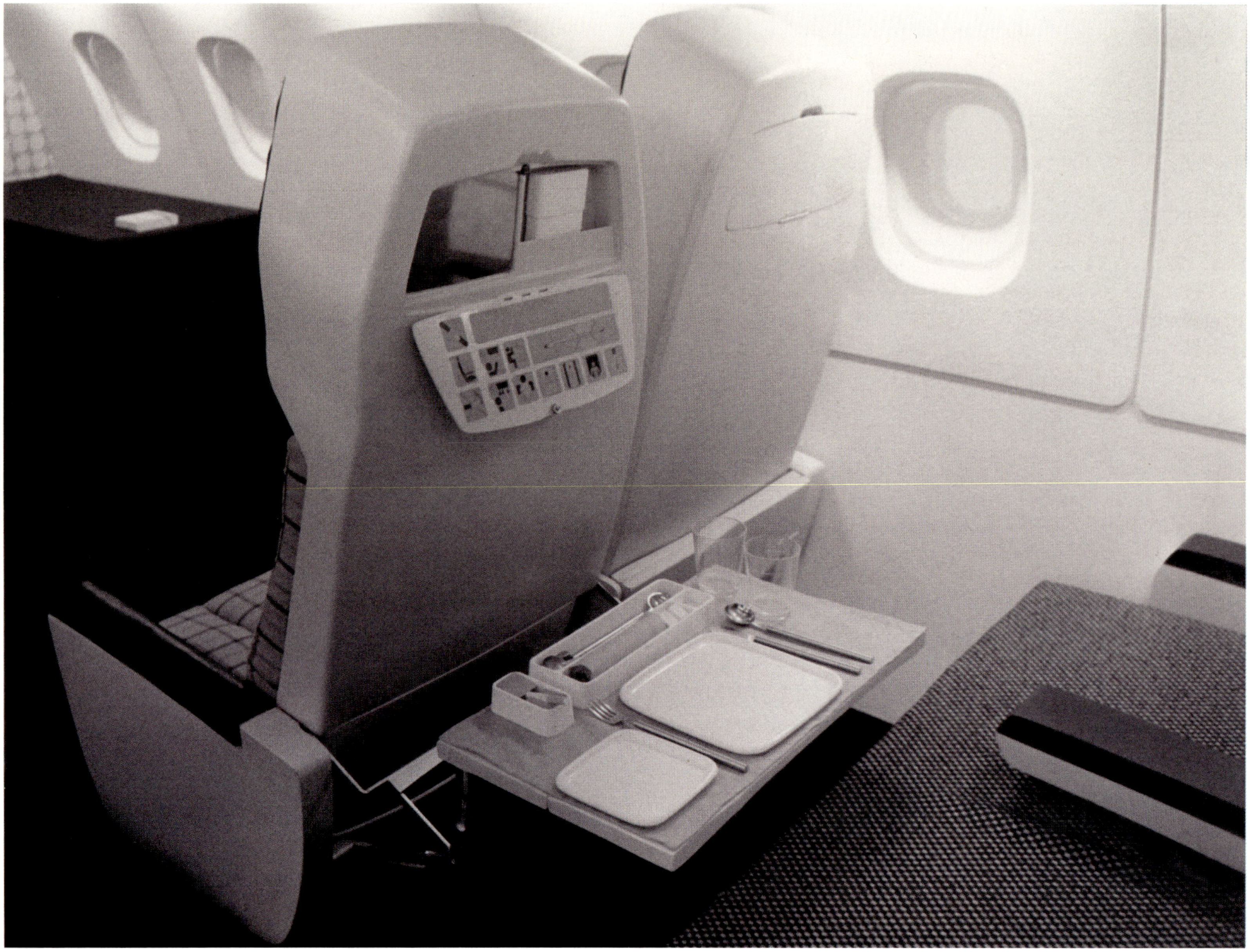

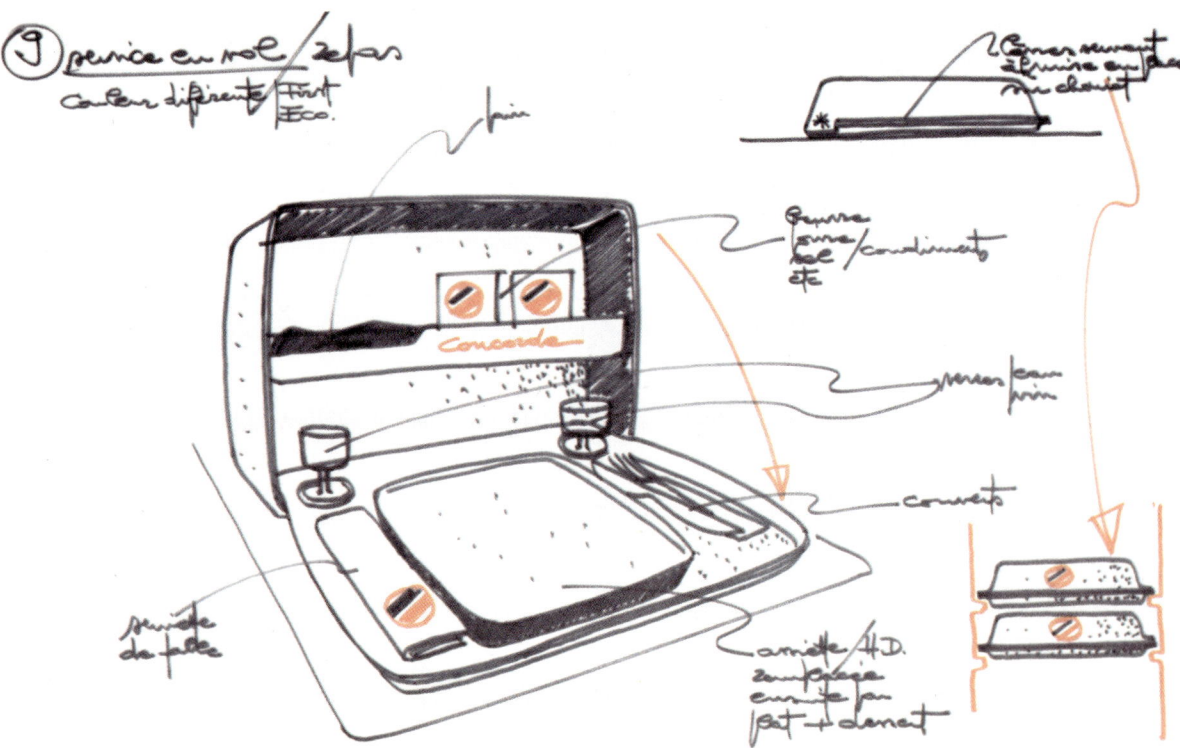

Aménagement du siège passager du Concorde, 1972. Service en porcelaine de Limoges et Inox, miroir de courtoisie et consignes de sécurité. CEI.
Design of the passenger seat of the Concorde, 1972. Limoges porcelain and stainless steel tableware service, vanity mirror, and safety instructions. CEI.

Projet de plateau-repas pour la restauration à bord du Concorde, 1972. CEI.
Project for a meal tray onboard the Concorde, 1972. CEI.

Plateau-repas pour la nouvelle classe Le Club, Air France, 1973. CEI.
Meal tray for the new Le Club class, Air France, 1973. CEI.

Ce service Concorde eut un tel succès qu'il eut des répercussions sur l'équipement d'autres avions. À la demande d'Air France, une autre version de couverts, avec des manches habillés de plastique assortis aux plateaux-repas, ainsi que d'autres articles de table de ce service furent commandés pour équiper l'ensemble de la flotte.

Cette expérience sur le Concorde reste exceptionnelle dans la carrière de Michel Buffet. La veille de la livraison du premier avion, il est chargé de porter la facture de l'Aérospatiale à Air France, depuis Toulouse jusqu'à Paris. *A priori* impressionné d'une telle mission, il est éberlué de se voir remettre une simple enveloppe – contenant néanmoins une facture de 1,4 milliard de francs !

Malgré ses prouesses technologiques et la beauté de ses formes aérodynamiques, ce bel oiseau sera un échec commercial. Concorde avait été conçu essentiellement pour concurrencer les États-Unis, qui s'apprêtaient à envoyer leurs astronautes sur la Lune. Pari réussi, puisque son premier vol eut lieu la même année, en 1969. Mais il fut l'objet de contestations pour les nuisances sonores et la pollution qu'il engendrait et fut mis en retrait en 2003. Néanmoins, parfait exemple de réussite en termes d'harmonie de forme et de fonction, il fut élu le plus bel objet de design du XXe siècle.

Quelques années plus tard, le lancement de l'Airbus A 340 replonge Michel Buffet dans l'univers aéronautique. Pour le compte de Vecteur Design Industriel, son propre bureau d'études, cette fois-ci. En 1988, Michel Buffet est appelé par Airbus Industrie à Toulouse pour aménager le poste de pilotage du futur long-courrier A 340. Il s'agit d'intégrer les premiers écrans tactiles de navigation et d'améliorer le confort des pilotes. Alors qu'il vient de concevoir les salles de contrôle ferroviaire et routier d'Eurotunnel, pour la réalisation de ce projet Michel Buffet fait face à une complexité d'un autre ordre, qui est d'utiliser pour la première fois un logiciel informatique pour le dessin et le maquettage de l'avion.

11 Dans son autobiographie, Michel Buffet raconte son différend avec le patron qui, exaspéré par l'attitude et l'esprit de contradiction de son collaborateur, lui envoie une épaisse lettre d'une quinzaine de pages, écrite à l'encre rouge, dans laquelle il menace de mettre fin à leur collaboration malgré son estime pour ses compétences professionnelles. Courrier qui reste sans lendemain. Michel Buffet poursuit sa tâche et travaille en coordination harmonieuse avec d'autres collaborateurs tels que Syd Mead, designer et illustrateur américain, dont la mise au point des planches de présentation lui fut d'une grande aide pour communiquer l'évolution du projet. Ces relations fructueuses entre les deux designers se poursuivront même ultérieurement.
12 Air France ne souhaitait pas peindre l'avion aux couleurs de la flotte, mais le singulariser, ce qui fut rapidement abandonné.
13 Ce service figure au complet dans les collections du musée des Arts décoratifs, à Paris, ainsi qu'au Musée national Adrien-Dubouché, Cité de la céramique, à Limoges.

it caused, and the plane was retired in 2003. Nevertheless, a perfect example of success in terms of the harmony of form and function, it was elected the most beautiful design object of the twentieth century.

A few years later, the launch of the Airbus A340 thrust Michel Buffet into the aeronautical universe, on behalf of Vecteur Design Industriel, his own design office this time. In 1988, Michel Buffet was called on by Airbus Industrie in Toulouse to design the cockpit of the future long-haul A340. The question concerned incorporating the first navigation touch screens and improving the pilots' comfort. While he had designed the Eurotunnel rail and road control room, for this project, Michel Buffet had to face complexity on another scale, which was to use, for the first time, computer software for the design and modeling of the plane.

11 In his autobiography Michel Buffet recounts his differences with the CEO who, exasperated by his collaborator's attitude and contradictory spirit, sent him a fifteen-page letter, written in red ink, in which he threatened to end their collaboration despite his esteem for his professional competencies. This letter had no consequences. Michel Buffet continued his task and worked in harmonious coordination with other collaborators such as the American designer and illustrator Syd Mead, whose creation of presentation boards was a great help in communicating the project's development. This fruitful relationship between the two designers continued later on.
12 Air France did not want to paint the plane in the fleet's colors but to singularize it, a plan that was quickly dropped.
13 The complete service is conserved in the collections of the Musée des Arts décoratifs, in Paris, as well as the Musée national Adrien-Dubouché, Cité de la céramique, in Limoges.

Service Concorde pour Air France, 1972. Porcelaine de la manufacture Raynaud, Limoges, couverts en Inox de la maison d'orfèvrerie Bouillet Bourdelle, Vichy. CEI.
Concorde service for Air France, 1972. Porcelain by Raynaud manufacturers, Limoges, stainless steel flatware by the silversmith firm Bouillet Bourdelle, Vichy. CEI.

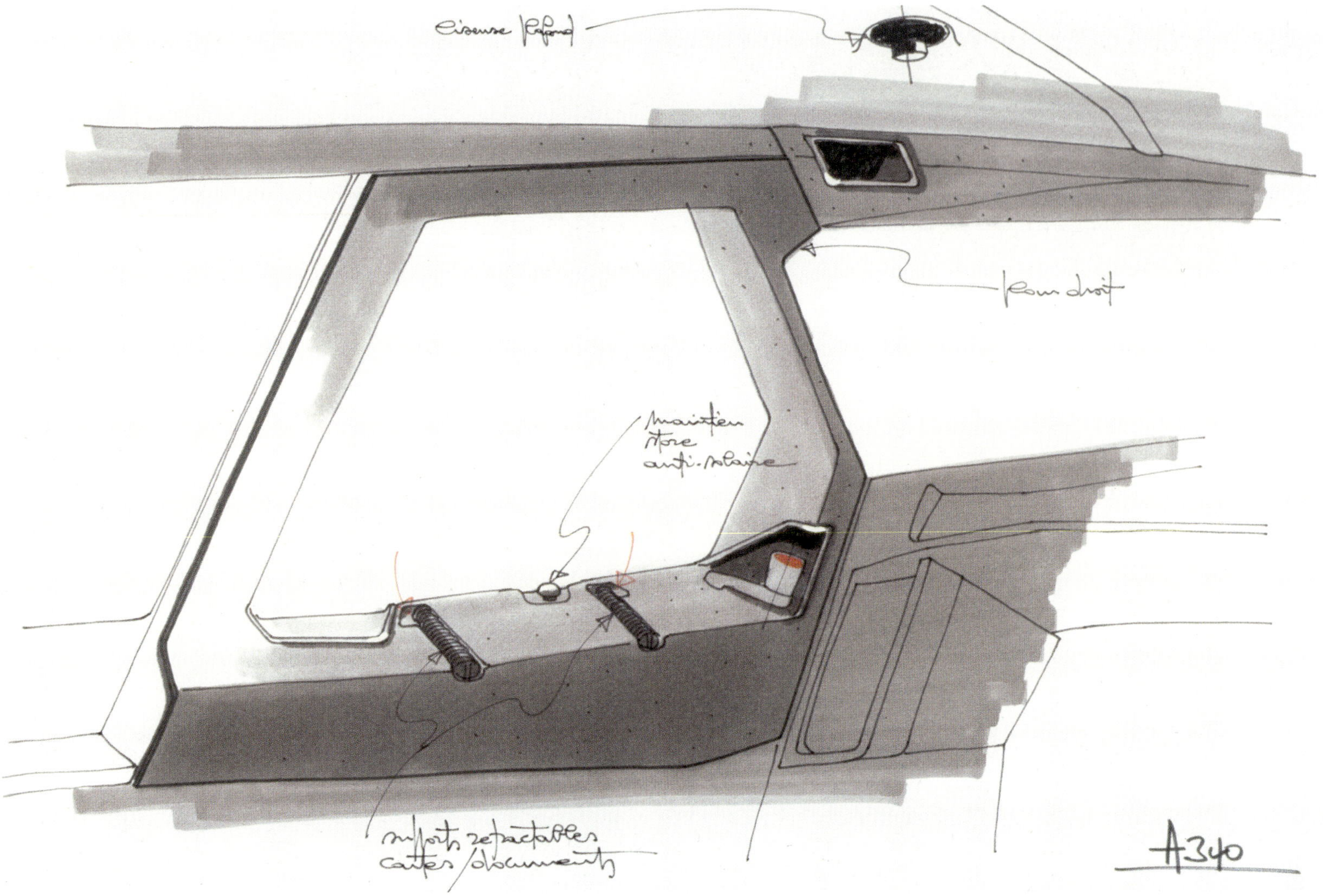

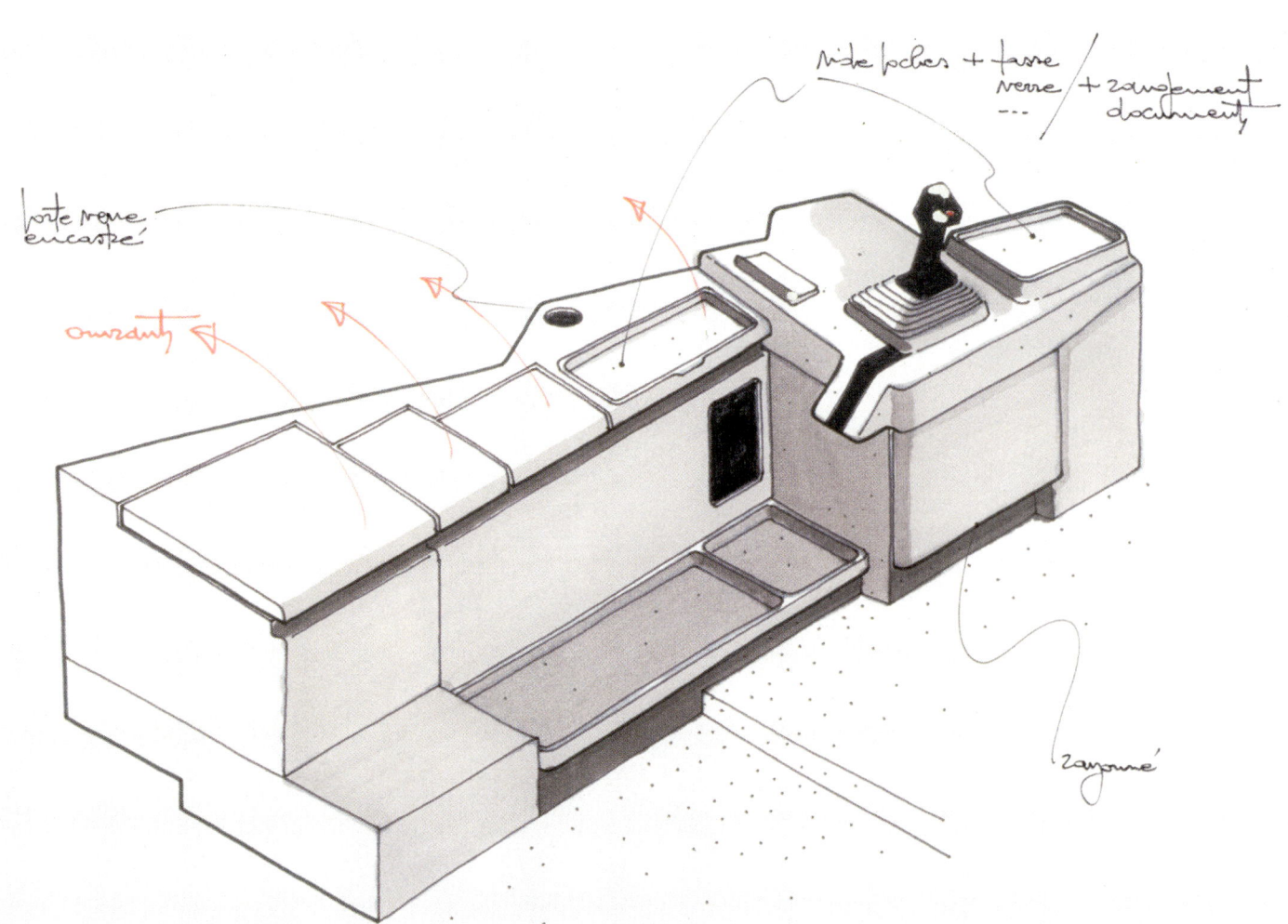

Poste de pilotage et premiers écrans tactiles de l'Airbus A 340, 1988. Vecteur.
Cockpit and first touchscreens of the Airbus A 340, 1988. Vecteur.

Page de gauche/Left-hand page
Études d'optimisation du poste de pilotage de l'Airbus A 340, 1988. Vecteur.
Studies for the optimization of the cockpit of the Airbus A 340, 1988. Vecteur.

La route

MAYA, UN NOUVEAU CONCEPT DE STATIONS-SERVICE

À la veille des événements de Mai 68, un projet de taille signé par Raymond Loewy, provenant de Shell International à Londres, arrive à l'agence : la rénovation de l'image mondiale de la compagnie pétrolière et la modernisation de son réseau routier. Un vent de renouveau souffle, et dans ce contexte le bureau d'études est chargé de trouver un concept architectural et une image graphique pour son réseau routier, qui sera mis en place en Angleterre, Allemagne et Italie et plus particulièrement en France. Ce projet d'envergure entre dans la catégorie que Loewy dénomme « *Most Advanced Yet Acceptable* (Maya) », c'est-à-dire « projet novateur bien que raisonnable ». Plusieurs propositions sont mises en concurrence, mais celle de Michel Buffet se révèle suffisamment futuriste pour l'emporter sur celle de son collègue René Labaune.

L'élaboration de ce projet et sa réalisation durent sept années, de 1967 à 1974. Cette époque signe la fin des pompistes indépendants et l'arrivée de l'automatisation de la distribution du carburant. L'équipe de la CEI accompagne cette mutation en proposant un concept radicalement novateur. Il transforme les simples stations d'essence en stations-service avec boutique, restaurant, atelier de réparation mécanique, où l'automobiliste peut acheter de l'essence, faire réparer sa voiture et aussi se restaurer et se détendre.

Ce projet global va donner une importance toute particulière à l'ergonomie des pompes afin de vaincre les nombreuses réticences à la distribution et au paiement en libre-service.

La charte graphique et le logo vont également jouer un rôle essentiel. Ses couleurs, son positionnement et ses déclinaisons doivent habiller l'ensemble des manifestations visuelles de la marque, depuis les bâtiments jusqu'à la présentation des produits dérivés mis en vente dans les boutiques, en passant par les véhicules transportant le carburant, camions-citernes sur route, ou tankers sur mer. Ce projet de grande ampleur nécessite la collaboration des trois départements du bureau d'études : « Architecture industrielle et transport », « Design de produits », « Packaging et graphisme ».

Michel Buffet dessine une grande aile suspendue, sorte de signal spectaculaire aux couleurs de la compagnie pétrolière regroupant les divers services offerts à l'automobiliste, à partir d'éléments standard s'additionnant selon les besoins de chaque station-service. La souplesse de ce système modulaire en fait sa nouveauté. Accompagné de la nouvelle charte graphique, il est approuvé en grande partie par l'ensemble du réseau Shell. À l'exception des États-Unis, qui se contentent du nouveau logo, vu l'investissement financier que cela impliquerait. Quatre pays européens adoptent ce projet, avec des technologies différentes. L'Angleterre choisit d'utiliser le contreplaqué, l'Allemagne et l'Italie le métal, et la France le polyester moulé. Le site français reste le plus marquant pour son audace technologique. Seuls six poteaux soutiennent une couverture de près de 3 000 mètres carrés, sous laquelle viennent se poser les cellules multiservices préfabriquées en résine de polyester armé moulé qui s'emboîtent comme un Lego. Ces différentes versions sont réalisées à Birmingham, Hambourg, Turin et Dijon, sous le contrôle de Michel Buffet et de son équipe.

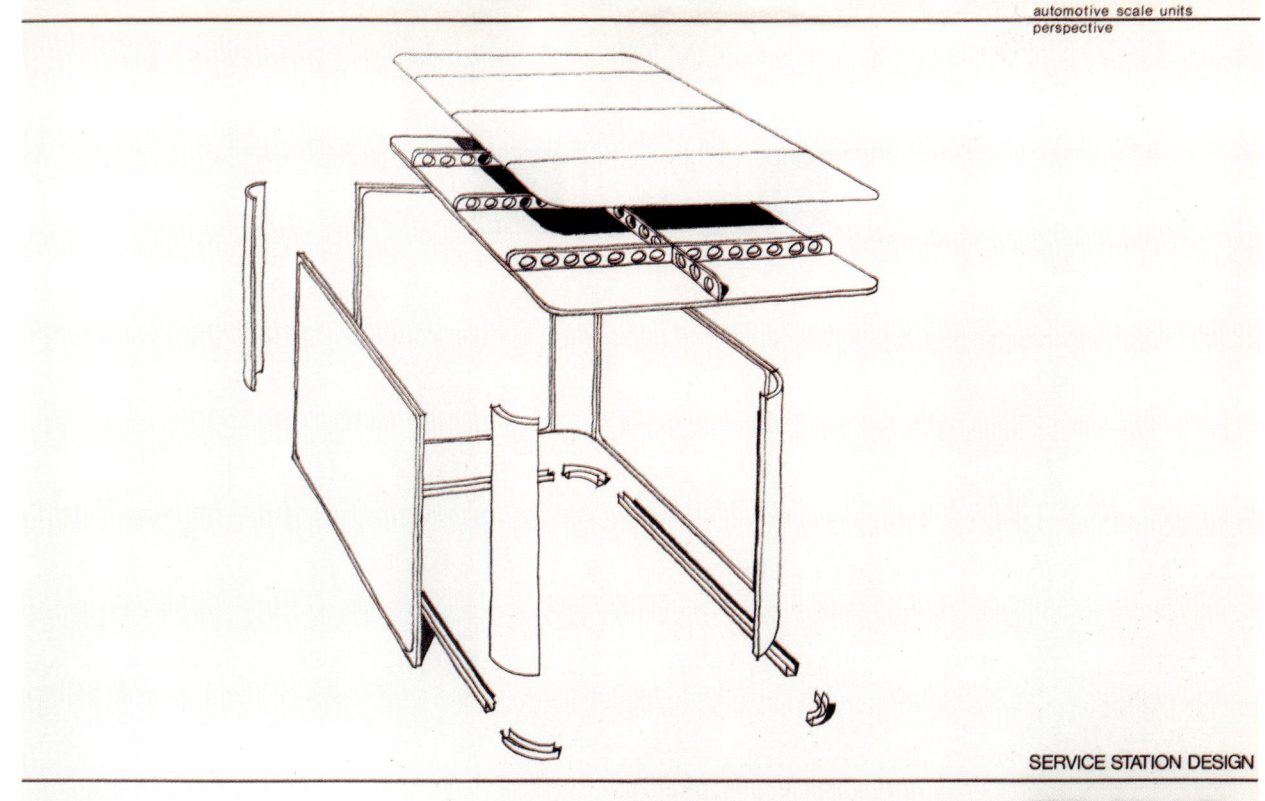

Perspective d'une cellule modulable sous auvent, projet Maya, Shell International, 1967-1974. CEI.
Perspective of a modular cell under a Maya canopy, Shell International, 1967–1974. CEI.

Page de gauche/Left-hand page
Historique de l'identité visuelle de Shell depuis 1900 et de ses applications par la CEI, dont les stations-service Maya conçues par Michel Buffet, 1967-1974. CEI. Illustration d'Étienne Prat publiée dans *France routes*, n° 357, décembre 2011.
History of Shell's visual identity since 1900 and its applications by the CEI, including the Maya service stations designed by Michel Buffet, 1967–1974. CEI. Illustration by Étienne Prat published in *France routes* no 357, December 2011.

Maquette échelle 1/1 d'une cellule pour l'entretien des automobiles, projet Maya, Shell International, 1967-1974. CEI.
1:1 scale model of a cell for car maintenance, Maya project, Shell International, 1967–1974. CEI.

Double page précédente/
Previous pages
Station expérimentale à Turin, projet Maya, Shell International, 1967-1974. CEI.
Experimental station in Turin, Maya project, Shell International, 1967–1974. CEI.

On the road

MAYA, A NEW SERVICE STATION CONCEPT

On the eve of the social unrest in France of May 1968, a major project signed by Raymond Loewy, from Shell International in London, arrived at the agency: the renovation of the international image of the oil company and the modernization of its road network. Renewal was in the air, and in this context, the design office was tasked with finding an architectural concept and a graphic image for Shell's road network, which would be used in England, Germany, and Italy, and more particularly in France. This large-scale project was placed in the category that Loewy called "Most Advanced Yet Acceptable" (Maya). Several proposals were put into competition, but Michel Buffet's proved to be futuristic enough to win, beating that of his colleague René Labaune. The development and execution of this project lasted seven years, from 1967 to 1974. This period signaled the end of independent service station owners and the arrival of automated fuel distribution. The CEI team accompanied this mutation by proposing a radically innovative concept. It transformed simple gas stations into service stations with a store, restaurant, and repair shop where drivers could buy gas, have their cars repaired, and also get something to eat and relax.

This global project would give an important role to the ergonomics of the pumps to overcome reticence regarding self-service filling-up and payment.

The graphic guidelines and logo would equally be essential. The logo's colors, its positioning, and its variations had to appear on all the brand's visual elements, from the building to the presentation of accessories sold in the stores, as well as the vehicles transporting the fuel, oil trucks on the road or tankers at sea. This large-scale project required the collaboration of all three departments of the design office: industrial architecture and transportation, product design, and packaging and graphics.

Michel Buffet designed a large hanging wing, a kind of spectacular signal in the oil company's colors, bringing together the various services on offer to the driver, using standard elements while adding others depending on each service station's needs. The flexibility of this modular system made it something really new. Accompanied by the new graphic guidelines, it was approved by most of the Shell network, with the exception of the United States, which contented itself with the new logo, given the financial investment that using the new guidelines implied. Four European countries adopted this project, with different technologies. Britain decided to use plywood, Germany and Italy metal, and France molded polyester. The French site was the most striking, due to its technological daring. Only six posts supported a roof of nearly 3,000 square meters, under which were placed the multiservice cells, prefabricated in molded reinforced polyester resin that fit together like Lego. These different versions were manufactured in Birmingham, Hamburg, Turin, and Dijon, under the supervision of Michel Buffet and his team.

Cafétéria de station-service conçue à partir de cellules modulables, projet Maya, Shell International, 1967-1974. Revêtement du bar et décor mural en stratifié, plafond lumineux en polycarbonate. CEI.
Service station cafeteria designed using modular cells, Maya project, Shell International, 1967–1974. Covering of the bar and laminate wall decoration, luminous polycarbonate ceiling. CEI.

Cellules modulaires en polyester armé, projet Maya, Shell International, 1967-1974. CEI.
Reinforced polyester modular shells, Maya project, Shell International, 1967–1974. CEI.

103

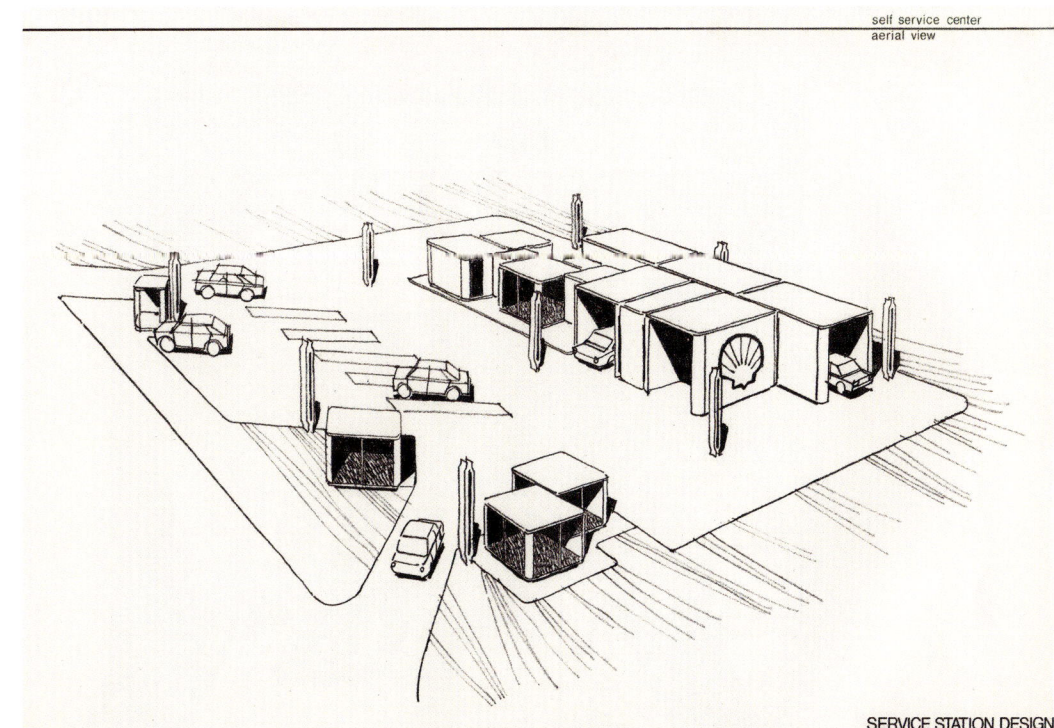

Perspective pour une station-service, projet Maya, Shell International, 1967-1974. CEI.
Perspective for a self-service station, Maya project, Shell International, 1967–1974. CEI.

Vue aérienne de station-service, projet Maya, Shell International, 1967-1974. CEI.
Aerial view of a self-service station, Maya project, Shell International, 1967–1974. CEI.

Maquette du projet d'aérotrain en soufflerie chez Eiffel, 1968. CEI.
Model of an aerotrain project in a wind tunnel at Eiffel, 1968. CEI.

Projet d'aérotrain pour une liaison la Défense-Cergy, avec la société Jean Bertin, 1968. Non réalisé. CEI.
Aerotrain project for the La Défense–Cergy link, with the Jean Bertin company, 1968. Not executed. CEI.

Étude du Tridim, véhicule automatisé destiné à desservir différents sites, aéroports ou villes nouvelles, avec le bureau d'études Jean Bertin, 1970. CEI.
Study for the Tridim, automated vehicle designed to serve different sites, airports, or new towns, with the design office Jean Bertin, 1970. CEI.

Le rail.
De l'utopie à la réalité

TRAINS INTERURBAINS

Les débuts de Michel Buffet dans le rail à la fin des années 1960 coïncident avec le développement et la modernisation des transports en commun, le train, le métro et les interconnexions urbaines. Il commence par l'étude d'un véhicule de faible gabarit devant relier Cergy et la Défense, avec la société Jean Bertin, l'inventeur de l'aérotrain.

Rappelons que les prouesses technologiques de l'aérotrain, train futuriste à grande vitesse, avaient retenu l'attention des pouvoirs publics pour des transports de moyenne distance en 1967. Alimenté par un mélange de gaz et de kérosène, ce turbotrain se déplaçait sur coussin d'air, sans contact avec la voie, guidé par un monorail en forme de T inversé, roulant à des vitesses pouvant atteindre 300 kilomètres par heure. Ce qui en faisait un précurseur du TGV. Il semblait avoir un avenir prometteur pour relier Paris à Orléans. Il avait été expérimenté sur une voie d'essai, une ville nouvelle avait été construite, Orléans-La Source, mais il fut abandonné en 1974 en raison de son coût élevé. En outre, il butait sur des problèmes techniques : la propulsion le rendait trop bruyant, et les accélérations et les décélérations étaient trop mal maîtrisées pour envisager une exploitation commerciale. Les études se poursuivirent néanmoins car, aux États-Unis, l'entreprise Rohr Industries s'y intéressait.

On envisagea d'utiliser ce type de déplacement comme train interurbain entre les nouveaux quartiers de Cergy et de la Défense et pour desservir Orly et Roissy.

C'est pour la liaison de Cergy à la Défense que la CEI fut consultée. Michel Buffet prit en charge ce projet, qui fut finalement abandonné. De trop faible gabarit, il avait une capacité insuffisante pour le flux de voyageurs devant emprunter cette desserte. En outre, il n'était pas techniquement maîtrisé. Les maquettes passées en soufflerie chez Eiffel, à Paris, faisaient apparaître des phénomènes de galop qui menaçaient la stabilité de l'engin, sans compter les nuisances sonores qui auraient été inacceptables pour le voisinage.

Néanmoins ce projet introduit Michel Buffet dans l'aménagement intérieur des transports ferroviaires – trains, métros et funiculaires.

Prototype du Tridim, aéroport d'Orly, 1970. CEI.
Prototype of the Tridim, Orly airport, 1970. CEI.

On the train
From utopia to reality

INTERCITY TRAINS

Michel Buffet's beginning in the railroad in the late 1960s coincided with the development and modernization of public transportation, the train, the metro, and urban interconnections. He began with the study of a vehicle with small dimensions that was to connect Cergy and La Défense, with the Jean Bertin company, the inventor of the aerotrain.

Let us recall the technological feats of the aerotrain (also called the hovertrain), a futuristic high-speed train that attracted the attention of the public authorities for medium-distance transport in 1967. Supplied by a mixture of gas and kerosene, this turbotrain moved on an air cushion, without any contact with the track, guided by a monorail in the form of an inverted "T," moving at speeds that could reach 300 kilometers an hour, making it a precursor of the TGV. It seemed to have a promising future for connecting Paris and Orléans. Experiments had been conducted on a test track and a new town had been built, Orléans-La Source, but it was abandoned in 1974 because of its high cost.

Moreover, it came up against technical problems: propulsion made it too noisy, and the acceleration and deceleration were too poorly controlled to envisage viable commercial operation. Studies were nevertheless continued because, in the United States, the Rohr Industries company was interested in it. Using this type of transportation as an intercity train between the new districts of Cergy and La Défense and to serve the Orly and Roissy airports was envisaged.

It was for the Cergy–La Défense link that the CEI was consulted. Michel Buffet took charge in this project, which in the end was aborted. As the dimensions were too small, it did not have enough capacity for the flow of passengers that were to use this line. Furthermore, it was not technically under control. The models that went through the wind tunnel at the Eiffel company in Paris showed galloping vibrations that threatened the engine's stability, without counting the noise it made, which would have been unacceptable for nearby homes and businesses. Nevertheless, this project introduced Michel Buffet to the interior design of rail transportation—trains, metros, and funicular railroads.

THE TRIDIM, A HORIZONTAL ELEVATOR

After these studies on the aerotrain, which had no concrete follow-up, in the early 1970s Michel Buffet took part in a project for a vehicle with a "hectometer itinerary," the Tridim, once again with the Jean Bertin company. This "people mover" or "horizontal elevator" was a small vehicle designed to serve Orly airport and the La Défense site. An ultralight and totally electric design, the Tridim seemed to adapt to the urban environment and its constraints. On an air cushion, propelled by wheels pressed on a rack-and-pinion track to deal with steep grades, it was presented in the form of small cabins that could circulate individually, depending on traffic needs. Extremely flexible, from a single starting point this vehicle could serve several destinations, therefore breaking with predefined itineraries, and it was possible to call a cabin in the same way as hailing a taxi.

Michel Buffet designed the cabins with six seated places, made of molded polyester shells, on a rigid frame that was motorized. A prototype circulated on an

LE TRIDIM, UN ASCENSEUR HORIZONTAL

Après ces études sur l'aérotrain qui restent sans suite, Michel Buffet est amené, au début des années 1970, à participer au projet d'un véhicule dit à parcours hectométrique, le Tridim, à nouveau avec la société Jean Bertin. Ce « *people mover* », selon l'expression employée par les Anglo-Saxons, ou « ascenseur horizontal », était un petit véhicule destiné à desservir l'aéroport d'Orly et le site de la Défense. Version ultralégère et totalement électrique, le Tridim semblait s'adapter à l'environnement urbain et à ses contraintes. Sur coussin d'air, se propulsant grâce à des roues pressées sur un rail à crémaillère pour appréhender de fortes pentes, il se présentait sous la forme de petites cabines pouvant circuler à l'unité, selon les besoins du trafic. D'une grande flexibilité, à partir d'un point de départ, ce véhicule peut desservir plusieurs destinations, rompant ainsi avec les parcours prédéfinis, et il était possible d'appeler une cabine tout comme on hèle un taxi.

Michel Buffet conçoit des cabines de six places assises, constituées de coques en polyester moulé, sur châssis rigide intégrant la motorisation. Un prototype circula sur une voie d'essais d'EDF au sud de la région parisienne, sur 150 mètres, avec boucles et pentes, afin de tester les capacités de l'engin, ses automatismes, l'ouverture et la fermeture des cabines, à la marche et à l'arrêt. Mais, dans le contexte de la crise économique de 1973, les décisionnaires abandonnent ce projet de desserte locale.

Quelques années plus tard, ce système de transport urbain automatisé, composé de cabines sécables pouvant se détacher pour s'aiguiller vers la destination choisie, à la demande des voyageurs, fut un banc d'essai pour Aramis, nouvelle étude menée avec la CIMT, qui fut une préfiguration du VAL, développé plus tard par Matra.

TGV PARIS-SUD-EST

Au début des années 1970, la SNCF décide de rénover son matériel roulant obsolète, face à la concurrence de l'avion avec le succès d'Air Inter et de la voiture avec le développement des autoroutes. Après la mise en service du train Corail conçu par Roger Tallon, la SNCF lance en 1975 un concours pour les aménagements intérieurs du premier train à grande vitesse, le TGV Paris-Sud-Est. Pour ce faire, elle s'adresse à trois bureaux d'études, l'agence MBD, Roger Tallon et la CEI. Accompagné de son équipe, Michel Buffet conçoit un système modulaire à l'instar des aménagements d'avions. Afin de permettre un montage-démontage rapide, les panneaux d'habillage autour des baies intègrent l'éclairage et les stores d'occultation. Le même système est appliqué pour les porte-bagages et les cloisons. S'inspirant de ce qui existe dans les avions, il propose également un système de rails au plancher, au lieu de points fixes, pour permettre à la compagnie ferroviaire de varier les configurations d'aménagement, selon les besoins du trafic. Pour les sièges, des appuis-tête enveloppants sont dessinés, permettant aux passagers de s'isoler du bruit pour lire et se détendre loin des allées et venues dans le couloir de circulation.

Ce concours ne débouche sur aucune commande, car finalement Alsthom conserve la rame telle que l'avait conçue Jacques Cooper, son designer intégré, pour la mise en service du premier TGV, en 1981. Reste que ces études pour le TGV PSE ont pavé le chemin de Michel Buffet vers de plus amples réalisations pour les chemins de fer.

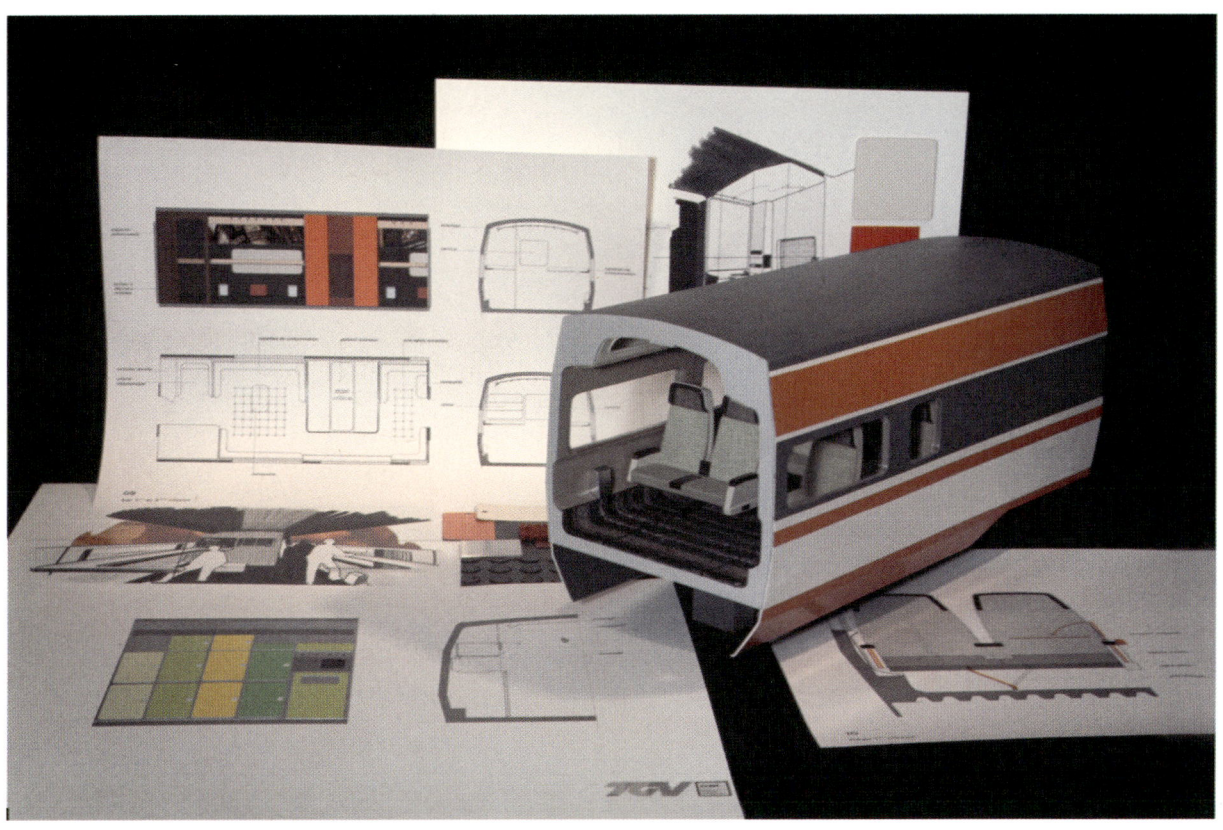

Dessins et maquette du projet de TGV Paris-Sud-Est, SNCF, 1975. CEI.
Drawings and models of the Paris-Sud-Est TGV design, SNCF, 1975. CEI.

Projet d'aménagement intérieur du Sprinter pour la Nederlandse Spoorwegen (NS), la compagnie de chemins de fer néerlandaise, 1977. Sièges doubles intégrant porte-bagages et éclairage. CEI.
Interior design project of the Sprinter for the Nederlandse Spoorwegen (NS), the Dutch national railroad company, 1977. Double seats with built-in luggage rack, and lighting. CEI.

EDF test track in the southern part of the Paris region, over 150 meters, with loops and grades, to test the engine's capacities, its automation, the opening and closing of the cabins, while moving and when stopped. However, in the context of the 1973 economic crisis, the decision-makers dropped this short-distance project.

A few years later, this automated urban transportation system, composed of dividable cabins that could be detached to be switched to the chosen destination on the passengers' request, was a test bed for Aramis, a new study conducted with the CIMT, which prefigured the VAL (automatic light vehicle), later developed by Matra.

TGV PARIS-SUD-EST

In the early 1970s, the SNCF decided to renovate its obsolete rolling stock, faced with competition from the airplane with the success of Air Inter and the car with the development of highways. After the service startup of the Corail train designed by Roger Tallon, in 1975 the SNCF launched a competition for the interior design of the first high-speed train, the TGV Paris-Sud-Est. To do so, it called on three design offices, the MBD agency, Roger Tallon, and the CEI. Accompanied by his team, Michel Buffet designed a modular system similar to that used in airplane interiors. To enable rapid mounting and dismounting, the paneling around the bays had built-in lighting and blinds. The same system was used for the luggage racks and partitions. Taking his inspiration from what existed in planes, he also proposed a track system on the floor, instead of fixed points, to enable the railroad company to vary the interior configurations depending on traffic needs. For the seats, enveloping headrests were designed so that passengers could be isolated from noise to read and relax, far from the comings and goings in the corridors.

This competition did not lead to a commission, because Alsthom finally kept the train as it had been imagined by Jacques Cooper, its in-house designer, for the service startup of the first TGV in 1981. What remained were these studies for the TGV Paris-Sud-Est, which paved the way for Michel Buffet's more extensive railroad creations.

THE DUTCH SPRINTER, A READY-TO-ASSEMBLE SYSTEM

In 1977, the CEI was consulted by the Nederlandse Spoorwegen (NS), the Dutch national railroad company, for a complete study on the rolling stock of the Sprinter, a suburban commuter-type train on the scale of the very dense Dutch network. Michel Buffet proposed a system of ready-to-assemble standard components, encompassing seats, luggage racks, and lighting, following the example of how automotive parts businesses supplied car manufacturers.

The exterior appearance of the rolling stock was also studied, but as the manufacturer Talbot had already started creating many construction plans, Michel Buffet's proposals remained on the drawing board. They would however be useful for later projects.

LE SPRINTER NÉERLANDAIS.
UN SYSTÈME PRÊT À MONTER

En 1977, la CEI est consultée par la Nederlandse Spoorwegen (NS), la société des chemins de fer néerlandaise, pour une étude complète sur le matériel roulant du Sprinter, train de type RER à l'échelle du réseau hollandais, très dense. Michel Buffet propose un système de composants standard prêts à monter, englobant un ensemble de sièges, porte-bagages et éclairage, à l'instar de ce que les équipementiers fournissent aux constructeurs d'automobiles.

Les aspects extérieurs du matériel roulant sont également étudiés, mais le constructeur Talbot ayant déjà engagé la réalisation de nombreux plans de construction, les propositions de Michel Buffet restent dans les cartons. Elles seront toutefois utiles pour des projets ultérieurs.

Projet de rames Sprinter pour la NS. Illustration Syd Mead, 1977. CEI.
Project for Sprinter trains for the NS. Illustration Syd Mead, 1977. CEI.

ENTRE les lignes

N° 38 - MAI-JUIN 1979 - JOURNAL BIMESTRIEL D'INFORMATION DE LA RÉGIE AUTONOME DES TRANSPORTS PARISIENS - ISSN 0338-7429

Documents C.E.I. / RATP CARRIER

RATP

MI 79.
LIGNES A ET B DU RÉSEAU EXPRESS RÉGIONAL D'ÎLE-DE-FRANCE

Presque simultanément au projet néerlandais, la SNCF et la RATP décident de s'associer pour l'interconnexion des lignes du RER reliant Paris à sa banlieue. Un concours est lancé pour un matériel commun. La caractéristique du projet tient dans le fait de concevoir les aspects extérieurs et les espaces intérieurs d'un train-métro roulant à la fois en souterrain et à l'air libre.

Le programme est total, englobant le dessin des caisses et leur livrée extérieure, l'aménagement intérieur des compartiments – sièges, éclairage, matériaux, revêtements et couleurs – et le poste de conduite. Enthousiaste dès l'origine, Michel Buffet réunit une équipe au sein de la CEI pour mettre sur pied un projet pour ce chantier de grande ampleur.

L'expérience du Sprinter néerlandais se révèle précieuse car il faut répondre à la demande des maîtres d'ouvrage, à savoir allier confort, fonctionnalité et rigueur sur les coûts, mais sans extravagance, pour éviter que le matériel ne se démode.

La priorité est de différencier clairement les lieux d'échange des espaces assis. Ainsi, pour ce qu'on appelle les lieux d'échange, les plates-formes doivent dégager un espace suffisant, c'est pourquoi des poignées de maintien remplacent les barres. Dès l'entrée, les panneaux d'information doivent apparaître, avec une signalétique claire. L'éclairage y est plus soutenu. Les sièges des espaces assis sont confortables, éclairés sans excès avec, dans un premier temps, des porte-bagages similaires à ceux des trains, qui disparaîtront ultérieurement. De même, dès 1984, les revêtements des sièges devront être modifiés pour résister au vandalisme.

Mais l'habillage extérieur, la livrée, reste la fierté de Michel Buffet, car contenter les équipes de deux entreprises, la SNCF et la RATP, n'est pas chose aisée. Sa proposition de reprendre les trois couleurs bleu-blanc-rouge, qui sont le symbole de la région Île-de-France, pour le RER réussit le tour de force de mettre d'accord l'ensemble des décisionnaires.

Le MI 79 marque une étape dans la carrière de Michel Buffet.

Maquette de la motrice du MI 79, 1977-1978. CEI.
Model of the MI 79 railcar, 1977–1978. CEI.

Page de gauche/Left-hand page
MI 79, RER A et B parisien, RATP/SNCF, entouré de croquis de recherches. Couverture d'*Entre les lignes*, mai-juin 1979. CEI.
MI 79, Paris RER A and B, RATP/SNCF, surrounded by research sketches. Cover of *Entre les lignes*, May–June 1979. CEI.

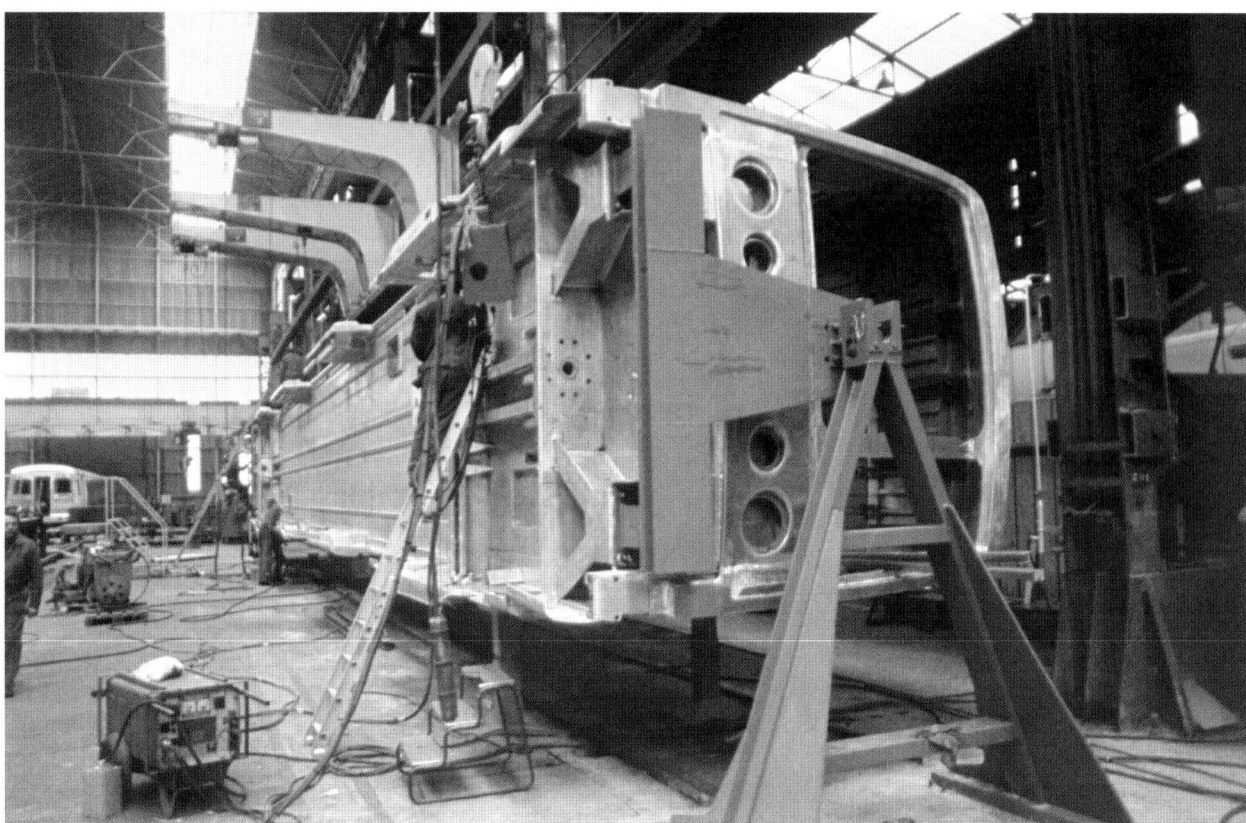

MI 79 en construction, ateliers de la Franco-Belge, Valenciennes, 1977-1978.
MI 79 under construction, Franco-Belgian workshops, Valenciennes, 1977–1978.

MI 79. LINES A AND B OF THE ÎLE-DE-FRANCE RÉSEAU EXPRESS RÉGIONAL (RER)

Almost simultaneously with the Dutch project, the SNCF and the RATP (the Paris public transit authority) decided to join forces for the interconnection of the RER commuter trains that link Paris to its suburbs. A competition was launched for common equipment. The particulars of the project involved designing the exteriors and the interior spaces of a train-metro running both under and above ground.

The program was total, encompassing the design of the bodies of the train cars and their exterior livery, the interior design of the compartments—seats, lighting, materials, coverings, and colors—and the driver's cab. Enthusiastic right from the beginning, Michel Buffet put together a team at the CEI to set up a plan for this large-scale project. The Dutch Sprinter experience proved to be invaluable because the project managers' request had to be fulfilled, namely combining comfort, functionality, and rigorous cost control, but without any extravagance, to ensure that the equipment would not become outdated.

The priority was to clearly differentiate the interchange points of the seated spaces. So the platforms had to leave enough space for these points, which is why hand grips replaced bars. Right from the entrance, information panels had to appear, with clear signage. Lighting was brighter. The seats were comfortable, adequately illuminated, and initially included luggage racks similar to those in larger trains, but which later disappeared. In 1984, the seat coverings had to be modified to resist vandalism.

But the exterior covering, the livery, remained Michel Buffet's point of pride, because satisfying the two companies, the SNCF and the RATP, was not easy. His proposal to use for the RER the three colors—blue, white, and red—that are the symbol of the Île-de-France region accomplished the feat of getting all the decision-makers to agree.

The MI 79 train marked an important step in Michel Buffet's career.

Michel Buffet worked on railroad equipment on two occasions. In 1980, for the Z 2, a multiple-unit train intended to serve all the French regions as far as Luxembourg, built by the railroad division of De Dietrich, at the request of the SNCF. It concerned offering passengers equipment that approached the comfort of the Corail trains recently put on line, but with limited means due to the heavy investment already dedicated to the TGV. The directive was therefore to produce something inexpensive. Taking these constraints into account, he and his team designed, for the livery, a line enlivened with an oblique colored strip on the driver's cab, a front end in bright red, and a body in dark blue, with red passenger access doors. He designed the interior with the stress on the comfort of the seats, luggage racks, and built-in lighting, to highlight the quality of the regional lines.

Later, in 1984, he worked on a project for the BB 26000 electric railcar, built by Alsthom for the SNCF. He designed an elongated volume for better aerodynamics, with a lowered chassis at both ends under the driver's cab and a windshield with lateral returns. But this project was not chosen as it was considered too futuristic.

Aménagement intérieur du MI 79, 1977-1978. Porte-bagages, éclairage et plans de lignes intégrés. CEI.
Interior design of the MI 79, 1977–1978. Built-in luggage racks, lighting, and line maps. CEI.

Marie Cardon, Michel Buffet et Clément Rousseau devant la maquette du MI 79 à la CEI, 1977-1978.
Marie Cardon, Michel Buffet, and Clément Rousseau in front of the model of the MI 79 at the CEI, 1977–1978.

Intérieur de la Z 2, 1984.
Porte-bagages avec système d'éclairage intégré. CEI.
Interior of the Z 2, 1984. Luggage racks with built-in lighting system. CEI.

Équipe du département « Architecture industrielle et transport » de la CEI. Autour de Michel Buffet, de gauche à droite, Édith Commissaire, Clément Rousseau, Philippe Ollendorff, Patrick Poinsot et Marie Cardon. Caricature de Clément Rousseau, 1978.
Team of the "Industrial architecture and transportation" department at the CEI. Around Michel Buffet, from left to right, Édith Commissaire, Clément Rousseau, Philippe Ollendorff, Patrick Poinsot, and Marie Cardon. Cartoon by Clément Rousseau, 1978.

Automotrice Z 2, De Dietrich et Carel & Fouché constructeurs, 1984. CEI.
Z 2 railcar, De Dietrich and Carel & Fouché builders, 1984. CEI.

Masque avant de l'automotrice, 1984. CEI.
Front mask of the railcar, 1984. CEI.

Salle de contrôle secondaire du système ferroviaire du tunnel sous la Manche à Calais pour TML-Eurotunnel, utilisée en cas d'incident majeur, 1989. Illustration Richard Bonfils. Vecteur.
Alternate control room of the train system of the Channel Tunnel in Calais for TML-Eurotunnel, 1989. Used in case of major incident in Folkestone. Illustration Richard Bonfils. Vecteur.

Projet pour la salle d'embarquement des véhicules routiers du tunnel sous la Manche à Folkestone pour TML-Eurotunnel, 1991. Illustration Richard Bonfils. Vecteur.
Project for the boarding room for road vehicles of the Channel Tunnel in Folkestone for TML-Eurotunnel, 1991. Illustration Richard Bonfils. Vecteur.

À deux reprises, Michel Buffet travaille sur du matériel ferroviaire. En 1980, pour le Z 2, rame automotrice destinée à desservir l'ensemble des régions françaises jusqu'au Luxembourg, construite par la division ferroviaire de De Dietrich, à la demande de la SNCF. Il s'agit d'offrir aux voyageurs un matériel s'approchant du confort des trains Corail récemment mis en ligne, mais avec des moyens limités en raison des lourds investissements déjà consacrés au TGV. La consigne est donc une réalisation bon marché. Répondant à ces contraintes, il dessine avec son équipe pour la livrée une ligne animée d'une bande de couleur oblique au niveau de la cabine de conduite, un bout avant rouge vif et une caisse bleu foncé, avec des portes d'accès voyageurs rouges. Il aménage l'intérieur en mettant l'accent sur le confort des sièges, des porte-bagages et un éclairage intégré afin de rehausser la qualité des lignes régionales.

Plus tard, en 1984, il fait un projet pour la locomotive électrique BB 26000, construite par Alsthom pour la SNCF. Il conçoit un volume allongé pour un meilleur aérodynamisme, avec un châssis s'abaissant aux deux extrémités sous la cabine de conduite et un pare-brise à retours latéraux. Mais ce projet n'est pas retenu, considéré comme trop futuriste.

TUNNEL SOUS LA MANCHE, LES SALLES DE CONTRÔLE

Le désir de relier la France et l'Angleterre par mer est fort ancien. Ainsi, en 1851, l'architecte Hector Horeau conçut le projet utopiste d'une galerie en mer, ou tube immergé, permettant à un chemin de fer de traverser la Manche en circulant sur deux voies, trajet ponctué de lanternons apportant air et lumière[14]. Les progrès technologiques le permettant, ce projet reprit corps. Lors de la création de la Communauté économique européenne, la France et la Grande-Bretagne envisagent de réaliser ce tunnel mais, retardée par la crise économique des années 1970, l'idée est abandonnée avant d'être relancée. L'accord entre les deux pays est ratifié en 1986.

Un concours est lancé en 1987 par les compagnies ferroviaires concernées, British Rail, la SNCF et la SNCB, pour le design d'un TGV transmanche. Trois agences françaises, trois britanniques et trois belges sont présélectionnées. Michel Buffet choisit de s'associer avec le bureau d'études britannique DCA de David Carter pour concourir à ce « chantier du siècle » auquel il tient. Mais les choix se

Projet pour la salle de contrôle principale du système ferroviaire du tunnel sous la Manche à Folkestone pour TML-Eurotunnel, 1989. Illustration Richard Bonfils. Vecteur.
Project for the main control room of the train system of the Channel Tunnel in Folkestone for TML-Eurotunnel, 1989. Illustration Richard Bonfils. Vecteur.

THE CHANNEL TUNNEL, CONTROL ROOMS

The desire to link France and England dated back to the nineteenth century. In 1851, the architect Hector Horeau imagined the utopian project of a gallery on the sea, or a submerged tube, allowing a train to cross the Channel by circulating on two tracks, a trajectory with regularly spaced lanterns to let in light and air.[14] Technological progress enabled this desire to become a reality. When the European Economic Community was created, France and Great Britain envisaged building this tunnel, but, delayed by the economic crisis in the 1970s, the idea was abandoned before being relaunched. The agreement between the two countries was ratified in 1986.

A competition was launched in 1987 by the railroad companies concerned, British Rail, the SNCF, and the Belgian SNCB, for the design of a cross-Channel TGV. Three French agencies, three British agencies, and three Belgian agencies were preselected. Michel Buffet decided to work with David Carter's British design office, DCA, to compete in this "construction site of the century." However, the British design office Jones Garrard was chosen for the design of the train's nose, the Frenchman Roger Tallon, at ADSA, for the exterior livery and the interior of the cars, and a Belgian agency for the design of the restrooms. Learning that a third tunnel, intended for service, maintenance, and emergency rescue, was planned, Michel Buffet contacted the project managers in London. But this section of the program was directly attributed to Mercedes. Collaborating at the time with the Sofretu, the RATP's engineering export company, Michel Buffet was taken on by TML, the builder of the Eurotunnel group. He was given several tasks: principally, the interior design of the control room of the rail and road system on both sides of the Channel, in Folkestone and Calais; but also the ergonomics of the operators' consoles and their equipment, and the configuration of the control panel, twenty-four meters wide and five meters high, and its parametrization in Folkestone.

This large-scale project, complex to execute given the number of parties involved, enabled the Eurostar, the high-speed train connecting Paris, Brussels, and London, to be inaugurated in 1994.

14 This project, an ink drawing by Hector Horeau, is in the collection of the Académie d'architecture. It was published in the catalogue of the exhibition, *Hector Horeau, 1801–1872*, Paris, École nationale supérieure des beaux-arts, 1979. This exhibition was organized by the Architecture Division with the cooperation of the Académie d'architecture and the Centre de recherché sur l'histoire de l'architecture and with the collaboration of the Musée des Arts décoratifs.

portent sur le cabinet d'études britannique Jones Garrard pour la conception du nez de la rame, le Français Roger Tallon, au sein d'ADSA, pour la livrée extérieure et l'intérieur des voitures, et une agence belge pour l'aménagement des toilettes.

Apprenant qu'un troisième tunnel, destiné au service, à l'entretien et aux secours, est programmé, il entre en contact avec les responsables à Londres. Mais ce lot sera directement attribué à Mercedes. S'associant alors avec la Sofretu, la société d'ingénierie à l'export de la RATP, la candidature de Michel Buffet est retenue par TML, le constructeur du groupe Eurotunnel. Il se voit confier plusieurs tâches : tout d'abord l'aménagement des salles de contrôle du système ferroviaire et routier, des deux côtés de la Manche, à Folkestone et à Calais ; mais également l'ergonomie des pupitres des opérateurs et leurs équipements ainsi que la configuration du tableau de contrôle de 24 mètres de large sur 5 mètres de hauteur, et son paramétrage, à Folkestone.

Ce grand projet, complexe à réaliser vu le nombre d'intervenants, permet à l'Eurostar, train à grande vitesse reliant Paris, Bruxelles et Londres, d'être inauguré en 1994.

14 Ce projet, un dessin à la plume d'Hector Horeau, figure dans les collections de l'Académie d'architecture. Il a été publié dans le catalogue de l'exposition, *Hector Horeau, 1801-1872*, Paris, École nationale supérieure des beaux-arts, 1979. Cette exposition a été organisée par la Direction de l'architecture avec le concours de l'Académie d'architecture et du Centre de recherche sur l'histoire de l'architecture et avec la collaboration du musée des Arts décoratifs.

Projet de plateau-repas, d'écouteurs et d'étiquettes de bagages Continental, 1991. Non réalisé. Vecteur.
Project for Continental meal trays, headphones, and luggage labels, 1991. Not executed. Vecteur.

Page de gauche/Left-hand page
Maquette d'étude du matériel roulant Continental pour la British Rail, la SNCF et la SNCB pour le tunnel sous la Manche, 1991. Non réalisé. Vecteur.
Study model of Continental rolling stock for British Rail, the SNCF, and the SNCB for the Channel Tunnel, 1991. Not executed. Vecteur.

Corporate Style – Services Voyageurs

MÉTRO DE CARACAS

Le métro de Caracas, au Venezuela, est l'une des expériences les plus intenses du parcours professionnel de Michel Buffet. Le chantier dure trois ans, de 1980 à 1983. Au sein de la CEI, Michel Buffet est aux commandes de l'intégralité du projet. Des architectes italiens construisent l'infrastructure, et l'opération est dirigée par un architecte vénézuélien, Max Pedemonte. La CEI est cooptée dès le départ par le groupe d'industriels français Frameca, qui s'est constitué pour fournir le matériel roulant et les courants faibles pour les signaux et les automatismes. L'ingénierie générale est placée sous l'égide de la Sofretu, filiale de la RATP.

Le projet global va de l'infrastructure à l'aménagement du matériel roulant, jusqu'à la signalétique, le mobilier urbain et la coloration des stations, sans oublier l'intégration des appareils pour la billetterie et les composteurs fournis par Électronique Serge Dassault. Ainsi, tout ce qui est vu et utilisé par le voyageur est étudié par la CEI. Pour le matériel roulant, Michel Buffet dessine un ensemble d'une grande sobriété. Les rames sont en aluminium brossé, le masque avant est noir, souligné de bandes bleues, rouges, jaunes et vertes. Le noir symbolise le réseau, et les quatre couleurs correspondent aux lignes prévues à terme[15].

À l'intérieur des rames et pour le poste de conduite, il choisit d'habiller les parois et le plancher avec des tons sourds – beiges et ocre –, qui lui semblent être les mieux adaptés au climat tropical.

À l'extérieur, de hauts pilastres noirs, surmontés d'un « M », servent de signal pour les entrées des stations, qui sont semi-enterrées ou à ciel ouvert. Chacune, habillée de carrelage en céramique, se distingue par un coloris flamboyant qui lui est propre, en référence à son nom – rouge pour la station Pro Patria, jaune pour Caño Amarillo, par exemple.

Ces choix esthétiques sont complétés par l'intégration de végétation, particulièrement luxuriante dans ce pays, et la mise en place d'œuvres d'artistes de renom, comme Jesús Rafael Soto, ce qui donne une grande harmonie à l'ensemble.

15 En 1983, une seule ligne est ouverte, les autres le seront successivement en 1987, 1994 et 2006.

Dessin de la motrice du métro de Caracas, 1980-1985. CEI.
Drawing of the Caracas metro railcar, 1980–1985. CEI.

Page de gauche/Left-hand page
Mât-signal d'accès aux stations du métro de Caracas, 1980-1985. CEI.
Mast-signal to mark the access to the Caracas metro stations, 1980–1985. CEI.

Masque de la motrice du métro de Caracas, 1980-1985. CEI.
Mask of the Caracas metro railcar, 1980–1985. CEI.

Intérieur du matériel roulant du métro de Caracas, 1980-1985. CEI.
Interior of the rolling stock of the Caracas metro, 1980–1985. CEI.

Signalétique et couleurs des quatre lignes de l'ensemble du réseau du métro de Caracas, 1980-1985. CEI.
Signage and colors of the four metro lines of the entire Caracas metro network, 1980–1985. CEI.

CARACAS METRO

The Caracas metro, in Venezuela, was one of the most intense experiences of Michel Buffet's career. It was under construction for three years, from 1980 to 1983. At the CEI, Michel Buffet was in charge of the entire project. Italian architects built the infrastructure and the operation was run by a Venezuelan architect, Max Pedemonte. The CEI was co-opted right from the start by the French group of manufacturers Frameca, which was created to supply the rolling stock and the weak current for the signals and automatic control devices. General engineering was handled by the Sofretu, a subsidiary of RATP.

The global project ranged from the infrastructure to the design of the rolling stock, and included the signage, urban furniture, and color of the stations, as well as the integration of machines for purchasing tickets and ticket-punchers supplied by Électronique Serge Dassault. The CEI did studies for everything that was seen and used by the passenger. For the rolling stock, Michel Buffet designed a very sober ensemble. The trains were in brushed aluminum, the front mask in black, accentuated by blue, red, yellow, and green stripes. Black symbolized the network and the four colors corresponded to the lines planned when the project was completed.[15] He decided to use soft tones—beige and ocher—for the walls and floor inside the trains and for the driver's cab, as they seemed better adapted to the tropical climate.

Outside, tall black pilasters topped by an "M" served as signals for the station entrances, which were partially underground or on the surface. Each one, clad in ceramic tile, was distinguished by a bright color that was specific to it, in reference to its name—red for the Pro Patria station, yellow for Caño Amarillo, for example.

These aesthetic choices were completed by the inclusion of vegetation, particularly lush in this country, and the installation of works by renowned artists such as Jesús Rafael Soto, which gave the whole great harmony.

15 In 1983, a single line was opened; the others would open in 1987, 1994, and 2006.

Masque avant du MP 59, avant et après rénovation, 1989.
Vecteur.
Front mask of the MP 59, before and after renovation, 1989. Vecteur.

Prototype BOA en ligne, 1987.
Vecteur.
BOA prototype, 1987. Vecteur.

Projet du futur matériel roulant du MP 89, dit Meteor, pour la ligne 14 de la RATP, 1989.
Vecteur.
Project for the future rolling stock of the MP 89, called Meteor, for line 14 of the RATP, 1989. Vecteur.

PROJETS ET RÉALISATIONS AVEC LA RATP : MP 59 ET BOA

Après avoir quitté la CEI en 1985 pour fonder Vecteur Design Industriel, son propre bureau d'études, Michel Buffet réalise de 1986 à 1989 des projets pour le métro parisien. Il est tout d'abord chargé par la RATP de la rénovation de la ligne 1, dans le cadre de la modernisation de son matériel roulant sur pneus datant de 1959, le MP 59 : reprise du masque avant et actualisation des caisses, modification du confort des sièges, de l'éclairage, des matériaux et des couleurs. Ce projet est réalisé dans le cadre du prolongement de la ligne 1 jusqu'à la Défense.

En 1987, il participe à la réalisation expérimentale de la nouvelle génération de rames en libre circulation de bout en bout, dite BOA, d'où l'évocation animalière de son appellation.

À cette occasion, il crée le siège strapontin *Assis/debout* avec la société Compin, qui reçoit en 1988 le Janus de l'industrie, label décerné par l'Institut français du design, émanation de l'Institut d'esthétique industrielle fondé par Jacques Viénot.

En 1989, il répond à l'appel à projet MP 89 pour le design de la future ligne 14 à conduite automatique, appelée Meteor – soit le raccourci de « métro est-ouest rapide » –, qui sera mise en service en 1998. Le projet de Michel Buffet, issu des recherches et propositions précédentes, n'est pas retenu, au profit de celui de Roger Tallon. En conséquence, son siège strapontin *Assis/debout* restera à l'état de prototype.

FUNICULAIRES

En 1985, dans le cadre de Vecteur Design Industriel, Michel Buffet conçoit le Funival, le funiculaire de la station de ski de Val-d'Isère dont l'innovation tient à la réalisation des deux cabines en tôle d'aluminium pliée. En 1989, son étude pour le remplacement des deux cabines du funiculaire de Montmartre reste sans suite.

Projet d'aménagement intérieur des rames articulées en libre circulation du MP 89, dit Meteor, 1989. Vecteur.
Project for the interior design of the articulated units in free circulation of the MP 89 called Meteor, 1989. Vecteur.

Proposition d'aménagement intérieur du matériel roulant expérimental BOA préfigurant le Meteor en libre circulation de bout en bout de la rame. Vecteur.
Proposal for the interior design of the experimental BOA rolling stock prefiguring the Meteor in free circulation from one end of the train to the other. Vecteur.

Funiculaire Funival, Val-d'Isère, 1985. Vecteur.
Funival funicular train, Val-d'Isère, 1985. Vecteur.

PROJECTS AND EXECUTIONS WITH THE RATP: MP 59 AND BOA

After leaving the CEI in 1985 to found Vecteur Design Industriel, his own design office, from 1986 to 1989, Michel Buffet worked on projects for the Paris metro. He was first tasked by the RATP with the renovation of line 1, in the framework of the modernization of its rubber-tired rolling stock dating from 1959, the MP 59: redesigning the front mask and updating the car bodies, improving the comfort of the seats, lighting, materials, and colors. This project was carried out under the program to extend line 1 to La Défense.

In 1987, he took part in the experimental creation of a new generation of trains that circulated freely from end to end, called BOA, hence the evocation of the snake in its name. On this occasion, he created the folding seat *Assis/debout* ("sitting/standing") with the Compin company, which received the Janus de l'Industrie in 1988, a label awarded by the Institut français du design, an offshoot of the Institut d'esthétique industrielle created by Jacques Viénot.

In 1989, he responded to a call for the MP 89 project on the design of the future line 14 with automatic train operation, called Meteor—a shortened version of "métro est-ouest rapide" (rapid east-west metro)—that would be put into service in 1998. Michel Buffet's project, based on earlier research and proposals, was not selected, and Roger Tallon was chosen instead. As a result, his *Assis/debout* folding seat remained a prototype.

FUNICULAR TRAINS

In 1985, with his agency Vecteur Design Industriel, Michel Buffet designed the Funival, the funicular train for the Val-d'Isère ski resort. Its innovation lay in the creation of two folded aluminum cabins. In 1989, his study for the replacement of two cabins of the Montmartre funicular was not selected.

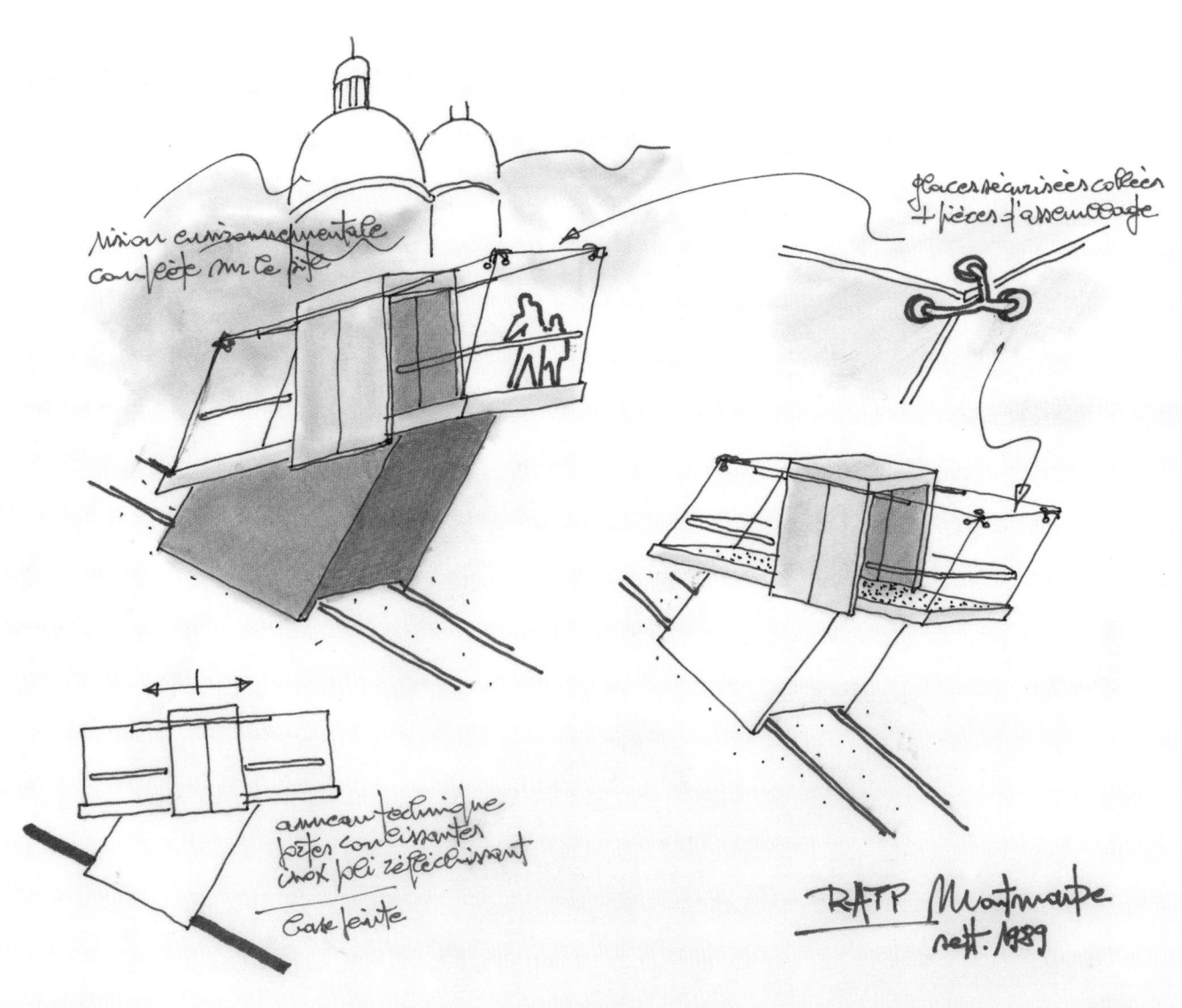

Projet de rénovation des deux cabines du funiculaire de Montmartre, 1989. Vecteur.
Project for renovating the two cabins of the Montmartre funicular train, 1989. Vecteur.

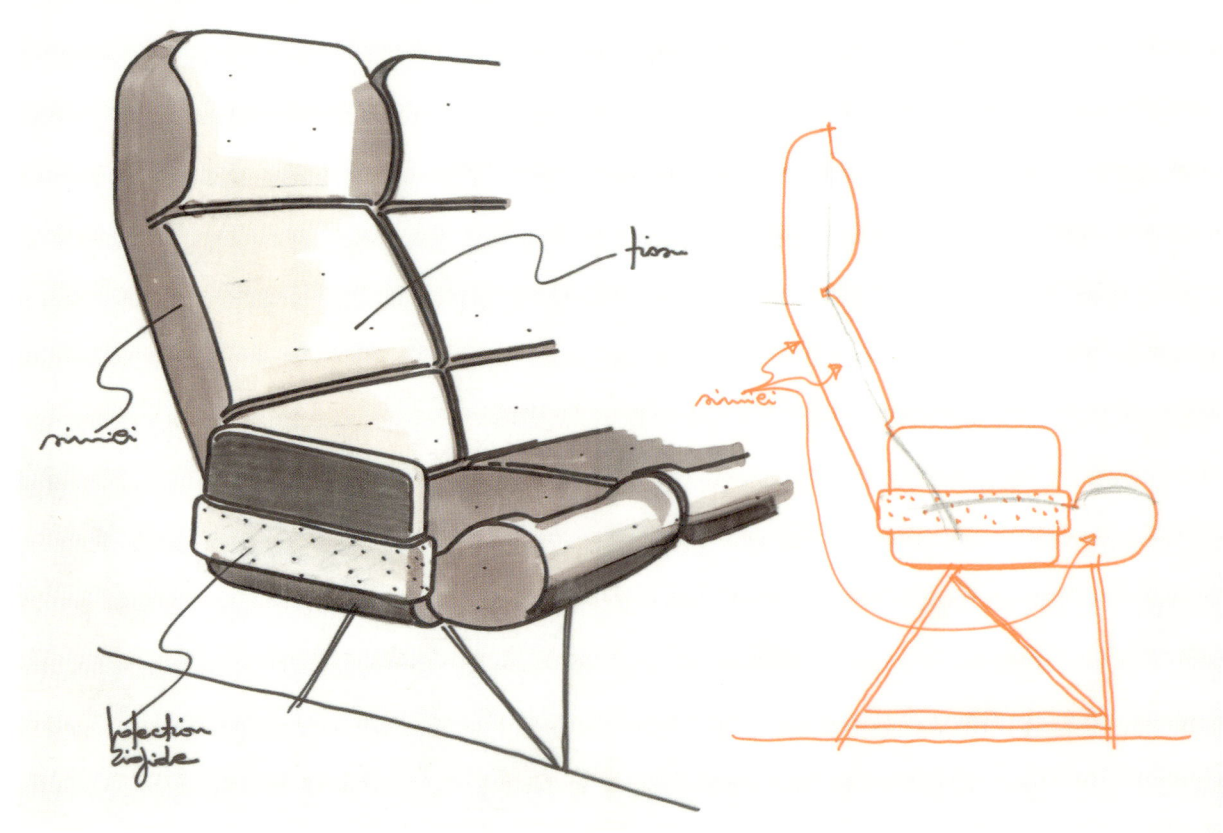

Identité visuelle extérieure de l'aéroglisseur transmanche Naviplane N 500, 1974. Sedam constructeur, Jean Bertin ingénieur. CEI.
Exterior visual identity of the cross-channel hovercraft Naviplane N 500, 1974. Sedam builder, Jean Bertin engineer. CEI.

Projet de siège passager du Naviplane N 500, 1974. CEI.
Project for a passenger seat of the Naviplane N 500, 1974. CEI.

Projet d'aménagement intérieur du Naviplane N 500, 1974. Illustration Syd Mead. CEI.
Project for the interior design of the Naviplane N 500, 1974. Illustration Syd Mead. CEI.

La mer

**LE NAVIPLANE N 500,
AÉROGLISSEUR TRANSMANCHE**

Peu de temps après le Concorde, en 1973, Michel Buffet se consacre au projet et à la réalisation du Naviplane N 500, aéroglisseur de transport marin, construit par la Société d'étude et de développement des aéroglisseurs marins (Sedam) avec l'ingénierie de la société Jean Bertin, spécialiste des déplacements sur coussins d'air.

Un aéroglisseur, *hovercraft* en anglais, est un véhicule amphibie, à propulsion aérienne. Autrement dit, par sa technologie il vole quasiment au-dessus de l'eau. Plus rapide que les *ferries* traditionnels, il lui suffit de vingt-cinq minutes pour faire le trajet transmanche. Afin de concurrencer les hydroglisseurs britanniques de la compagnie Hoverspeed, qui assurent le trafic transmanche entre les ports français de Calais et Boulogne-sur-Mer et le port anglais de Douvres, Jean Bertin conçoit un appareil auquel il donne un nom français, le Naviplane. La Sedam lance en 1973 un projet de construction de deux Naviplanes sur un site à Pauillac, en Gironde, le N 500-01 *Côte d'Argent*, commandé à l'origine par ce département, le second, le N 500-02 *Ingénieur Jean Bertin*, commandé par la SNCF, qui prendra à sa charge les deux appareils à la suite du désistement de la Gironde. Un site est spécifiquement aménagé, avec un hangar suffisamment vaste pour contenir les deux appareils en construction, ainsi que des aires d'essais pour leur mise à l'eau.

Cet aéroglisseur est impressionnant par ses dimensions. Long de 50 mètres, large de 23 mètres, sa hauteur est de 17 mètres au portique qui supporte les moteurs et les hélices quadripales de grande dimension. Il doit permettre de transporter quelque 400 passagers et 60 véhicules avec un important poste de pilotage.

Lorsque la CEI reçoit la commande de son aménagement, l'intérieur de cet engin inhabituel se présente comme un vaste hangar qu'il faut rendre habitable, sans budget prévu, hormis les sièges. Mais le but de Michel Buffet et de son équipe est de réaliser un intérieur de type avion de ligne capable de concurrencer un Boeing 747. Un soin particulier est donc donné aux parois, aux entourages des baies, au plafond et au plancher, aux racks à bagages et aux toilettes. Le tout recevant un éclairage diffus.

Le budget étant largement entamé par ces aménagements, il reste les sièges, poste primordial quel que soit le mode de transport. N'ayant pas les contraintes d'un avion, fort heureusement, les sièges peuvent être réalisés par un constructeur de bus et de cars de la région lyonnaise, et se révèlent suffisamment confortables pour amortir les secousses inévitables sur ce type de navire. Enfin, la charte graphique est choisie en référence aux couleurs de l'armateur Sealink, le bleu et le rouge.

Malgré la satisfaction du designer quant à la réalisation de l'opération, et les essais qui furent concluants, le premier exemplaire est détruit par un incendie avant son exploitation,

Le sous-marin *Le Triomphant*.
The *Le Triomphant* submarine.

On the sea

THE NAVIPLANE N 500, CROSS-CHANNEL HOVERCRAFT

Shortly after the Concorde, in 1973, Michel Buffet devoted himself to the project and execution of the Naviplane N 500, a sea transport hovercraft, built by Société d'étude et de développement des aéroglisseurs marins (Sedam) with the Jean Bertin engineering company, a specialist in movement on air cushions.

A hovercraft is an air-propelled amphibious vehicle. In other words, it almost flies over water. Faster than the traditional ferries, it only took twenty-five minutes to cross the Channel. In order to compete with the British hydrofoils of the Hoverspeed company, which handled cross-channel traffic between the French ports of Calais and Boulogne-sur-Mer and the English port of Dover, Jean Bertin designed a craft to which he gave a French name, the Naviplane. In 1973, the Sedam launched a plan to build two Naviplanes on a site in Pauillac, in the Gironde department: the N 500-01 *Côte d'Argent*, originally commissioned by this department, and the N 500-02 *Ingénieur Jean Bertin*, commissioned by the SNCF, which would take over the two craft after Gironde withdrew. A site was specifically laid out, with a large enough hangar to hold the two craft during construction, as well as test areas for their launch.

The dimensions of this hovercraft were impressive: fifty meters long, twenty-three meters wide, and seventeen meters high to the stern gantry that supported the engines and the large four-blade propellers. It had to transport some 400 passengers and sixty vehicles, and had a large wheelhouse.

When the CEI received the commission for its design, the interior of this unusual craft looked like an enormous hangar that had to be made inhabitable, without any budget planned, apart from the seats. The aim however of Michel Buffet and his team was to create an interior that resembled an airliner, able to rival a Boeing 747. Particular care was therefore taken with the partition walls, the surrounds of the bays, the ceiling and the floor, luggage racks and restrooms. Diffused lighting was used everywhere.

As the budget was largely tapped by these elements, what remained were the seats, a key item regardless of mode of transportation. Fortunately, not having the constraints of an airplane, the seats could be made by a bus manufacturer in the Lyon region, and proved to be comfortable enough to absorb the inevitable jolts of this type of vessel. Lastly, the graphic guidelines were chosen in line with the colors of the ship-owner Sealink, blue and red.

Despite the designer's satisfaction with the execution, and the tests, which were conclusive, the first Naviplane was destroyed by a fire in the builder's factories before it could come into service. The second craft, the *Ingénieur Jean Bertin*, was operated on the Dover–Boulogne–Calais cross-channel route starting in 1978 by the Seaspeed company, a subsidiary jointly owned by British Rail and the SNCF.

Its operation, however, was of short duration, as in 1981 this Naviplane was sold to the British company Hoverspeed (resulting from the merger of Seaspeed and its competitor Hoverlloyd), which ended its use in 1983. Afterward, the hoverports of Boulogne and Calais closed in 1991 and 2000 respectively. The Channel Tunnel project would soon become the center of everyone's attention.

dans les usines du constructeur. Le second exemplaire, *Ingénieur Jean Bertin*, est exploité pour la liaison transmanche Douvres-Boulogne-Calais, à partir de 1978 par la société Seaspeed, filiale commune de British Rail et de la SNCF.

Mais son exploitation est de courte durée puisque, en 1981, ce Naviplane est cédé à la société britannique Hoverspeed (issue de la fusion de Seaspeed et de sa concurrente Hoverlloyd), qui arrête son utilisation en 1983. Peu de temps plus tard, les hoverports de Boulogne et de Calais ferment respectivement en 1991 et 2000. Le projet de tunnel sous la Manche allait bientôt devenir le centre des toutes les attentions.

LES SOUS-MARINS NOUVELLE GÉNÉRATION SNLE-NG ET LE PORTE-AVIONS CHARLES DE GAULLE

De 1990 à 1994, Michel Buffet commence une longue collaboration avec la marine nationale. La DCN (Direction des constructions navales, aujourd'hui Naval Group) lui commande l'aménagement des zones de vie à bord des sous-marins nucléaires lanceurs d'engins de nouvelle génération pourvus de systèmes de détection acoustique avancés (SNLE-NG), *Le Triomphant*, *Le Téméraire*, *Le Terrible* et *Le Vigilant*, construits à Cherbourg.

Habitué à gérer les espaces minimums des cellules d'avions ou de trains, le designer est face à un défi encore plus grand, celui de tirer un parti maximum dans un espace confiné où plus de cent hommes vivent pendant soixante-dix jours sans refaire surface.

Il conçoit des espaces polyvalents. La salle à manger se transforme en salle de réunion ou en salon, à l'aide de parois-paravents mobiles qui séparent ou réunissent les différentes parties des pièces, selon les besoins. Il y intègre un mobilier, dessinant uniquement celui fixé aux cloisons. Les « bannettes-chambres » sont composées d'un matelas à positions réglables, d'un éclairage soit diffus soit ponctuel, d'un store d'occultation et d'une aération/ventilation. Tous ces éléments de confort sont commandés à partir d'un tableau accessible à bout de bras. Les coloris sont minutieusement choisis, après l'étude de leur perception en lieu clos.

Ces études et réalisation, classées « confidentiel défense » comme il se doit, sont l'occasion d'échanges enrichissants pour Michel Buffet, qui apprécie la qualité de ces rencontres avec des hommes d'exception.

Cette collaboration fructueuse avec la DCN se poursuit, à Brest, avec la mise en place d'une signalétique de circulation et de sécurité à bord du porte-avions *Charles de Gaulle*.

Il s'agit de faciliter les déplacements des 2 000 hommes qui se côtoient et leurs multiples circulations, selon leurs différentes fonctions de marins et d'aviateurs, sur ce gigantesque bâtiment de 260 mètres de long sur 65 de largeur, comportant pas moins de seize ponts, certains ne correspondant pas entre eux pour des raisons de sécurité. Dans ces configurations, les cheminements et leur signalement sont primordiaux. Avec une priorité pour l'évacuation en cas d'incendie.

Par la suite, des études lui seront demandées par la DCN à Lorient pour l'aménagement de nouvelles zones de vie et de repos des équipages à bord de bâtiments, existants ou à venir, puis par la DCN à Toulon des propositions de zones de vie innovantes pour la cellule de recherches sur les sous-marins du futur.

Le sous-marin *Le Triomphant* en construction, DCN, Cherbourg, 1993. Vecteur.
The submarine *Le Triomphant* under construction, DCN, Cherbourg, 1993. CEI. Vecteur.

Sortie du Triomphant le 13 juillet 1993, 12h50, aquarelle de Patrick Descamps, 1993.
Sortie du Triomphant le 13 juillet 1993, 12h50, watercolor by Patrick Descamps, 1993.

Espace polyvalent de vie à bord du *Triomphant*, sous-marin SNLE, Marine nationale, 1993. Illustration Richard Bonfils. Vecteur.
Versatile space for life onboard *Le Triomphant*, SNLE submarine of the French Navy, 1993. Illustration Richard Bonfils. Vecteur.

Projet pour le carré des officiers, espace modulable de vie à bord du *Triomphant*, sous-marin SNLE, Marine nationale, 1993. Illustration Richard Bonfils. Vecteur.
Project for the officers' messroom, space that can be tailored for life onboard *Le Triomphant*, SNLE submarine of the French Navy, 1993. Illustration Richard Bonfils. Vecteur.

Le porte-avions *Charles de Gaulle*.
The *Charles de Gaulle* aircraft carrier.

Implantation de la signalétique du porte-avions *Charles de Gaulle* dans une coursive. Réalisé en stratifié fluorescent, le panneau est placé en partie basse pour permettre une meilleure visibilité en cas d'incendie et de dégagement de fumée. 1993-1994. Vecteur.
Siting of the signage of the *Charles de Gaulle* aircraft carrier in a corridor. Made in fluorescent laminate, the panel is placed in the lower part for better visibility in case of fire and smoke emission. 1993–1994. Vecteur.

Étude de «banette chambre» pour les sous-marins du futur, 1994. Vecteur.
Studies for enclosed berths for submarines of the future, 1994. Vecteur.

THE NEW-GENERATION SNLE-NG SUBMARINES AND THE AIRCRAFT CARRIER *CHARLES DE GAULLE*

From 1990 to 1994, Michel Buffet began a long collaboration with the French Navy. The DCN (Naval Construction Division, now the Naval Group) commissioned him to create the living areas onboard the new generation of nuclear-powered guided missile submarines provided with advanced acoustic detection systems (SNLE-NG), *Le Triomphant*, *Le Téméraire*, *Le Terrible*, and *Le Vigilant*, built in Cherbourg.

Used to handling the confined spaces of planes and trains, the designer faced an even greater challenge, that of getting the maximum out of a very limited space in which a hundred men would live for seventy days without rising to the surface.

He designed multipurpose spaces. The dining room could be transformed into a meeting room or lounge, using mobile partition-screens that separated or brought together different parts of the room according to need. He incorporated furniture into it, only designing the pieces that could be attached to the partition walls. The enclosed berths were composed of a mattress with adjustable positions, diffused or spot lighting, a blind, and aeration/ventilation. All these comfort elements were controlled from a panel located within arm's length. The colors were painstakingly chosen, after studying how they were perceived in a closed space.

These studies and their execution, "classified," as was to be expected, were an opportunity for enriching exchanges for Michel Buffet, who appreciated the quality of these meetings with exceptional men.

This productive collaboration with the DCN continued in Brest with the installation of circulation and safety signage onboard the *Charles de Gaulle* aircraft carrier.

The idea was to facilitate the many movements of the 2,000 who lived and worked side by side, according to the different functions of the sailors and pilots, on this gigantic ship—206 meters long and 65 meters wide, with at least sixteen decks, some of which were not interconnected for safety reasons. The paths and their signage were essential in these configurations. Priority was given to evacuation in the event of a fire.

Michel Buffet would subsequently be asked for studies by the DCN in Lorient for the design of new living and relaxation areas for the crews onboard ships, existing or to come, and later by the DCN in Toulon for proposals on innovative living areas for the research cell on the submarines of the future.

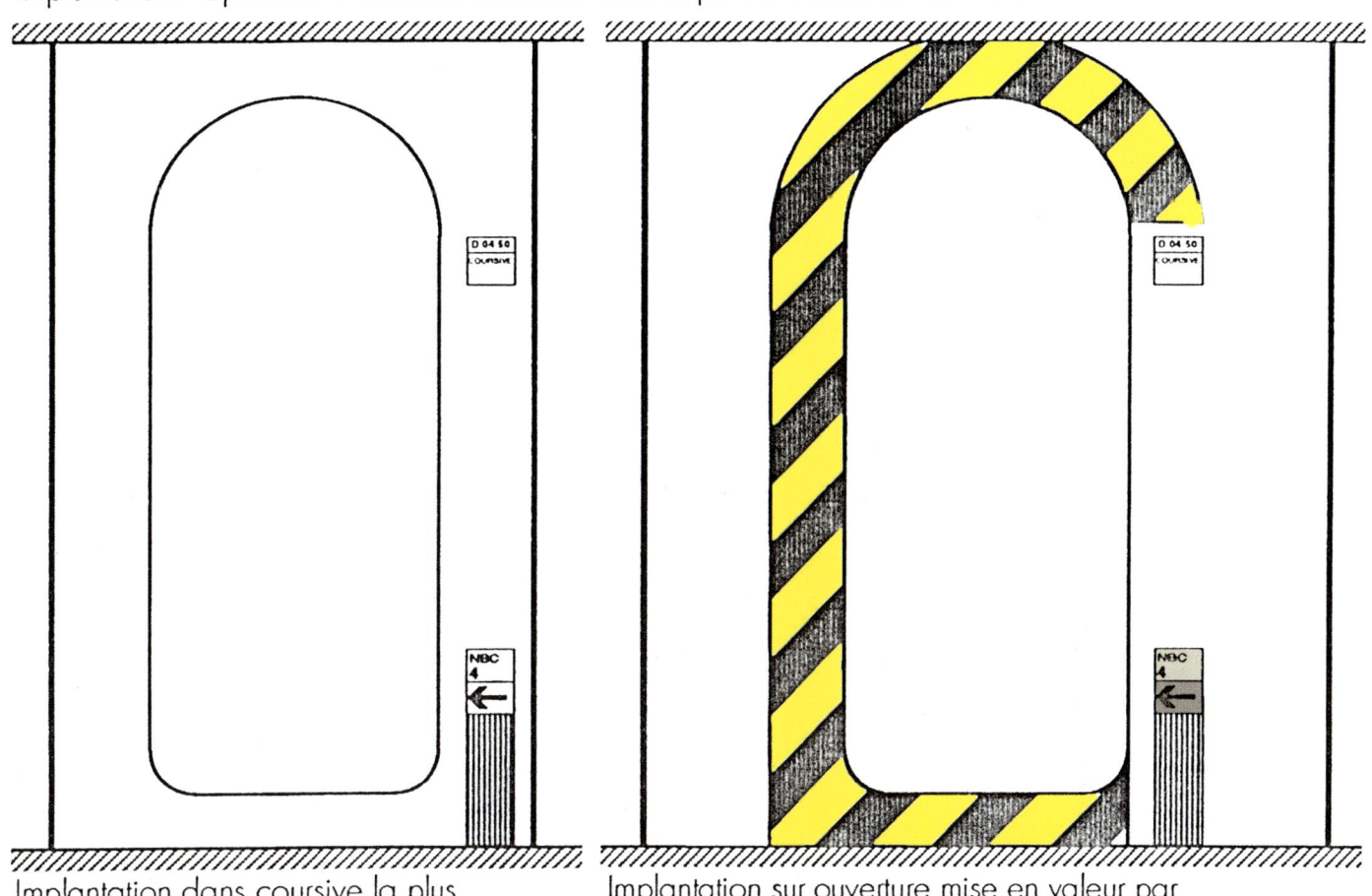

Implantations répétitives : distance minimale entre 2 portes relevée sur le PAN

Implantation dans coursive la plus étroite relevée sur le PAN

Implantation sur ouverture mise en valeur par hachures noires et jaunes (Vue sur le PA Foch)

Concept module "bannette chambre" DGA STSN / VECTEUR

Vue intérieure "bannette chambre" inférieure, couchage en position repos et ouverture occultée

4

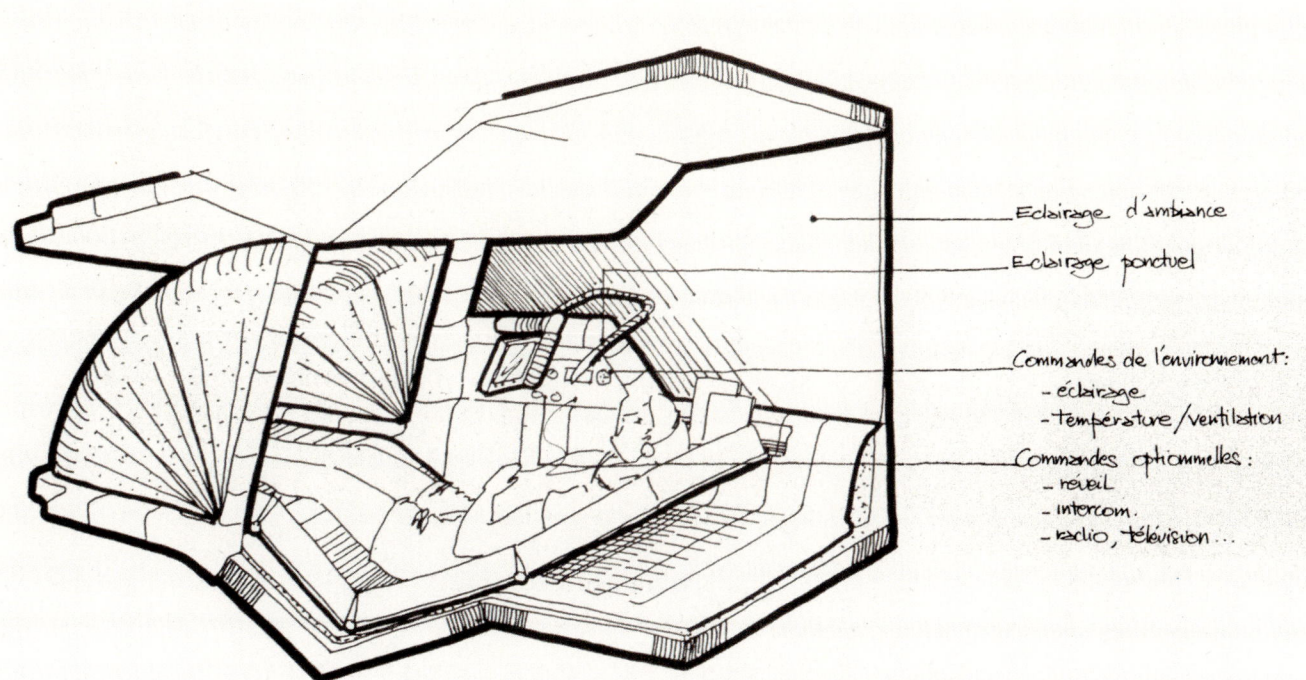

- Eclairage d'ambiance
- Eclairage ponctuel
- Commandes de l'environnement :
  - éclairage
  - température/ventilation
- Commandes optionnelles :
  - réveil
  - intercom
  - radio, télévision...

Concept module "bannette chambre"

Vue sur "Bannette chambre" inférieure et supérieure

Approche ergonomique

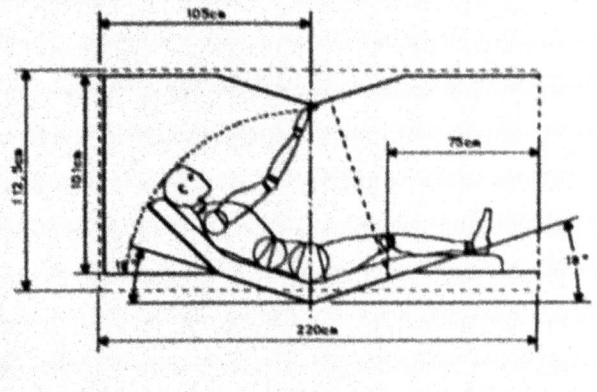

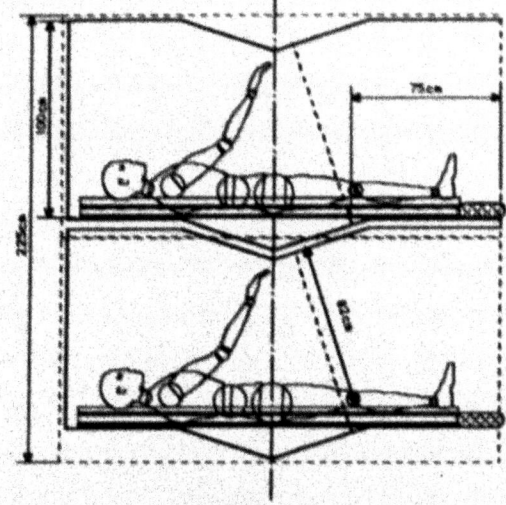

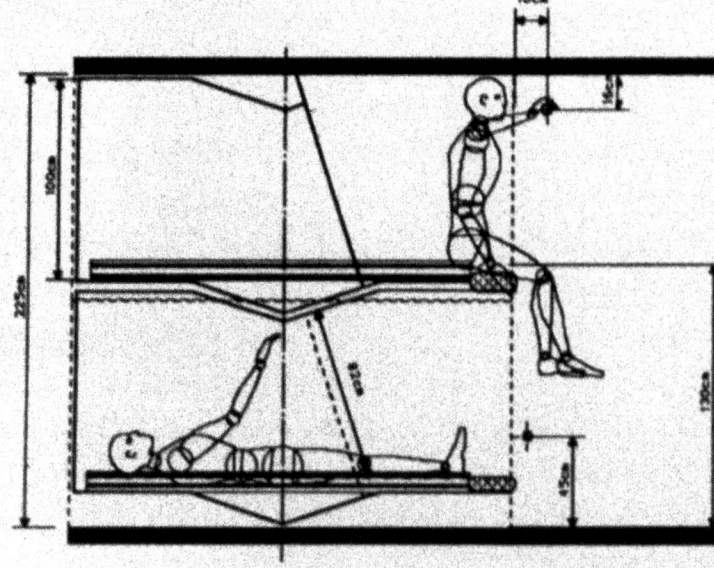

Étude de «banette chambre» pour les sous-marins du futur, 1994. Vecteur.
Studies for enclosed berths for submarines of the future, 1994. Vecteur.

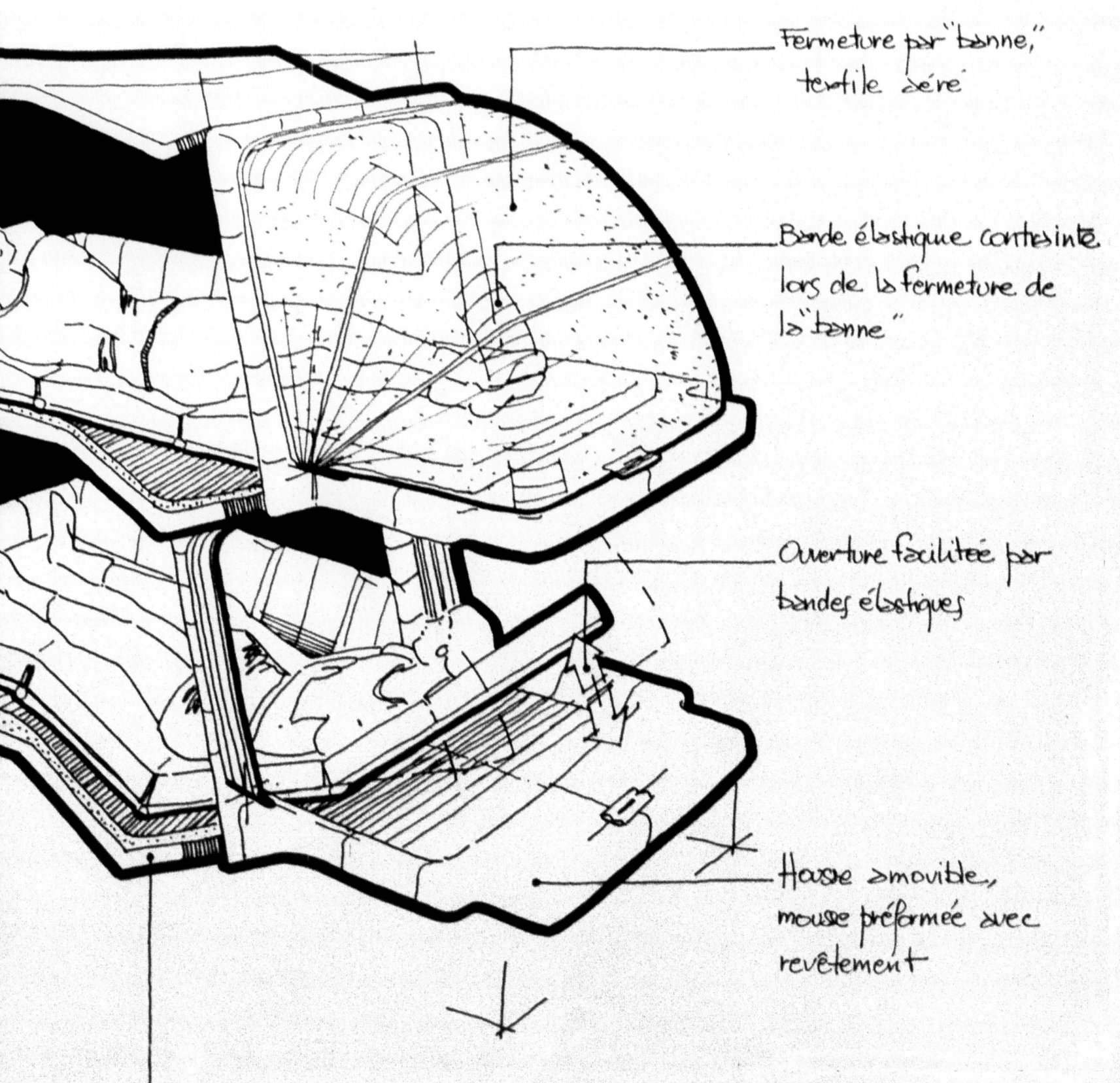

Étude de pendule de table pour le ministère de l'Industrie de l'URSS, 1977. Illustration Syd Mead. CEI.
Study for table clock for the Ministry of Industry of the USSR, 1977. Illustration Syd Mead. CEI.

Design de produits, images de marques

Product design, brand images

Pulvérisateur domestique pour plantes d'appartement, Berthoud, 1992-1993. Vecteur.
Home sprayer for houseplants, Berthoud, 1992–1993. Vecteur.

Lampe de service Catu (groupe Legrand) pour la RATP, 1988. Vecteur.
Catu (Legrand group) service lamp for the RATP, 1988. Vecteur.

En dehors des chantiers d'envergure, Michel Buffet réalise des études pour des produits domestiques et des biens d'équipements, tels que des composteurs, des distributeurs et enregistreurs de billets pour la SNCF, la RATP et Air France ; des terminaux de paiement avec ESD (Électronique Serge Dassault), un horodateur pour Schlumberger. Il conçoit une console de son pour des studios d'enregistrement, fait l'étude ergonomique d'un transpalette pour Fenwick. Il dessine du matériel électrique pour Catu, filiale du groupe Legrand, une roue pour Renault avec les fonderies Montupet, un pulvérisateur domestique et son emballage pour Berthoud et des pendules de table pour le ministère de l'Industrie de l'Union soviétique à Moscou. Cette dernière commande est le fruit du rapprochement effectué par les Soviétiques en vue d'améliorer la qualité de leurs produits manufacturés. Les échanges entre Yuri Soloviev, directeur du VNIITE, l'Institut de recherche sur l'esthétique industrielle à Moscou et Raymond Loewy, le président de l'ICSID sont à l'origine de cette demande officielle de création d'objets industriels de consommation courante effectuée à la CEI[16].

Sous l'égide du ministre des Postes et Télécommunications Robert Galley, la CEI est ainsi interrogée une première fois pour proposer une coloration fonctionnelle des nouveaux centres de tri postaux automatisés en construction. Le premier sera Nancy, suivi d'autres villes, comme Bordeaux, Amiens, Blois, Annecy.

La création et le développement d'images d'entreprises sont un autre aspect des activités de Michel Buffet. Il réalise l'image publique de La Poste, qui avait conservé jusqu'alors celle de « Poste, télégramme, téléphone ». Comme logo pour les enseignes à l'extérieur des bureaux de poste, il utilise l'oiseau bleu sur fond jaune, image qui habillait déjà les camionnettes. Comme pictogramme, il dessine une simple enveloppe avec le sigle CCP, qui sert de repère sur les boîtes à lettres. Il définit également une charte graphique appliquée à l'appréhension sur rue et pour les espaces intérieurs des bureaux de poste, ainsi qu'une coloration fonctionnelle et une signalétique pour les nouveaux centres de tri automatisés. Il crée et développe l'image d'entreprises, comme les Transports Mertz, importante société de transport de carburant en Normandie, ou Zeppelin, fabricant de bateaux pneumatiques gonflables et toboggans d'évacuation pour l'aéronautique, ou encore une nouvelle image de Total avec son développement sur l'ensemble du réseau routier. Il conçoit l'identité visuelle de la Ligne de Cœur, devenue Lyria en 2002, la nouvelle ligne de TGV reliant Paris et Lausanne destinée à une clientèle internationale, pour le groupement d'intérêt économique « France-Suisse ».

16 Cette recherche de rapprochement peu connue est relatée dans Juliet Kinchin et Alexandra Sankova, « Cold War Modern : Raymond Loewy in the US and the USSR », *Post, Notes on Modern and Contemporary Art around the Globe*, 29 mars 2016. Juliet Kinchin est conservateur du département « Architectural Design » au Museum of Modern Art de New York, et Alexandra Sankova, directrice du Moscow Design Museum, dans la revue.

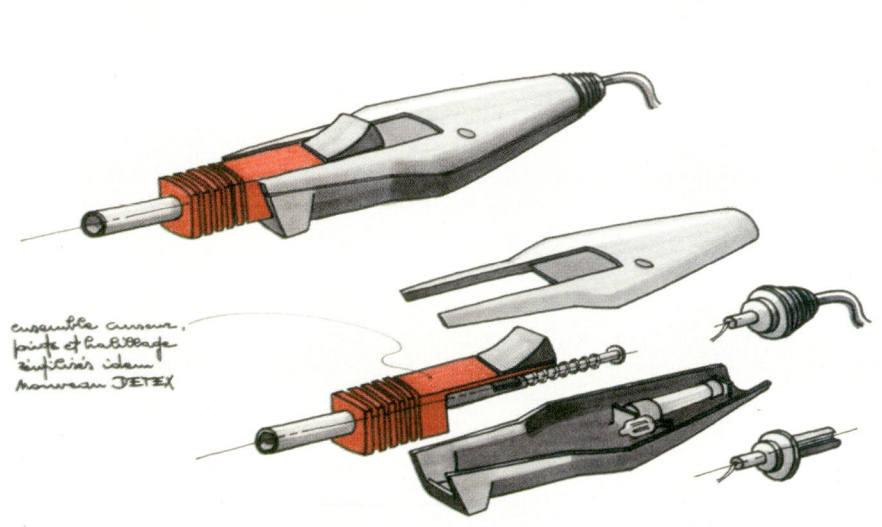
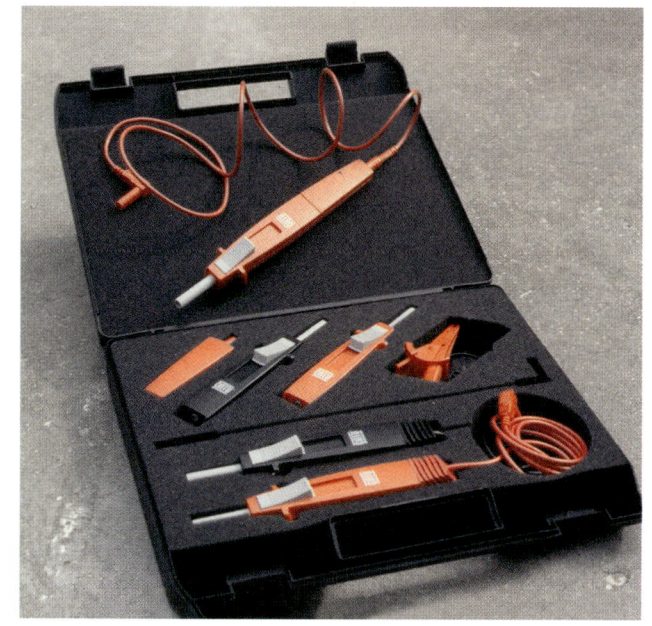

Testeurs de contrôle de tension électrique, Catu, groupe Legrand, 1987. Projet et réalisation. Vecteur.
Voltage control testers, Catu, Legrand group, 1987. Project and execution. Vecteur.

In addition to these large-scale projects, Michel Buffet carried out studies for household products and equipment such as ticket punchers, dispensers, and recorders for the SNCF, the RATP, and Air France, payment terminals with ESD (Électronique Serge Dassault), and a parking meter machine for Schlumberger. He designed an audio console for recording studios and did an ergonomics study for a pallet truck for Fenwick. He designed electrical equipment for CATU, a subsidiary of the Legrand group, a wheel for Renault with the Montupet foundries, a spray for home use and its packaging for Berthoud, and tabletop clocks for the Ministry of Industry of the Soviet Union in Moscow. This commission was the fruit of developing closer ties on the part of the Soviets, with a view to improving the quality of their manufactured products. The exchanges between Yuri Soloviev, director of the VNIITE, the research institute on industrial design in Moscow, and Raymond Loewy, president of the ICSID (International Council of Societies of Industrial Design), were the source of this official request for the creation of industrial objects for everyday use by the CEI.[16]

Under the aegis of the minister of post offices and telecommunications Robert Galley, the CEI was initially asked to propose functional coloring for the new automated letter-sorting centers being built. The first would be Nancy, followed by other cities including Bordeaux, Amiens, Blois, and Annecy.

The creation and development of corporate images was another aspect of his activities. He crafted the public image of La Poste, which until that point had kept that of "Poste, télégramme, téléphone." As a logo for the signs outside the post offices, he used a blue bird on a yellow ground, an image that was already on the post office's vans. As a pictogram, he designed a simple envelope with the acronym CCP, which served as an indicator on mailboxes. He also defined graphic guidelines for the street and interior spaces of post offices, as well as functional coloring and signage for the new automated sorting centers. He created and developed corporate images for Transports Mertz, a large fuel transport company in Normandy, for Zeppelin, the manufacturer of inflatable pneumatic boats and emergency evacuation slides for aeronautics, and a new image for Total, with its development over the entire road network. He designed the visual identity of the Ligne de Cœur, which became Lyria in 2002, the new TGV line connecting Paris and Lausanne intended for an international clientele, for the economic interest group "France-Suisse."

16 This little-known search for closer relations is related in "Cold War Modern: Raymond Loewy in the US and the USSR" by Juliet Kinchin, curator of the Architectural Design Department at the Museum of Modern Art (MoMA) of New York and Alexandra Sankova, director of the Moscow Design Museum, in the review *Post, Notes on Modern and Contemporary Art around the Globe,* of March 29, 2016.

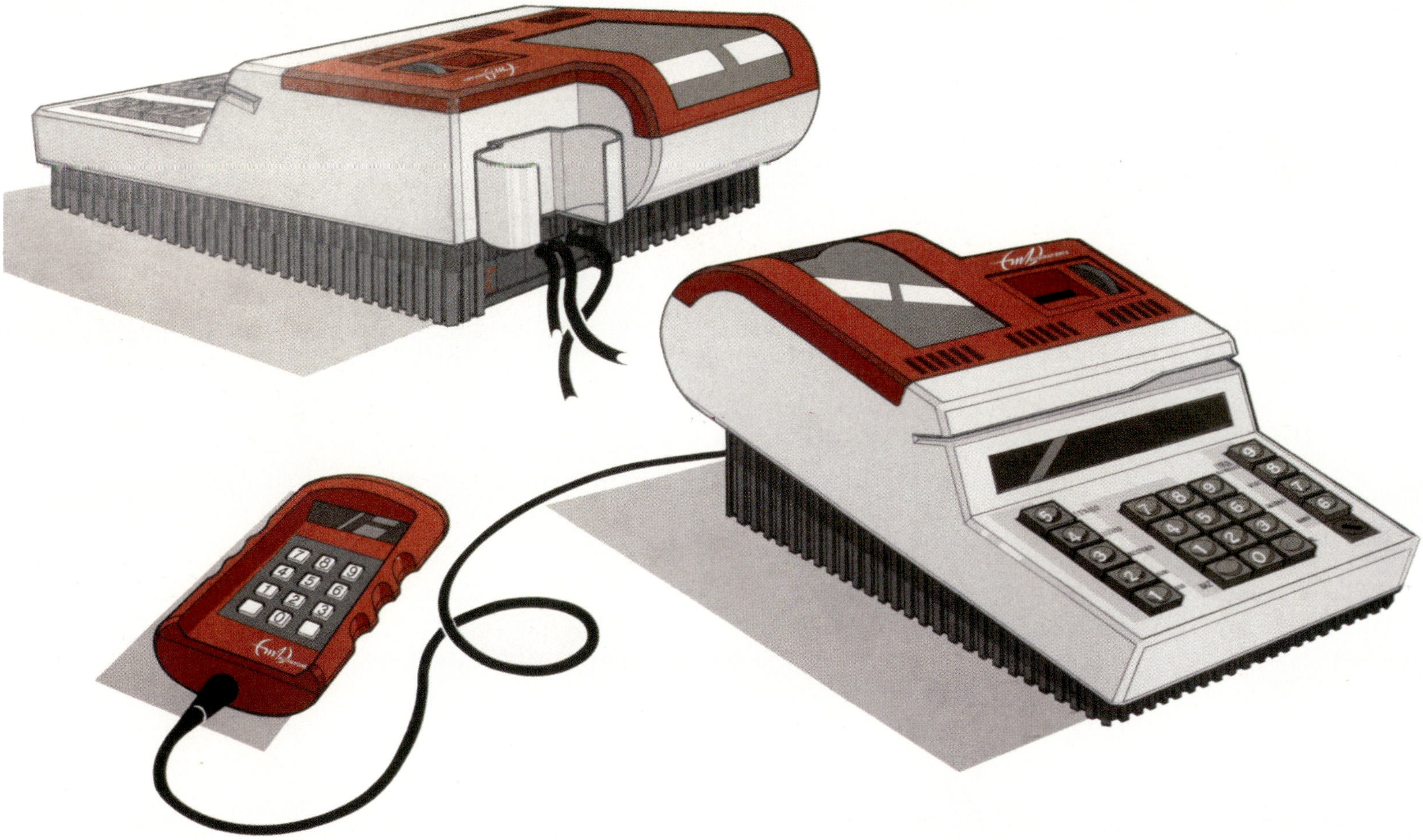

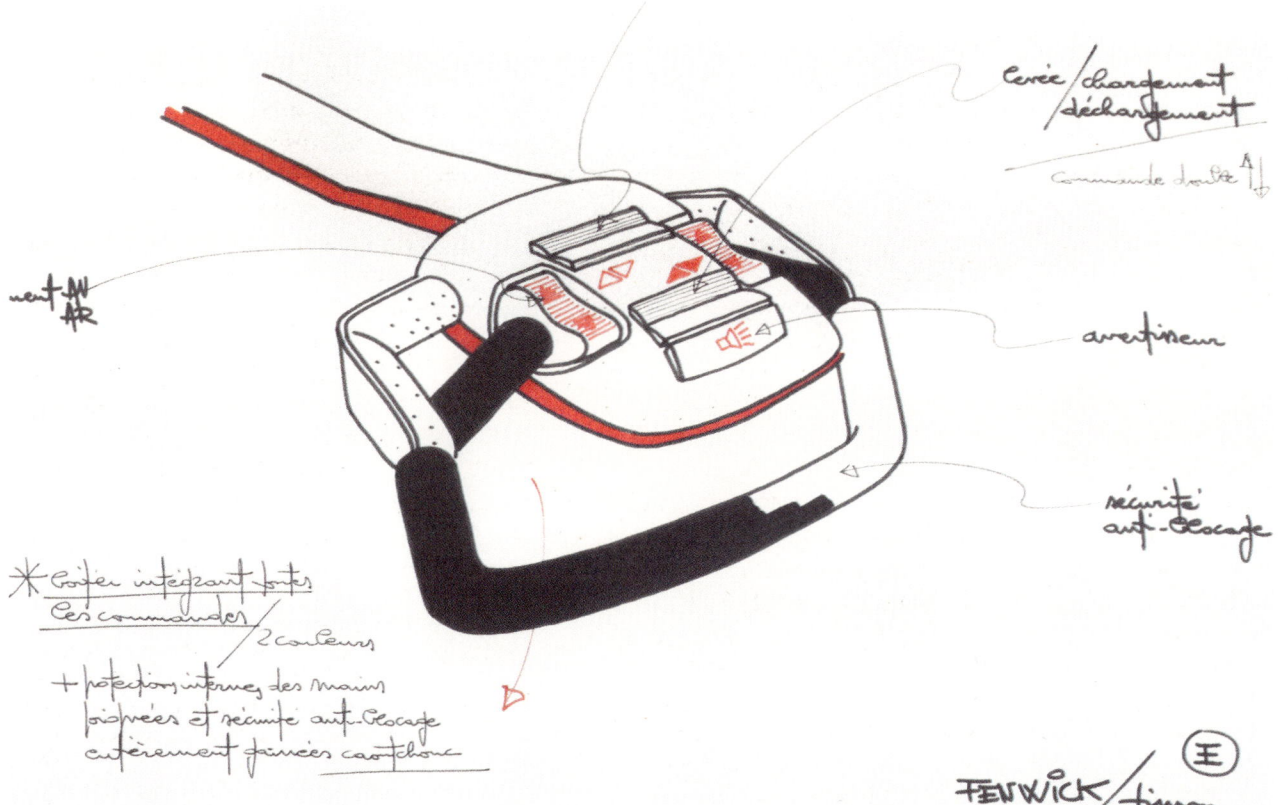

Projet de terminal de paiement, Électronique Serge Dassault, 1980-1985. CEI.
Project for a payment terminal, Électronique Serge Dassault, 1980–1985. CEI.

Étude ergonomique d'une poignée de commande pour transpalettes, Fenwick, 1988. Vecteur.
Ergonomic study for a pallet truck control handle, Fenwick, 1988. Vecteur.

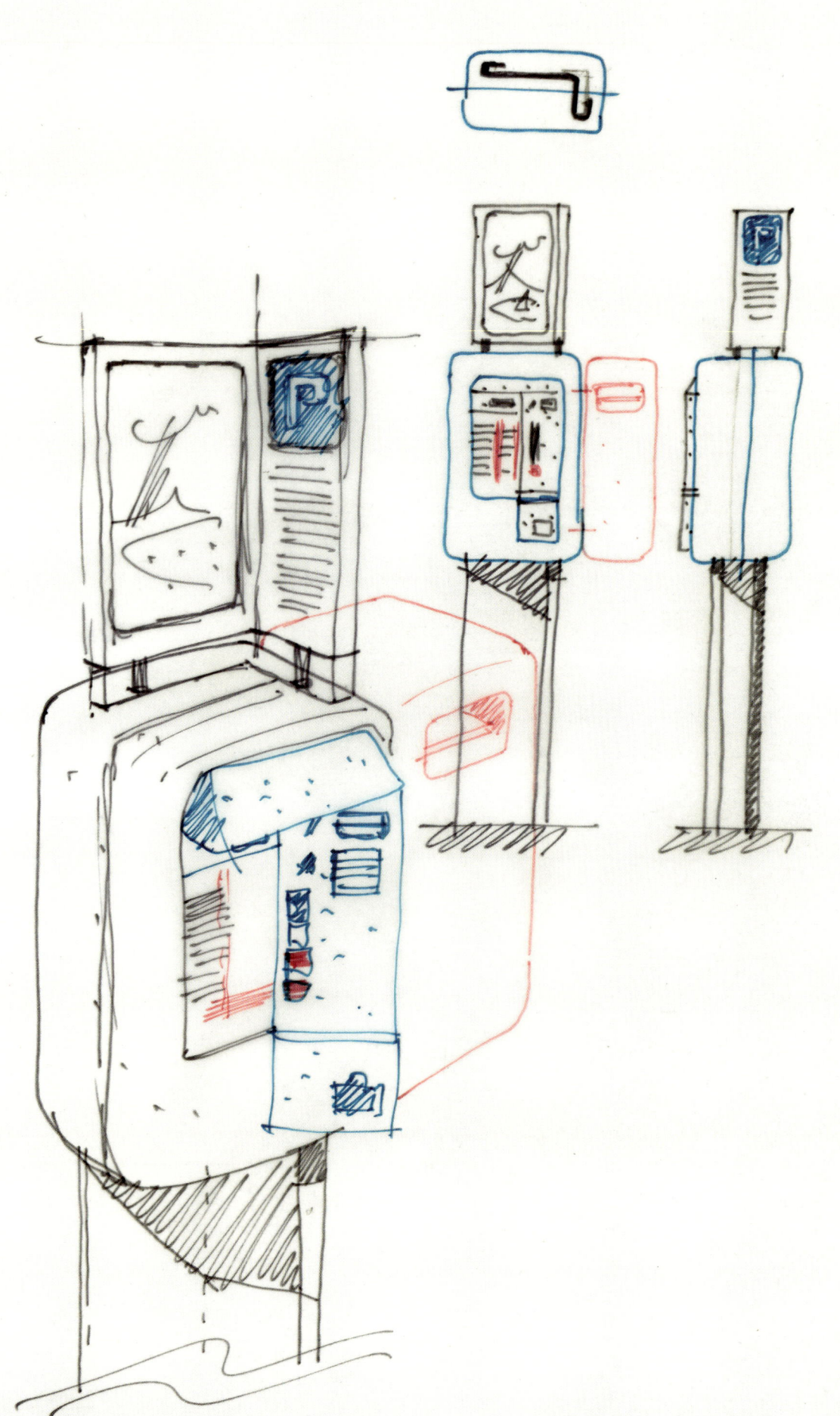

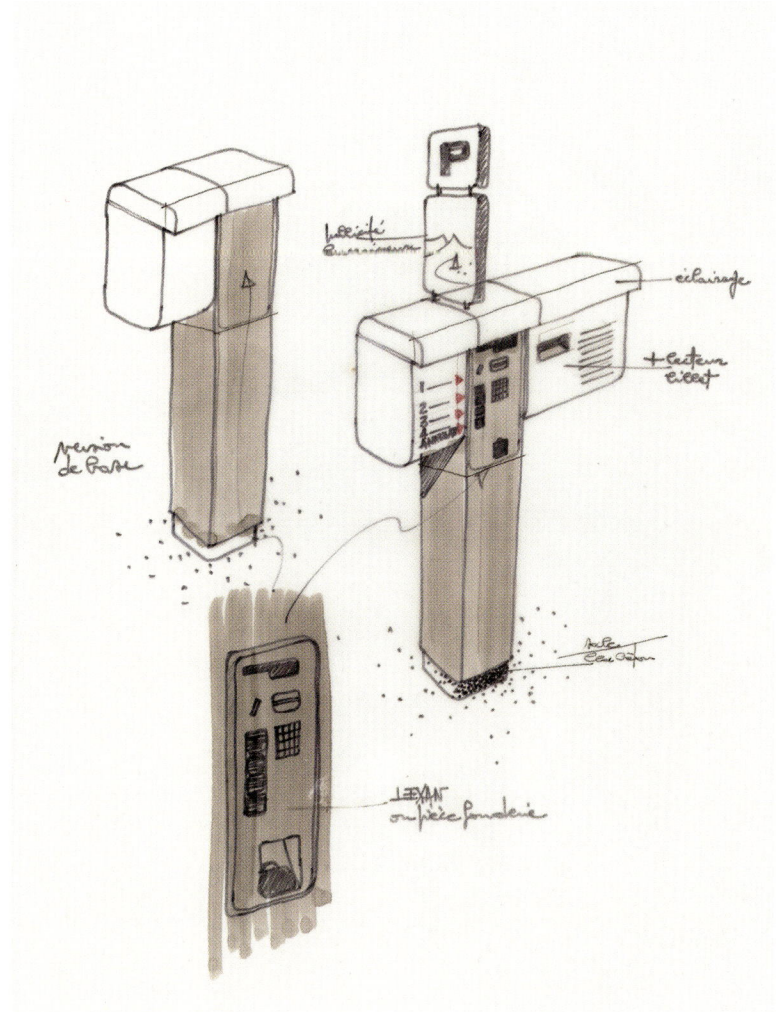
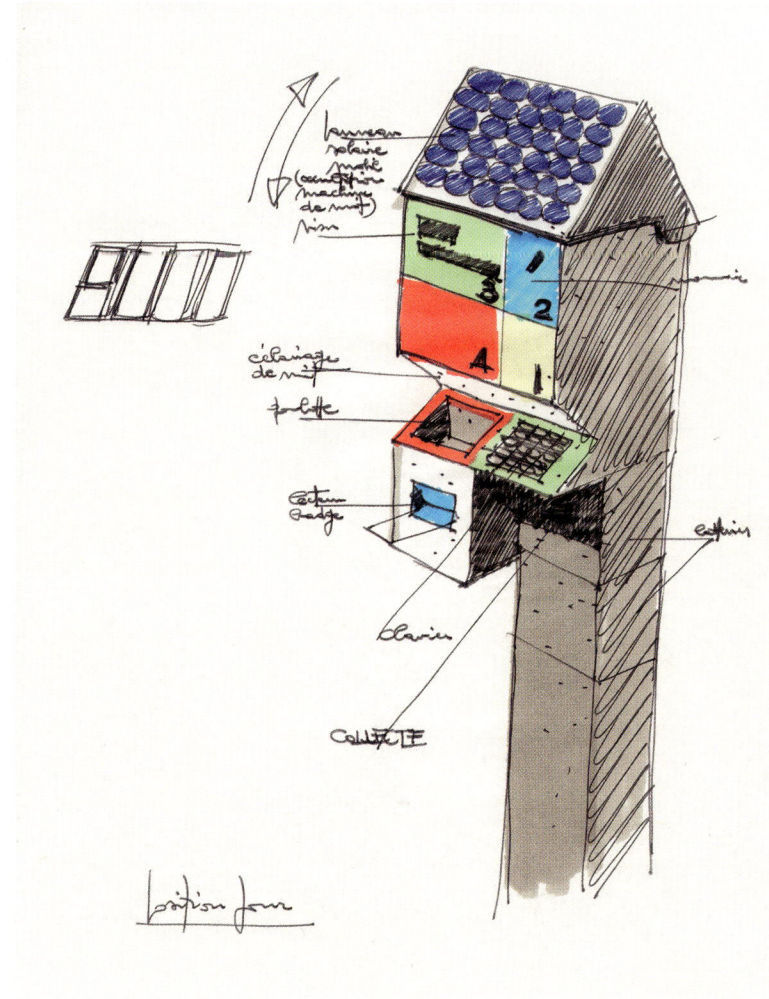

Horodateur pour Schlumberger, 1990. Projets et réalisation. Vecteur.
Parking meter for Schlumberger, 1990. Projects and execution. Vecteur.

151

Coloration fonctionnelle du nouveau centre de tri postal de Nancy, 1971. CEI.
Functional coloring of the new mail sorting center of Nancy, 1971. CEI.

Image et charte graphique pour la rue et les espaces intérieurs des bureaux de La Poste, 1972. CEI.
Image and graphic guidelines for the street and interior spaces of the La Poste post offices, 1972. CEI.

Roue pour automobile Renault, fonderies Montupet, 1994. Vecteur.
Wheel for a Renault car, Montupet foundries, 1994. Vecteur.

Logo pour Transports Mertz, société de transport de carburant, 1989. Vecteur.
Logo for the fuel transportation company Transports Mertz, 1989. Vecteur.

Logo pour Zeppelin, fabricant de bateaux pneumatiques gonflables et toboggans d'évacuation pour l'aéronautique, 1986. Vecteur.
Logo for Zeppelin, manufacturer of inflatable pneumatic boats and evacuation slides for the aeronautics industry, 1986. Vecteur.

Nouveau sigle Total conçu par la CEI et décliné sur une station-service et des uniformes. 1980-1985. CEI.
New Total logo designed by the CEI and variations for a service station and uniforms. 1980–1985. CEI.

**Détail de la cuisine *DF 2000*
reproduite en couverture de la
revue *Domus*, octobre 1969. CEI.**
Detail of the *DF 2000* kitchen
reproduced on the cover of the
review *Domus*, October 1969. CEI.

Architecture et design domestique

Architecture and design for the home

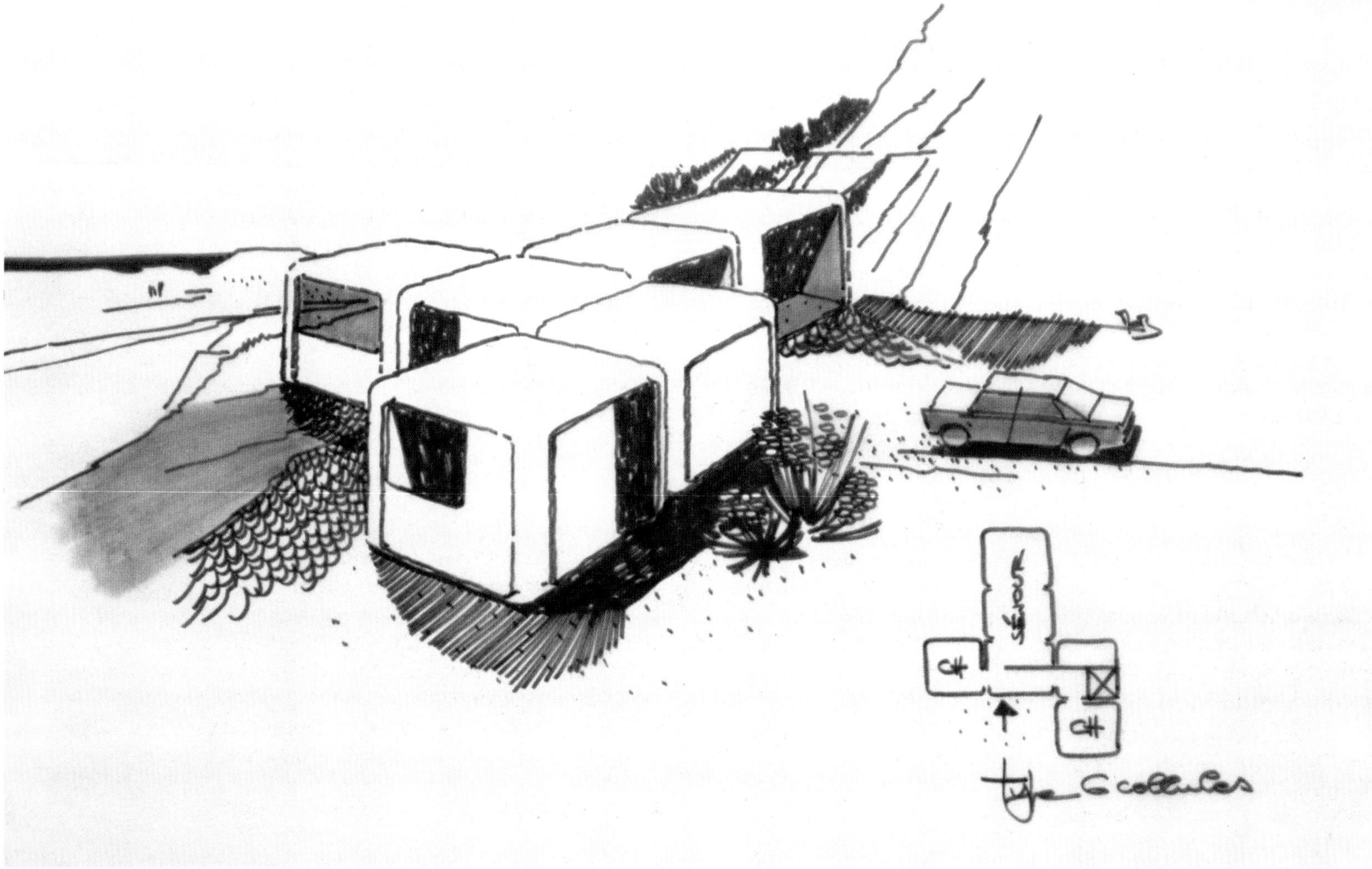

vue 6 cellules

Vue depuis l'intérieur

Architecture, projets

Ses activités de designer industriel ne font pas oublier à Michel Buffet ses recherches personnelles, auxquelles il se consacre par ailleurs. Ainsi naissent projets et réalisations.

À plusieurs reprises, il est tenté par l'architecture. En 1964, il met en œuvre un important programme d'architecture en Grèce : l'implantation d'un village de vacances et d'un port de plaisance à Panagia, sur Megalonisos, l'une des dix îles Petalis, en mer Égée, propriété familiale d'un armateur grec, Andy Embiricos. Après avoir effectué l'exploration, le choix, le dimensionnement et les relevés topographiques du site, il établit un avant-projet d'implantation globale de différents types d'habitats, sous forme de dessins et de maquettes, composant un ensemble harmonieux de maisons individuelles longues et basses, ou à deux niveaux, avec terrasses s'ouvrant sur la mer ainsi qu'un *club house* répondant aux besoins d'accueil et d'hôtellerie collective.

L'une de ces constructions fait l'objet d'un maquettage particulier, regroupant l'ensemble du vocabulaire architectural proposé, fondé sur l'observation de l'habitat traditionnel des îles de l'archipel comme de sa modernité. Ce projet doit être abandonné à la suite du coup d'État de la junte militaire grecque, en 1967.

En 1973, il conçoit un habitat basé sur le principe d'une architecture modulaire expérimentée à l'occasion du projet Maya de Shell, suivant deux axes de recherche. Le premier développe les possibilités d'un agencement horizontal d'éléments pour un habitat privé, avec l'aménagement intérieur de séjour, chambres, cuisine, sanitaires et autres pièces nécessaires à une famille. L'autre axe de recherche concerne le développement d'un habitat collectif vertical à partir de structures spatiales tridimensionnelles en poutrelles d'acier Corten dans lesquelles s'insèrent des cellules, qui constitueront des appartements de superficies différentes, ou d'autres lieux collectifs ou de service. Le choix de l'acier Corten tient à sa faculté de résister sans protection au temps, au climat et aux intempéries puisque, d'aspect rouillé, il est inaltérable. Dans les deux cas la réalisation pouvait être envisagée aussi bien en résine de synthèse armée qu'en béton cellulaire moulé.

Cependant, il renonce à ce projet, de crainte de se voir exercer une activité de promoteur.

À nouveau, en 1983, il fait le projet d'une maison méditerranéenne dans une pinède, près de Marseille pour une famille avec deux enfants, garçon et fille, ayant chacun son espace individuel, sur un terrain en longueur, orienté plein sud. Il répartit les pièces autour d'un jardin-patio, avec un grand séjour double et des chambres donnant sur une piscine en décaissé du terrain paysagé ; au même niveau, un atelier réservé à l'activité de sculpteur du père, directement accessible depuis la façade principale par un escalier donnant sur une courette ouverte et une chambre d'amis plus isolée. Ce dernier projet d'architecture reste sans suite.

Étude d'habitat conçu selon le principe des cellules modulaires du projet Maya de Shell, 1973. Page de gauche, maison à six cellules avec projet d'aménagement intérieur. Ci-contre, utilisation verticale des cellules pour un habitat collectif.
Projects for living spaces designed according to the modular cell principle of Shell's Maya project, 1973. Left-hand page, house with six cells and interior design project. Opposite, vertical use of the cells for an apartment building.

Architecture, projects

In 1964, Michel Buffet worked on a large architectural program in Greece with the siting of a vacation village and marina, the family property of a Greek ship-owner, Andy Embiricos, in Panagia on Megalonisos, one of the ten Petalis islands, in the Mediterranean Sea.

After exploring, choosing, sizing, and taking topographical measurements of the site, he drew up a preliminary global siting project for different types of homes, in the form of drawings and models, composing a harmonious whole of long and low individual houses, or two-level buildings, with terraces opening onto the sea, as well as a club house to be used as a reception center and hotel.

One of these constructions was the subject of a specific modeling that brought together all the architectural vocabulary proposed, based on the observation of the traditional habitat of this archipelago's islands as well as its modernity. This project had to be abandoned following the coup d'état of the Greek military junta in 1967.

In 1973, he designed a habitat based on the principle of modular architecture that he experimented on for Shell's Maya project, following two research tracks. The first developed the possibilities of a horizontal arrangement of elements for a private home, with the interior design of the living room, bedroom, kitchen, bathroom and other rooms needed by a family. The other research track concerned the development of a vertical apartment house based on three-dimensional spatial structures in Corten steel beams into which were inserted cells to compose apartments of different areas, or other collective or service spaces. The choice of Corten steel was made due to its ability to withstand time, climate, and poor weather without protection since its rusty appearance did not alter. In both cases, the execution could be envisaged in reinforced synthetic resin as well as molded cellular concrete. However, he abandoned this project, fearing that he might be seen as exercising a promoter's activity.

Once again, in 1983, he worked on the project of a Mediterranean house in a pine forest near Marseille for a family with two children, a boy and a girl, each child with an individual space, on an elongated plot with a southern exposure. He arranged the rooms around a garden/patio, with a large double living room and bedrooms that looked out on a swimming pool below the level of the landscaped ground; on the same level were the father's sculpture studio, directly accessible from the main façade via a staircase leading to a small open courtyard, and a more isolated guest room. This last architectural project was never built.

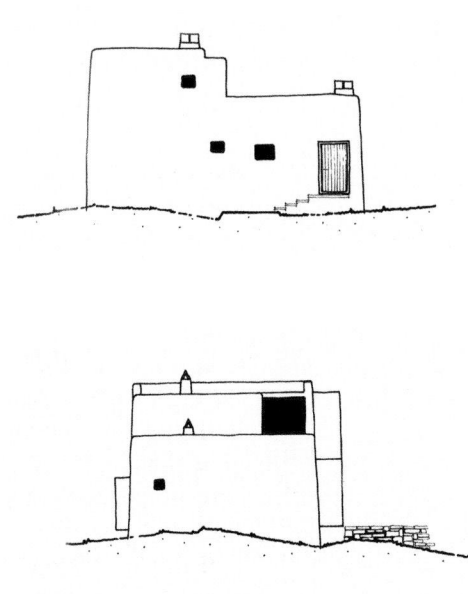

Projets d'aménagement d'un village de vacances à Panagia, 1964. Implantation du village, élévations et maquette d'une maison. CEI.
Projects for the development of a vacation village in Panagia, 1964. Siting of the village, elevations, and model of a house. CEI.

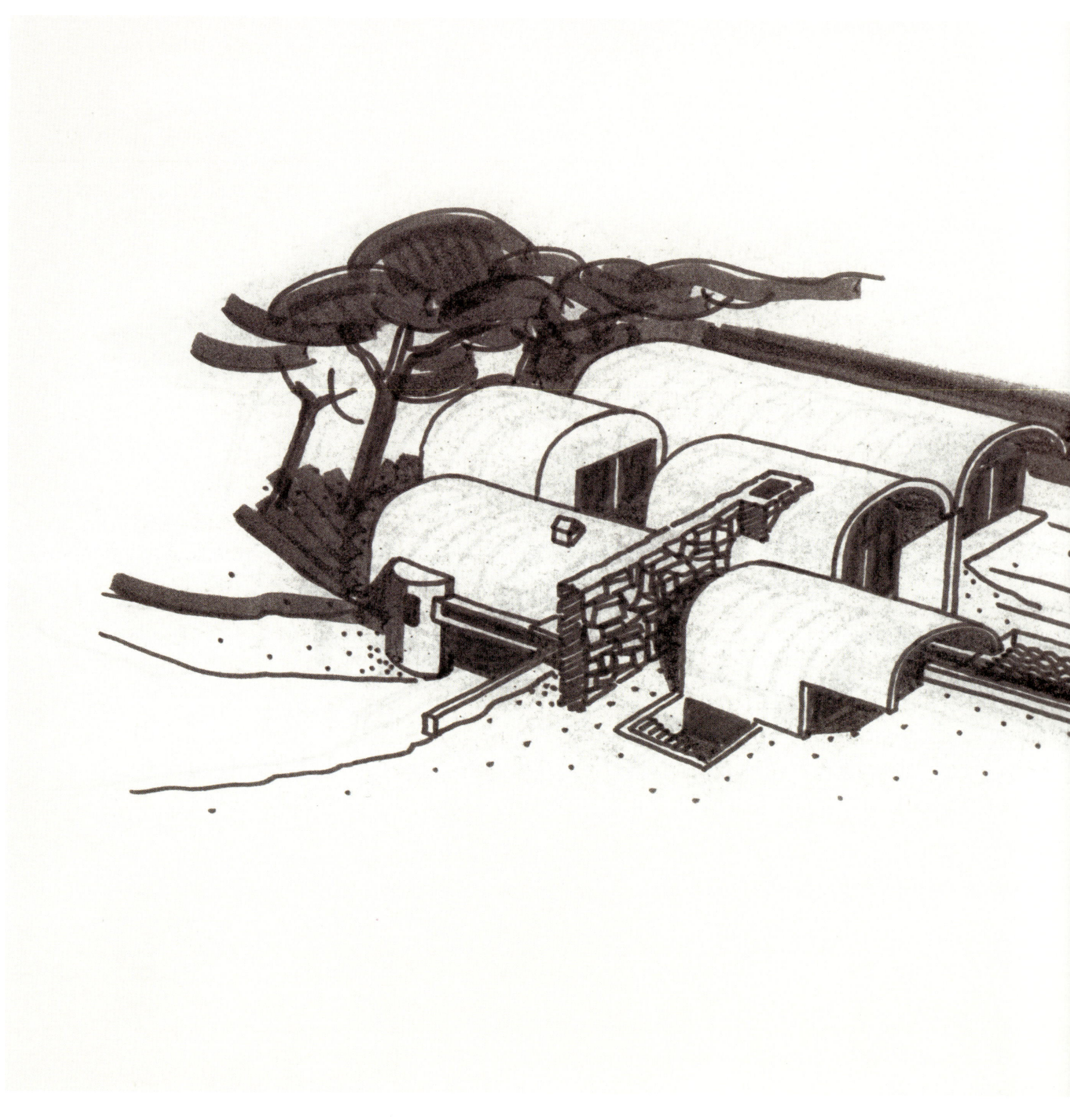

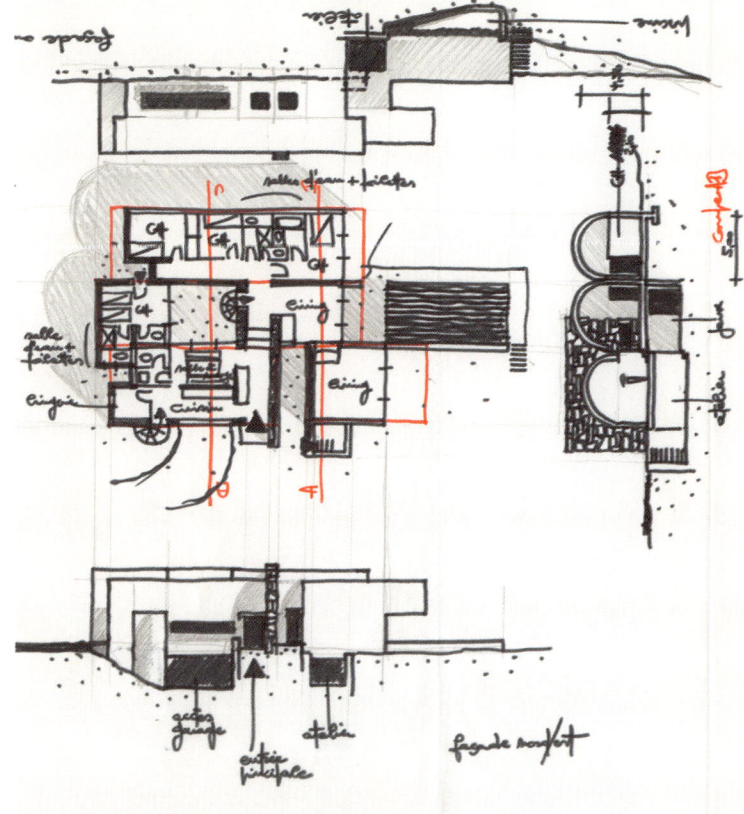

Projet pour une maison méditerranéenne, perspective et plan, 1983. Non réalisé.
Project for a Mediterranean house, perspective and plan, 1983. Not built.

Design domestique

Après avoir commencé ses activités de designer par la création de modèles de mobilier et de luminaires, Michel Buffet a l'occasion de s'atteler à une importante commande pour une cuisine, dans le cadre de ses activités à la CEI.

À la fin des années 1960, la société Doubinsky Frères, qui possède une importante usine de meubles près de Tours et qui souhaite renouveler son image en donnant un essor contemporain à sa production, fait appel à la CEI pour ses compétences dans ce domaine. Celle-ci dessine trois nouvelles collections de meubles et propose de les intituler *DF 2000*, DF comme «Doubinsky Frères», le chiffre évoquant l'an 2000, synonyme de modernité à l'époque.

Une première commande est réalisée par René Labaune, qui dirige le département «Design de produits». Elle concerne une ligne de meubles pour l'habitat et le bureau qui obtient un très bon succès d'image. L'élégance de l'ensemble tables, lits, valets de nuit et commodes, en panneaux de particules, tient au fini en laqué rouge, tandis que la finition du mobilier de bureau est «façon palissandre».

Au vu de cette réussite, en 1968 l'entreprise passe une deuxième commande à la CEI, cette fois pour une ligne de cuisine, sous la responsabilité de Michel Buffet. Celui-ci conçoit un ensemble modulaire autoportant, constitué d'éléments offrant la possibilité de nombreuses configurations, dont le montage et le démontage sont facilités, et qui comporte deux dimensions de profondeur pour améliorer le rangement intérieur. Fermés par des rideaux roulants pour éviter la gêne lors de l'ouverture des portes, ces meubles sont en panneaux de particules laqués, aux couleurs franches.

Cette ligne de cuisine obtient un fort succès médiatique. Qualifiée de «cuisine de l'an 2000» elle est facile à vivre, sans recoins, tout est à portée de main et des yeux. Sa modernité est saluée par la presse de façon spectaculaire, à tel point qu'elle figure sur la couverture de la prestigieuse revue italienne d'architecture et de design *Domus*, en octobre 1969, après son exposition au Salon du meuble la même année. Cet engouement resta néanmoins uniquement médiatique, car les négociants, bousculés dans leurs habitudes, en firent échouer la commercialisation.

Affiche *Domus, 50 ans d'architecture, design, art*, 1978.
Poster *Domus, 50 ans d'architecture, design, art*, 1978.

Page de gauche/Left-hand page
Cuisine modulaire *DF 2000*, panneaux de particules laqués, rideaux roulants et piètements métalliques, 1969. CEI.
DF 2000 modular kitchen, in lacquered particle board, blinds and metal feet, 1969. CEI.

Design for the home

After starting his activities as a designer with the creation of furniture and lighting models, Michel Buffet had the opportunity to work on a major commission for a kitchen at the CEI.

In the late 1960s, the Doubinsky Frères company, which had a large furniture factory near Tours and which wanted to renew its image by making its production more contemporary, called on the CEI for its expertise in this field. The CEI designed three new furniture collections and suggested calling them *DF 2000*, DF for "Doubinsky Frères," the number evoking the year 2000, synonymous with modernity at the time.

A first order was executed by René Labaune, who ran the product design department. It was for a furniture line for the home and office, whose image was quite a success. The elegance of the tables, beds, valets, and commodes, in fiberboard, was due to the red lacquer finish, while the office furniture had a rosewood-like finish.

Given this success, in 1968, the company placed a second order with the CEI, this time for a kitchen line, under Michel Buffet's responsibility. He designed a free-standing modular ensemble, comprised of elements offering many possible configurations, with easy mounting and dismounting, and that had two different depths to improve interior storage. Closed by roller blinds to avoid the obstruction caused by opening doors, this furniture was made in lacquered fiberboard in bright colors.

This kitchen line was a great success in the media. Described as the "kitchen of the year 2000," it was easy to live with, without nooks and crannies, with everything within easy reach and visible. Its modernity was hailed by the press in a spectacular fashion, to such an extent that it appeared on the cover of the prestigious Italian architecture and design magazine *Domus* in October 1969, after it was exhibited at the Salon du meuble in Paris that same year. This infatuation, however, remained exclusively in the media, because the dealers, set in their ways, foiled its marketing.

Cuisine modulaire *DF 2000*, panneaux de particules laqués, rideaux roulants et piètements métalliques, 1969. CEI.
DF 2000 modular kitchen, in lacquered particle board, blinds and metal feet, 1969. CEI.

Suspension *B 212*, tôle perforée laquée, édition Lignes de Démarcation.
Hanging lamp *B 212*, lacquered perforated sheet metal, issued by Lignes de Démarcation.

Des luminaires pour le XXIᵉ siècle.
Un retour aux sources

Lights for the twenty-first century.
A return to the source

De l'œuvre de Michel Buffet pour l'habitat, on retiendra tout particulièrement les luminaires. Leurs formes géométriques abstraites, sobres dans leur blancheur monochrome, leur ont permis de traverser le temps sans se démoder. Sculptures lorsqu'elles sont éteintes, elles éclairent par réflexion en un jeu d'ombre et de lumière.

À l'époque de leur création, des éditeurs spécialisés dans ce domaine, comme Robert Mathieu, Jacques Biny et Pierre Disderot, jouent un rôle important, car ils fabriquent, éditent, diffusent et exposent de jeunes créateurs dont le langage formel est nouveau. Accueillis avec une plus grande ouverture d'esprit, ces luminaires, qui appartiennent autant à la sphère technique qu'à la sphère artistique, ont introduit la modernité dans les intérieurs. Néanmoins, cette production reste alors à un niveau artisanal, car la demande n'est pas suffisante pour une production en série qui requiert un appareillage industriel coûteux. Michel Buffet choisit donc une autre voie.

Avec le retour en grâce du style des années 1950, Michel Buffet voit ses créations susciter un nouvel intérêt. L'évocation de cette époque lui semble toutefois discutable lorsque, en 1988, il est sollicité pour participer à l'exposition rétrospective « Les années 50 », organisée par le Centre Georges-Pompidou. La veille de l'inauguration, en désaccord total avec l'interprétation qu'en fait son commissaire, l'architecte Jean Nouvel, il retire son lampadaire *B 211*. En effet, les œuvres y sont exposées dans une mise en scène simulant un grenier empoussiéré. Il n'est pas le seul à s'offusquer de la légèreté avec laquelle la période est présentée. D'autres designers et acteurs de l'époque, comme Joseph-André Motte, le rejoignent et enlèvent leurs œuvres de l'exposition.

D'autres rétrospectives autour du design se poursuivent et, en 1993, le lampadaire *B 211*, qui avait été acheté par le Mobilier national, est à nouveau sélectionné pour l'exposition « Design, miroir du siècle », au Grand Palais. Enfin, en 2010, le musée des Arts décoratifs présente six de ses luminaires dans « Mobi Boom, l'explosion du design en France, 1945-1975 ». Cette dernière manifestation met en valeur de façon apaisée l'apport des décorateurs français de l'immédiat après-guerre qui ont préparé l'explosion du design dans les années 1960 en France.

Alors qu'il s'est retiré des affaires, sa carrière connaît un rebondissement inattendu quand il rencontre Claude Delpiroux, son jumeau, puisqu'ils sont nés le même jour, le même mois et la même année. Heureux hasard qui lui apporte la chaleur d'une amitié en même temps qu'une opportunité de relancer son activité de créateur. Car Claude Delpiroux, qui réédite les lampes en tôle noire de Serge Mouille, propose à Michel Buffet de rééditer ses lampes en tôle blanche, conçues elles aussi entre 1952 et 1954. Huit luminaires vont ainsi connaître une renaissance et même s'enrichir d'une petite dernière, la lampe *B 213*, grâce aux éditions Lignes de Démarcation, mais sans Claude Delpiroux, disparu brutalement.

Avec cette dernière aventure, Michel Buffet retrouve son enthousiasme d'antan. Reprenant le chemin de l'atelier, il dessine, met au point des maquettes, assiste à la découpe et au formage du métal, à l'application de la peinture, vérifie le montage et l'assemblage de ses luminaires, tout comme aux premiers temps. Michel Buffet poursuit sa quête, appréciant la vie en esthète, attentif à tout ce qui peut enrichir l'art de vivre, objectif auquel il n'a jamais renoncé.

La vie de Michel Buffet a été émaillée de hasards qui lui ont été bénéfiques. Il intègre le bureau d'études de Raymond Loewy au moment de la naissance du design industriel en France au début des années 1950, ce qui le propulse dans une carrière alors improbable parce qu'inconnue jusqu'alors. Ceci l'amène à réaliser l'habitat intérieur des avions, tandis que ce mode de transport se généralise dans les années 1960. Puis c'est la rénovation du matériel roulant des trains une décennie plus tard, des métros, et enfin l'aménagement des zones de vie des sous-marins nucléaires lanceurs d'engins dans les années 1990.

Tirant parti d'une technologie florissante, à chaque étape de sa carrière il a su transposer son expérience et son savoir-faire d'un domaine à un autre. Après avoir été tenté de s'engager dans une voie traditionnelle, son intérêt pour la technologie, sous-jacent à son goût pour l'art, va le mener vers un métier à la pointe de l'innovation, le design industriel.

Lampe à poser *B 203*, tôle d'acier laquée blanc mat et cylindre Lexan, édition Lignes de Démarcation.
Table lamp *B 203*, white-lacquered steel plate and Lexan cylinder, issued by Lignes de Démarcation.

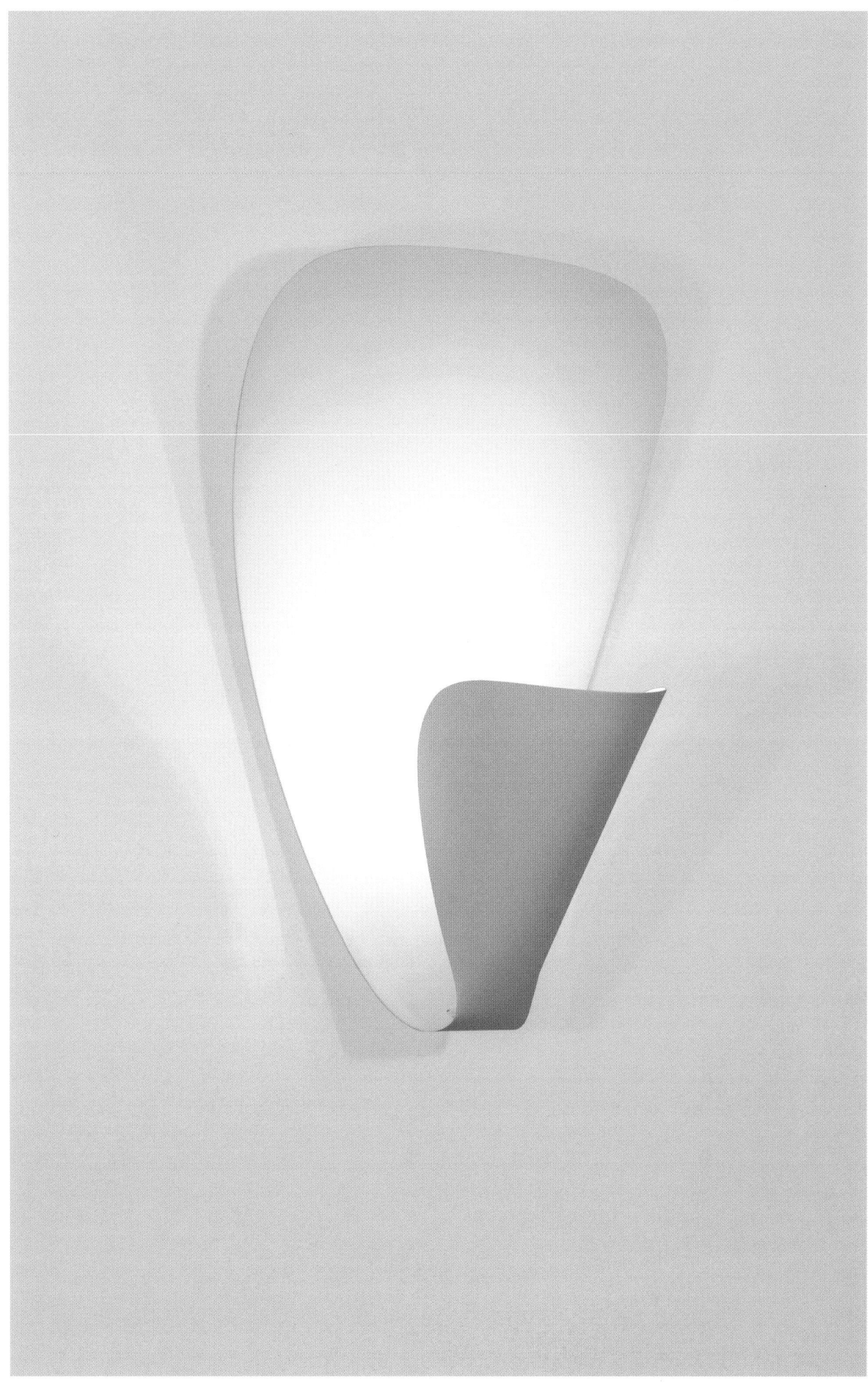

Applique *B 206*, tôle laquée blanc mat, éclairage indirect, édition Lignes de Démarcation.
Wall lamp *B 206*, matte white-lacquered sheet metal, indirect lighting, issued by Lignes de Démarcation.

Lampe à poser *B 201*, tôle d'acier laquée blanc mat et laiton poli, édition Lignes de Démarcation.
Table lamp *B 201*, matte white-lacquered steel plate and polished brass, issued by Lignes de Démarcation.

Of all Michel Buffet's works for the home, his lights would remain famous. Their abstract geometric forms, sober in their monochrome whiteness, meant they could be used in any period without ever becoming outdated. Sculptures when they were turned off, they lit by reflection in an interplay of light and shade.

At the time when they were created, issuers who specialized in this field such as Robert Mathieu, Jacques Biny, and Pierre Disderot played an important role because they manufactured, issued, distributed, and exhibited the works of young creators whose formal language was new. Welcomed with the greatest open-mindedness, these lights, which were as technical as they were artistic, introduced modernity into interiors. Nevertheless, production remained at the time on a small scale because there was not enough demand for mass production, which would require costly industrial equipment. Michel Buffet chose another path.

With the 1950s style revival, Michel Buffet saw his creations arouse new interest. The evocation of this period seemed questionable to him when, in 1988, he was asked to take part in the retrospective exhibition *Les années 50* organized by the Centre Georges-Pompidou.

On the eve of the inauguration, in total disagreement with the interpretation of the theme of its curator, the architect Jean Nouvel, he withdrew his *B 211* light. The works there were exhibited in a presentation simulating a dusty attic, and he was not the only one to take offense at the off-handedness with which the period was presented. Other designers and figures of this era, like Joseph-André Motte, joined him and removed their works from the exhibition.

Other retrospectives on design continued, and in 1993 the floor lamp *B 211*, which had been purchased by the Mobilier national, was selected again for the exhibition *Design, miroir du siècle*, at the Grand Palais. Lastly, in 2010, the Musée des Arts décoratifs presented six of his lights in *Mobi boom, l'explosion du design en France, 1945–1975*. This event properly showed the value of the contribution of French decorators of the immediate postwar period who had prepared the explosion of design in the 1960s in France.

After he had withdrawn from business, Michel Buffet's career unexpectedly rebounded when he met Claude Delpiroux, who was born on the same day, the same month, and the same year. This serendipity brought him the warmth of a friendship at the same time as an opportunity to relaunch his activity as a creator. Claude Delpiroux, who reissued Serge Mouille's black sheet-metal lamps, proposed that Michel Buffet reissue his

Applique *B 205*, tôle perforée laquée blanc mat, édition Lignes de Démarcation.
Wall lamp *B 205*, matte white-lacquered perforated sheet metal, issued by Lignes de Démarcation.

Lampe à poser pivotante *B 207*, tôle perforée laquée blanc mat et laiton verni, édition Lignes de Démarcation.
Pivoting table lamp *B 207*, matte white-lacquered perforated sheet metal and varnished brass, issued by Lignes de Démarcation.

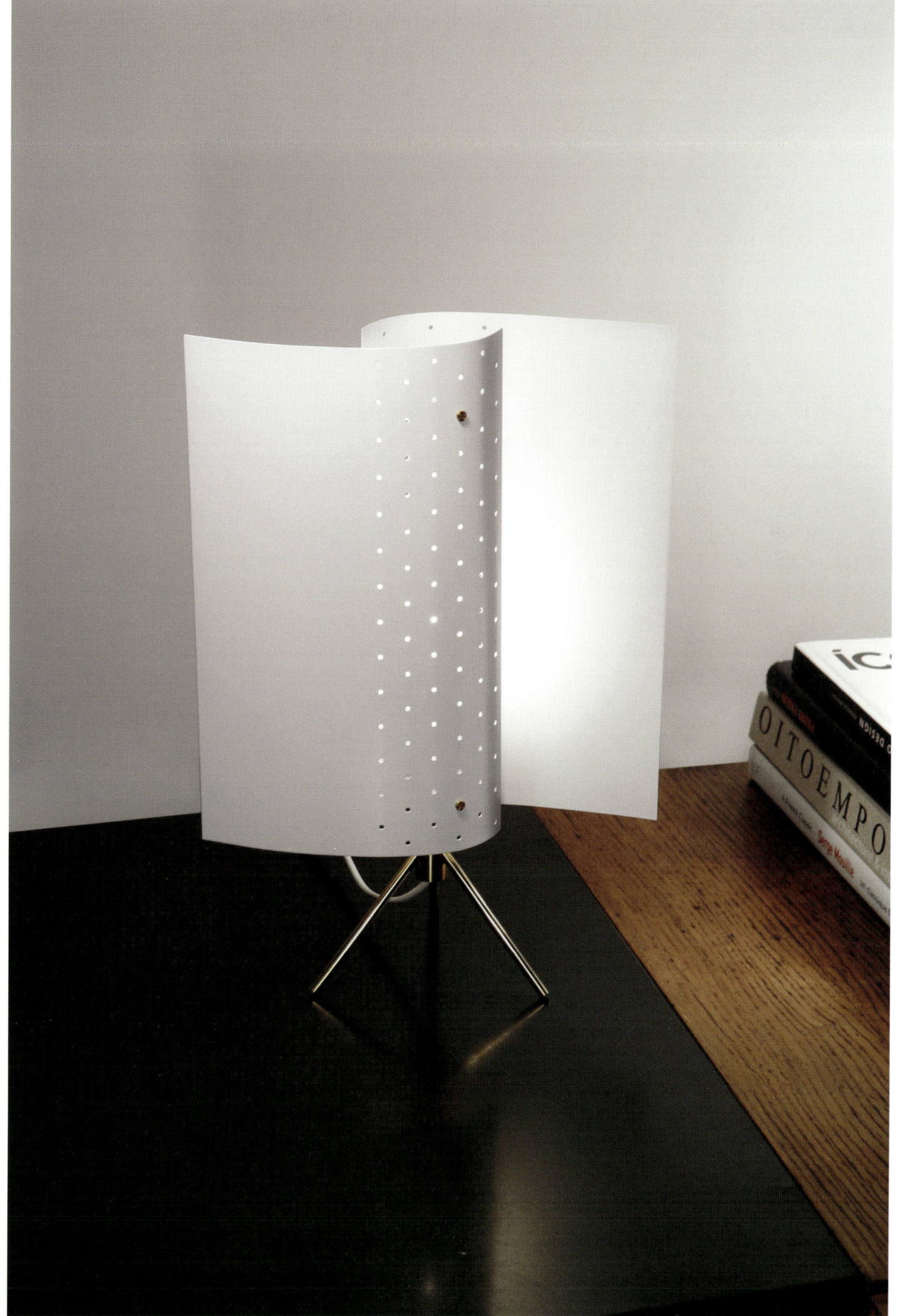

white sheet-metal lamps, also designed between 1950 and 1954. Eight lighting fixtures would be reborn and even enriched by a small new fixture, the *B 213*, thanks to the Lignes de Démarcation company, but without Claude Delpiroux, who died suddenly.

With this last adventure, Michel Buffet recovered his enthusiasm of past years. Returning to the studio, he drew, developed models, watched the cutting and shaping of the metal and the painting, and verified the mounting and assembly of his lighting fixtures, just like at his beginnings. Michel Buffet continues to pursue his quest, appreciating his life as an aesthete, attentive to everything that can enrich the art of fine living, an objective that he has never abandoned.

Michel Buffet's life has been strewn with chance events that were beneficial for him. He joined Raymond Loewy's design office at the moment when industrial design was born in France in the early 1950s, which propelled him into a career that was improbable because it was unknown until that time. This led him to design the interior of airplanes when this means of transportation became widespread in the 1960s. This was followed by the renovation of the rolling stock of trains a decade later, then metros, and lastly the design of living areas in nuclear-powered guided missile submarines in the 1990s.

Taking advantage of a flourishing technology at each step of his career, he was able to transpose his experience and know-how from one field to another. After being tempted to take a traditional path, his interest in technology, underlying his taste for art, would lead him to a profession at the cutting edge of innovation: industrial design.

Lampe à poser *Méridien B 208*, tôle perforée laquée blanc mat et laiton verni, édition Lignes de Démarcation.
Table lamp *Méridien B 208*, matte white-lacquered perforated sheet metal and varnished brass, issued by Lignes de Démarcation.

Lampadaire *B 211*, métal laqué blanc mat, édition Lignes de Démarcation.
Floor lamp *B 211*, matte white-lacquered metal, issued by Lignes de Démarcation.

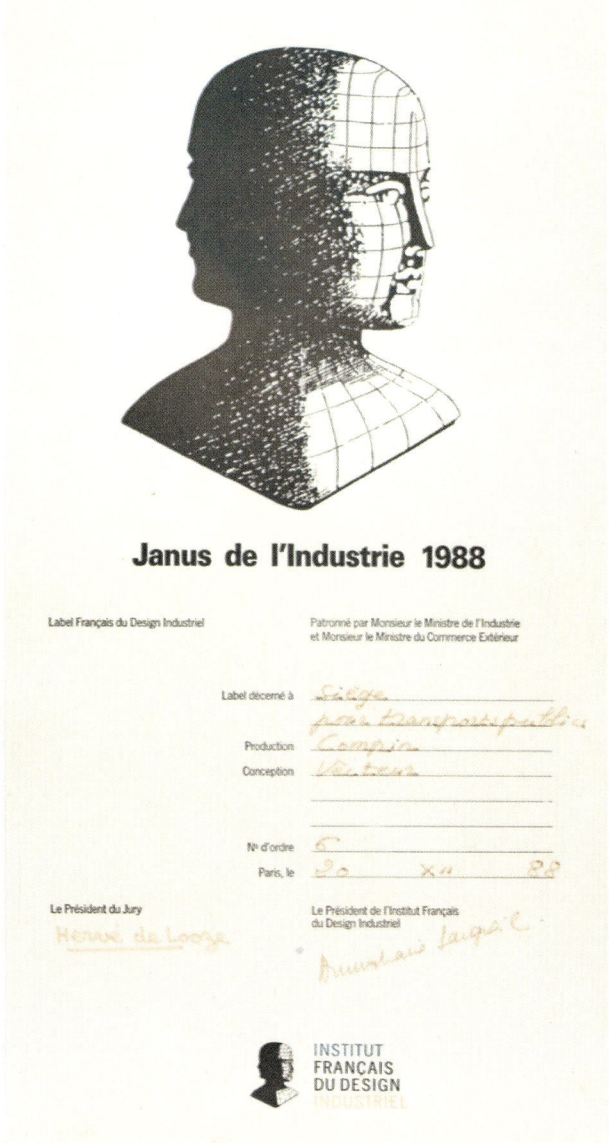

Janus de l'Industrie 1998 pour le siège *Assis-debout*, RATP, Campin fabricant, 1998.
Janus de l'Industrie 1998 for the *Assis-debout* seat, RATP, Campin manufacturer, 1998.

Annexes

Appendices

Macao et Cosmage ou l'expérience du bonheur, textes et illustrations d'Edy-Legrand, Paris, NRF, 1919. «Tout le monde connaît le plus célèbre des objets transitionnels : le nounours de l'enfant… Eh bien, pour moi […], mon nounours fut ce grand livre.» Michel Buffet

Macao et Cosma ou l'expérience du bonheur, texts and illustrations by Edy Legrand, Paris, NRF, 1919. "Everyone is familiar with the most famous transitional object: the child's teddy bear… And for me […], my teddy bear was this great book." Michel Buffet

Chronologie

1er novembre 1931
- Michel Ouvrier-Buffet naît à Paris, place de la Trinité, dans le 9e arrondissement.

1950-1959 ÉTUDES ET DÉBUTS PROFESSIONNELS

1950-1953
- Préparation à l'entrée de l'École nationale supérieure des arts et métiers avant d'intégrer sur dossier (dessins, peintures) l'École nationale supérieure des arts décoratifs (ENSAD). Il se prépare au métier d'architecte d'intérieur.
- Intense période de création pendant laquelle, parallèlement à ses études, Michel Buffet s'essaie à la peinture. Commence à dessiner des luminaires et des objets pour l'habitat, dont plusieurs seront réalisés et édités.

1953
- Sort diplômé de l'ENSAD.
- Lecture décisive du livre de Raymond Loewy, *La laideur se vend mal*.
- Salon des arts ménagers, Grand Palais : il expose trois lampes à poser et deux appliques éditées par Luminalite, société créée par Jacques Biny.
- Salon des artistes décorateurs, Grand Palais : il expose un ensemble de meubles dessinés avec Jacques Debaigts, deux fauteuils et un écritoire-porte-revues en acajou, ainsi que le lampadaire *B 211*, édité par Robert Mathieu, emblème de ses créations, qui figure dans les collections du musée des Arts décoratifs à Paris.
- Rencontre Steph Simon, qui tient une galerie dans le quartier de Saint-Germain-des-Prés à Paris, éditeur des meubles de Charlotte Perriand, de Jean Prouvé et d'Isamu Noguchi, ainsi que des luminaires de Serge Mouille. Steph Simon ne donne pas suite à la présentation de ses luminaires.
- Projet d'appartement pour Eddie Barclay et aménagement de la discothèque le Golf Drouot, où il croise Johnny Hallyday et la génération montante de la chanson française, sans suite.

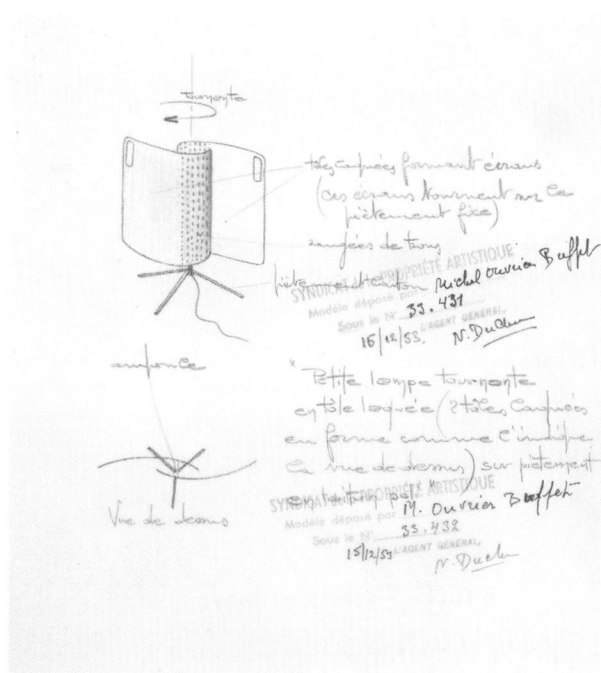

Lampe *B 207*, dépôt n° 33.431 auprès du Syndicat de la propriété artistique, 1953.
Lamp *B 207*, registration no 33.431 at the Syndicat de la propriété artistique, 1953.

1954
- Salon des arts ménagers, Grand Palais : il expose neuf luminaires en tôle laquée blanc, des appliques et des lampes à poser. Ces luminaires sont édités par Luminalite.
- Festival de la création française, Galeries Lafayette : il réalise et expose un siège de repos en fibre végétale, fabriqué par les Établissements Georges Robert, à Villefranche-de-Rouergue, édité par les Galeries Lafayette. Ce siège sera acheté par Marta Pan et André Wogensky en 1958, pour leur maison à Saint-Rémy-lès-Chevreuse.
- Triennale de Milan : il expose un siège en fibre végétale, dessiné avec Jacques Debaigts et réalisé par le Syndicat des industries du rotin.
- Salon des artistes décorateurs : il expose *Mobilier de terrasse*, ensemble de table et sièges en métal et toile tendue, dessiné avec Jacques Debaigts, ainsi que la lampe *Méridien B 208*, éditée par Luminalite.
- Il dessine avec Jacques Debaigts un autel démontable pour la chapelle de Bondy, en Seine-Saint-Denis, commandé par les Artisans du sanctuaire, association animée par François Basseville, ainsi que d'autres mobiliers de culte non réalisés.
- Il dessine avec Jacques Debaigts du mobilier pour la maison de vacances Kouaeri, au Pyla-sur-Mer, sur le bassin d'Arcachon, construite par Louis Gaume pour des membres de sa famille. Ensemble de meubles en bois : bahut, table et chaises, canapé et fauteuils, et luminaires édités par Luminalite.
- Conçoit des couverts de table en acier inoxydable avec Jacques Debaigts, qui sont primés par la Chambre syndicale des producteurs d'aciers fins et spéciaux et par les groupements professionnels de la coutellerie et couverts, lors du concours placé sous le patronage de la Société d'encouragement à l'art et à l'industrie. Ces couverts font partie des dix premiers primés. Ils seront exposés dans la sélection « Formes utiles » de l'UAM au Salon des arts ménagers de 1958.
- Nombreuses recherches sous forme de croquis et d'esquisses, projets restés dans ses cartons.
- Travaille pendant quelques mois chez Technès, bureau d'études en esthétique industrielle fondé par Jacques Viénot, rue Michel-Ange, à Paris. Il y rencontre Roger Tallon et Jean Parthenay et assiste sous leur tutelle à l'élaboration d'objets industriels.

Mai 1955-juin 1956
- Service militaire en Algérie puis au Maroc, attaché au service météorologique de l'armée de l'air. Il propose une amélioration des conditions d'observation à la Direction des instrumentations de la Météorologie nationale. Cette expérience lui permet de prendre conscience que l'un des critères essentiels du métier de designer industriel est l'ergonomie.

1956
- De retour de son service militaire, il entre à la Compagnie américaine de l'esthétique industrielle, fondée en 1952 par Raymond Loewy et alors dirigée par Harold Barnett, assisté de Pierre Gautier-Delaye. Au département « Architecture commerciale », il participe à divers projets, l'agence d'Air France sur les Champs-Élysées à Paris, des stands pour IBM, la rénovation de l'image de marque de BP, ainsi que l'aménagement de grands magasins comme L'Innovation à Bruxelles, le Printemps à Paris, entre autres. Il n'est alors responsable en titre d'aucun projet.

1957
- Salon des arts ménagers : le siège en fibre végétale, dessiné avec Jacques Debaigts et réalisé sous l'égide du Syndicat des industries du rotin, est présenté dans la sélection « Formes utiles » de l'UAM.
- Triennale de Milan : il expose une chaise en contreplaqué moulé, éditée par les Établissements Maillet, à Boulogne-sur-Seine, qui est réalisée en quelques exemplaires. Cette chaise est retenue par

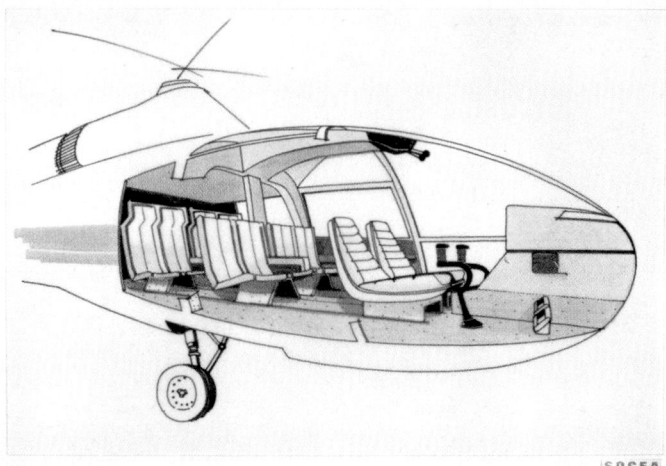

Projet d'aménagement de l'hélicoptère SA 360, version VIP avec la SOCEA, pour Sud-Aviation, 1965.
Interior design project for the SA 360 helicopter, VIP version with the SOCEA, for Sud-Aviation, 1965.

Chronology

November 1, 1931
- Michel Ouvrier-Buffet is born in Paris, on the place de la Trinité, in the 9th arrondissement.

1950–1959 STUDIES AND PROFESSIONAL BEGINNINGS

1950–1953
- Preparation for admission to the École nationale supérieure des arts et métiers before entering, based on his portfolio (works, painting), the École nationale supérieure des arts décoratifs (ENSAD). He prepares for the profession of interior architect.
- Intense period of creation during which, in parallel to his studies, Michel Buffet tries his hand at painting. Starts to design lights and objects for the home, including several that will be executed and issued.

1953
- Graduates from the ENSAD.
- Decisive reading of the book by Raymond Loewy, *La laideur se vend mal*.
- Salon des arts ménagers, Grand Palais: he exhibits three table lamps and two wall lamps issued by Luminalite, a company created by Jacques Biny.
- Salon des artistes décorateurs, Grand Palais: he exhibits a set of furniture designed with Jacques Debaigts, two armchairs and a mahogany writing case/magazine-holder, as well as the floor lamp *B 211*, issued by Robert Mathieu, an emblem of his creations that appears in the collections of the Musée des Arts décoratifs in Paris.
- Meets Steph Simon, who has a gallery in the Saint-Germain-des-Prés area in Paris, issuer of furniture by Charlotte Perriand, Jean Prouvé, and Isamu Noguchi, as well as lights by Serge Mouille. Steph Simon does not follow up on the presentation of his lights.
- Apartment project for Eddie Barclay and interior design of the Golf Drouot discothèque, where he comes across Johnny Hallyday and the rising generation of French singers, without any follow-up.

1954
- Salon des arts ménagers, Grand Palais: he exhibits nine white-lacquered sheet-metal lights, wall lamps and table lamps, issued by Luminalite.
- Festival de la création française, Galeries Lafayette: he makes and exhibits a relaxation chair in plant fiber, executed by the Établissements Georges Robert, in Villefranche-de-Rouergue, issued by Galeries Lafayette. This seat will be purchased by Marta Pan and André Wogenscky in 1958, for their house in Saint-Rémy-lès-Chevreuse.
- Milan Triennial: he exhibits a seat in plant fiber, designed with Jacques Debaigts and made by the Syndicat des industries du rotin.
- Salon des artistes décorateurs: he exhibits a set of patio furniture: table and metal and stretched canvas seat, designed with Jacques Debaigts, as well as the *Méridien B 208* lamp, issued by Luminalite.
- He designs with Jacques Debaigts a dismountable altar for the Bondy chapel, in Seine-Saint-Denis, commissioned by the Artisans du sanctuaire, an association run by François Basseville, as well as other religious furniture, not executed.
- He designs with Jacques Debaigts furniture for the Kouaeri vacation home, in Le Pyla-sur-Mer, in the Arcachon basin, built by Louis Gaume for members of his family. Set of wood furniture: side cabinet, table and chairs, sofa and armchairs, and lights issued by Luminalite.
- Designs stainless steel flatware with Jacques Debaigts, which is distinguished by the Chambre syndicale des producteurs d'aciers fins et spéciaux and by professional cutlery groups, during the competition under the patronage of the Société d'encouragement à l'art et à l'industrie. This flatware is one of the top ten awarded. It will be exhibited in the "Formes utiles" section of the UAM at the 1958 Salon des arts ménagers.
- A great deal of research in the form of sketches, projects that will remain on the drawing board.
- Works for a few months at Technès, an industrial design office founded by Jacques Viénot, on the rue Michel-Ange, in Paris. There he meets Roger Tallon and Jean Parthenay and assists in the development of industrial objects under their supervision.

May 1955 – June 1956
- Military service in Algeria, then Morocco, attached to the meteorological department of the French Air Force. He proposes an improvement in observation conditions to the Instrumentation Division of the National Weather Service. This experience makes him aware that one of the essential criteria of the industrial designer's profession is ergonomics.

1956
- On his return from military service, he enters the Compagnie américaine de l'esthétique industrielle, founded in 1952 by Raymond Loewy and directed at the time by Harold Barnett, assisted by Pierre Gautier-Delaye. In the commercial architecture department, he takes part in various projects, the Air France agency on the Champs-Élysées in Paris, booths for IBM, the renovation of the BP brand image, as well as the interior design of department stores like L'Innovation in Brussels and Printemps in Paris, among others. He is not in charge of any project at the time.

1957
- Salon des arts ménagers: the seat in plant fiber, designed with Jacques Debaigts and executed under the aegis of the Syndicat des industries du rotin, is presented in the "Formes utiles" section of the UAM.
- Milan Triennial: he exhibits a chair in molded plywood, issued by Établissements Maillet, in Boulogne-sur-Seine, which is made in a few copies. This chair is selected by Marcel Breuer's entourage to equip the pavillon des Ambassades during the construction of the UNESCO headquarters in Paris. It does not go any further because Établissements Maillet does not envisage continuing the execution and production of this seat.

1958
- He leaves the Compagnie américaine de l'esthétique industrielle to collaborate with Knoll International, which plans to create a design office in Paris, intended for an international clientele.

l'entourage de Marcel Breuer pour équiper le pavillon des Ambassades lors de la construction du siège de l'Unesco à Paris. Sans suite car les Établissements Maillet n'envisagent pas de poursuivre la réalisation et l'édition de ce siège.

1958
- Il quitte la Compagnie américaine de l'esthétique industrielle pour collaborer avec Knoll International, qui projette de créer un bureau d'études à Paris à destination d'une clientèle internationale. Les chantiers les plus marquants seront pour Saint-Gobain, le siège de l'Unesco à Paris, une villa pour la famille du shah à Téhéran et un pavillon à Turin pour le patron de Fiat, Giovanni Agnelli.
- Exposition universelle de Bruxelles : il expose la chaise en contre-plaqué moulé, édition Établissements Maillet 1957, présentée l'année précédente à la Triennale de Milan.
- Salon des arts ménagers : les couverts de table en acier inoxydable, dessinés en 1954 avec Jacques Debaigts, parmi les dix premiers primés au concours placé sous le patronage de la Société d'encouragement à l'art et à l'industrie, sont exposés dans la sélection « Formes utiles ».

1960-1985 COLLABORATION À LA CEI RAYMOND LOEWY

1960
- Rappelé par Harold Barnett, directeur de la Compagnie de l'esthétique industrielle (CEI), fondée par Raymond Loewy en 1952, pour prendre la direction du département « Architecture commerciale » et collaborer à de nombreux projets et réalisations pour des grands magasins comme De Bijenkorf à Amsterdam et La Haye, les Galeries Lafayette à Paris, des hôtels pour Hilton International, une agence bancaire pour la FNCB (First National City Bank) à Bruxelles, des stands d'exposition dont un stand modulaire pour Roland, société spécialisée dans l'impression de sacs pour l'alimentation au CNIT, les biscuiteries LU et autres grandes marques alimentaires.
Sa collaboration à la CEI durera vingt-cinq ans.

1963
- Rencontre déterminante pour sa carrière, celle d'Henry Potez, qui lui ouvre la voie de l'aéronautique.
- Projet et maquettes pour l'aménagement de l'habitacle du Potez 840. Cet avion civil se révélant peu approprié pour le transport de passagers, il restera à l'état de prototype mais ce projet l'introduit auprès de Dassault.

1964-1966
- Conception et réalisation de l'habitacle du Mystère 20, premier avion d'affaires français de Dassault. Dès sa conception, Michel Buffet est associé aux équipes du constructeur. Tandis que les ingénieurs conçoivent cellule, voilure et motorisation, il est chargé simultanément de l'accueil et du confort à bord. Il conçoit l'intérieur de la cabine passagers : éclairage, revêtements, équipements et sièges. Il s'agit d'allier esthétique et confort et de lutter contre les principaux problèmes que sont l'insonorisation et l'isolation. Il propose des variantes pour différents types d'aménagements standard de la cellule, sur catalogue pour répondre aux demandes spécifiques des différentes clientèles.
Cet avion est rebaptisé Falcon 20 pour sa commercialisation aux États-Unis où il connaît un grand succès. La compagnie Pan Am commande 169 appareils.

Siège en fibre végétale et rotin dessiné avec Jacques Debaigts, réalisé pour le Syndicat des industries du rotin, exposé à la Triennale de Milan, 1954.
Seat in plant fiber and rattan designed with Jacques Debaigts, made for the Syndicat des industries du rotin, exhibited at the Milan Triennial, 1954.

Le Mystère 20, rebaptisé Falcon 20, premier avion d'affaires français des Avions Marcel Dassault, en vol au-dessus du Bourget. Illustration publiée en couverture d'*Aviation magazine*, juillet 1963.
The Mystère 20, renamed Falcon 20, first French business jet of Avions Marcel Dassault, flying over Le Bourget. Illustration published on the cover of *Aviation magazine*, July 1963.

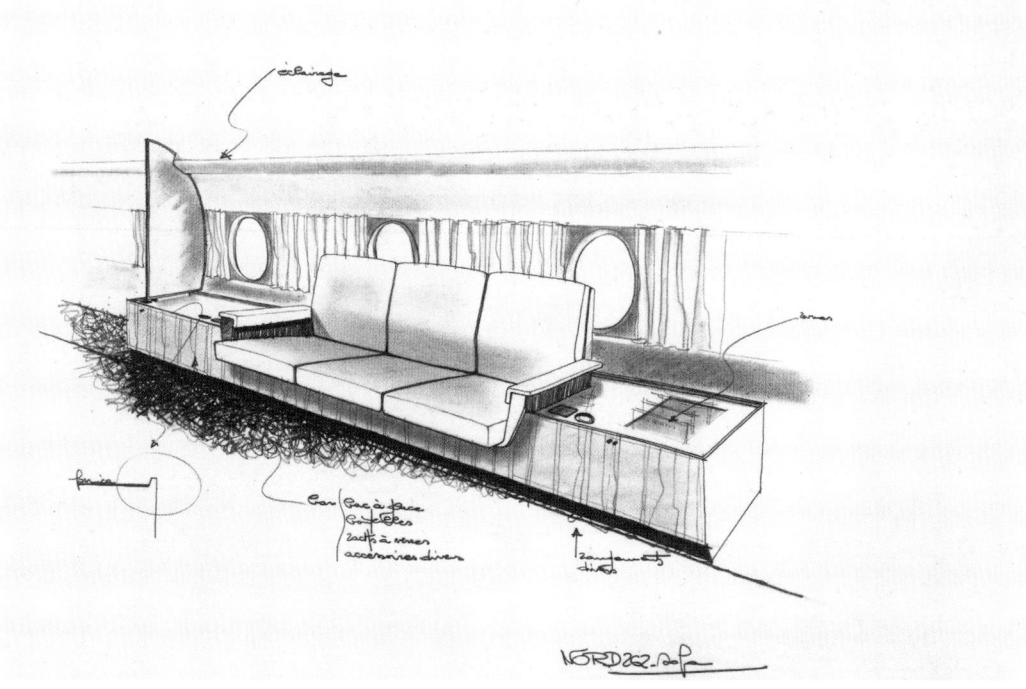

The most striking projects will be for Saint-Gobain, the UNESCO headquarters, a villa for the shah's family in Tehran, and a pavilion in Turin for the CEO of Fiat, Giovanni Agnelli.
- Universal Exposition of Brussels: he exhibits the molded plywood chair made by Établissements Maillet in 1957, presented the preceding year at the Milan Triennial.
- Salon des arts ménagers: the stainless steel flatware designed in 1954 with Jacques Debaigts, among the top ten awarded at the competition under the patronage of the Société d'encouragement à l'art et à l'industrie, is exhibited in the "Formes utiles" section.

1960–1985 COLLABORATION WITH THE CEI–RAYMOND LOEWY

1960
- Asked back by Harold Barnett, director of the Compagnie de l'esthétique industrielle (CEI), founded by Raymond Loewy in 1952, to take over the commercial architecture department and to work on many projects and executions for department stores like De Bijenkorf in Amsterdam and The Hague, Galeries Lafayette in Paris, hotels for Hilton International, a bank branch for FNCB (First National City Bank) in Brussels, exhibition booths including a modular booth for Roland, a company specializing in printing bags for food at the CNIT, the LU cookie company and other major food brands. His collaboration with the CEI will last twenty-five years.

1963
- Decisive meeting for his career, with Henry Potez, who opens the path of aeronautics to him.
- Projects and models for the interior design of the cabin of the Potez 840. As this commercial airplane proves not to be very suitable for transporting passengers it will remain a prototype, but this project introduces him to Dassault.

1964–1966
- Design and execution of the cabin of the Mystère 20, the first French business jet, built by Dassault. Right from its conception, Michel Buffet works with the builder's teams. While the engineers design the airframe, wings, and motors, he is simultaneously responsible for reception and comfort onboard. He designs the interior of the passengers' cabin: lighting, floor, wall and seat coverings, equipment and seats. He must combine aesthetics and comfort and fight against the two main problems: soundproofing and insulation. He proposes variants for different types of standard interior fittings for the airframe, ordered from catalogues to meet the specific demands of the different clienteles. This plane is renamed Falcon 20 for marketing in the United States, where it is a great success. The Pan Am company orders 169 aircraft.
- Design and execution of the cabin of the Mercure for Dassault. A small-capacity plane designed for Air Inter, only eleven of which are built, it will not have the hoped-for commercial success.
- Projects not executed for the interior design of two helicopters, the SA 360 and the SA 341 for Sud-Aviation. Personal projects.
- Design and execution in a VIP version of the cabin of the Nord 262 plane for Nord Aviation with the Socata (Société pour la construction d'avions de tourisme et d'affaires). CEI.
- Design of passenger seats and diverse equipment— as well as the very first microwave ovens for meal preparation galleys in commercial airliners, for the SIPA company, equipment-maker for the aeronautics industry. Personal project.
- Project not executed for the interior design of the cabin of the Corvette business jet, with Aérospatiale, intended to compete with Dassault's Falcon 20. Personal project.
- Project for a vacation village and marina on the Panagia site, in the Aegean sea, for the Greek ship-owner Andy Embiricos, owner of ten islands in Petalis. He takes topographical measurements, designs projects, and makes models. Not built due to the military junta's coup d'état in 1967.
- Takes part in the interior design of the children's library La Joie par les Livres, in Clamart, Hauts-de-Seine, founded by Annette Schlumberger, with the Atelier de Montrouge run by Gérard Thurnauer. He creates fixed and mobile furnishings, adapted to different ages, as well as the choice of furniture. Personal project.

1967–1974
- Design and execution of Maya ("Most Advanced Yet Acceptable") service stations for the Shell International road network. New architectural concept and new graphic image. He steers this project in collaboration with the CEI's three departments: industrial architecture and transportation, product design, and packaging and graphics. This project, with its executions and other developments, will last seven years.

1968–1969
- For the Doubinsky Frères company he designs the kitchen furniture line *DF 2000*, a modular system in lacquered fiberboard panels, with roller blinds and metal feet. This project follows an initial collaboration by the CEI with the Doubinsky Frères company for a furniture line intended for the home and the office designed by René Labaune, who ran the product design department at the CEI. This kitchen makes the cover of the Italian review *Domus* in October 1969, after its exhibition at the Salon du meuble in Paris this same year. Media success, but commercial failure.
- Studies for an unbuilt project for the aerotrain planned to link Cergy to La Défense, with the design office of the engineer Jean Bertin. Project taken as far as the wind tunnel, in the Eiffel workshops, nevertheless abandoned because insufficiently mastered.

1970
- Studies for a vehicle with a "hectometer itinerary," the Tridim, with the engineer Jean Bertin, prefiguring Matra's VAL. Despite the abandonment of the project because of the 1973 economic crisis, a prototype circulated on a test track. This project is in line with the research sphere concerned with people movers, to connect short distances, intended to serve different sites at Orly airport, or on the vast plaza of La Défense.
- A few years later, Aramis, another project of the same type, will be studied with the CIMT, in partnership with Matra, prefiguring the VAL.
- Universal Exposition of Osaka: presentation of the molded plywood chair issued by the Établissements Maillet in 1957.
- Interior design of a bank branch of the FNCB (First National City Bank), in Brussels.

1971–1972
- Cabin of the Concorde for Air France. Design of the interior space: floor, wall and seat coverings, seats with built-in folding trays and other amenities, lighting, dinnerware for onboard meal service. This service, in the collections of the Musée des Arts décoratifs in Paris through a donation by Michel Buffet, also appears in the collections of the Musée national Adrien-Dubouché-Cité de la céramique, in Limoges.
- Study without follow-up of the flight attendants' uniforms for the Concorde, as well of the design of the passengers' itinerary from their arrival at the airport to

- Conception et réalisation de l'habitacle du Mercure pour Dassault. Avion de petite capacité conçu pour Air Inter, construit en seulement onze exemplaires. Il n'aura pas le succès commercial escompté.
- Projets sans suite d'aménagement de deux hélicoptères, le SA 360 et le SA 341 pour Sud-Aviation. Projets personnels.
- Conception et de réalisation en version VIP de l'habitacle de l'avion Nord 262 pour Nord Aviation avec la Socata (Société pour la construction d'avions de tourisme et d'affaires). CEI.
- Conception de sièges passagers et d'équipements divers – ainsi qu'un des tout premiers fours à micro-ondes destinés aux *galleys* de restauration des avions de ligne, pour la société Sipa, équipementier pour l'industrie aéronautique. Projet personnel.
- Projet sans suite d'aménagement de l'habitacle de l'avion d'affaires Corvette, avec l'Aérospatiale, destiné à concurrencer le Falcon 20 de Dassault. Projet personnel.
- Projet de village de vacances et de port de plaisance à Panagia, sur l'île Megalonisos, en mer Égée, pour l'armateur grec Andy Embiricos, propriétaire de dix îles à Petalis. Il réalise des relevés topographiques, des projets et des maquettes. Sans suite en raison du coup d'État de la junte militaire grecque en 1967.
- Participe à l'aménagement de la bibliothèque pour enfants La Joie par les Livres, à Clamart, Hauts-de-Seine, fondée par Annette Schlumberger, avec l'Atelier de Montrouge animé par Gérard Thurnauer. Il réalise les aménagements fixes et mobiles, adaptés à différents âges, ainsi que le choix des mobiliers. Projet personnel.

1967-1974
- Conception et réalisation des stations-service Maya (« *Most Advanced Yet Acceptable* ») destinées au réseau routier de Shell International. Nouveau concept architectural et nouvelle image graphique. Il pilote ce projet en collaboration avec les trois départements de la CEI : « Architecture industrielle et transport », « Design de produits », « Packaging et graphisme ». Ce projet, avec ses réalisations et autres développements, dure sept ans.

1968-1969
- Il conçoit pour la société Doubinsky Frères la ligne de mobilier de cuisine *DF 2000,* système modulaire en panneaux de particules laqués, rideaux roulants et piètements métalliques. Ce projet fait suite à une première collaboration de la CEI avec la société Doubinsky Frères pour une ligne de mobilier destinée à l'habitat et le bureau conçue par René Labaune, qui dirigeait le département « Design de produits » à la CEI.

Cette cuisine fait la couverture de la revue italienne *Domus*, en octobre 1969, après son exposition au Salon du meuble de Paris la même année. Succès médiatique, mais échec commercial.
- Études pour un projet non réalisé pour l'aérotrain devant relier Cergy à la Défense, avec les bureaux d'études Jean Bertin. Projet mené jusqu'en soufflerie chez Eiffel, néanmoins abandonné car insuffisamment maîtrisé.

1970
- Études pour un véhicule dit à parcours hectométrique, le Tridim, avec Jean Bertin, préfigurant le VAL de Matra. Malgré l'arrêt du projet en raison de la crise économique de 1973, un prototype circula sur une voie d'essais. Ce projet se situe dans la mouvance des recherches qualifiées de *people movers*, pour relier de courtes distances, destinées à desservir différents sites sur l'aéroport d'Orly, ou sur la dalle de la Défense. Quelques années plus tard, Aramis, autre projet du même type, sera étudié avec le CIMT, en partenariat avec Matra, préfigurant le VAL.
- Exposition universelle d'Osaka : présentation de la chaise en contre-plaqué moulé, édition Établissements Maillet 1957.
- Aménagement d'une agence bancaire de la FNCB (First National City Bank) à Bruxelles.

1971-1972
- Cabine du Concorde pour Air France. Conception de l'espace intérieur : revêtements, sièges intégrant tablettes et autres commodités, éclairage, vaisselle du service à bord. Ce service à bord, entré dans les collections du musée des Arts décoratifs à Paris par un don de Michel Buffet, figure également dans les collections du Musée national Adrien-Dubouché-Cité de la céramique, à Limoges.
- Étude sans suite des uniformes des hôtesses et stewards du Concorde, ainsi que de l'aménagement du parcours passagers à leur arrivée à l'aéroport jusqu'au salon d'accueil VIP, également au programme. Suivront la conception et la réalisation de plateaux-repas pour la classe éco, ainsi que pour la toute nouvelle classe Le Club.
- Étude sans suite pour la rénovation des cabines de l'ensemble de la flotte d'Air France.
- Réalisation pour La Poste de sa première image publique et d'une charte graphique appliquée à l'appréhension sur rue et pour les espaces intérieurs des bureaux de poste, ainsi qu'une coloration fonctionnelle et une signalétique pour les nouveaux centres de tri automatisés : Nancy, Bordeaux, Annecy, Blois, entre autres.

Hall d'accueil de la First National City Bank, Bruxelles, 1970. Sols en marbre, parois en Formica, banque et bureaux en bois exotique, sièges Knoll. CEI.
Lobby of the First National City Bank, Brussels, 1970. Marble floors, Formica partition walls, bench and desks in tropical wood, Knoll seats. CEI.

Page de gauche/Left-hand page
Projet d'aménagement d'une cabine avec sofas du Nord 262, 1966. CEI.
Interior design project for a cabin with sofas of the Nord 262, 1966. CEI.

- the VIP lounge, also in the program. The design and execution of meal trays for economy class as well as a brand-new class, Club, will follow.
- Study without follow-up for the renovation of the cabins of the entire Air France fleet.
- Execution for La Poste of its first public image and graphics guidelines, applied to street furniture and the interior spaces of post offices, as well as functional coloring and signage for the new automated sorting centers: Nancy, Bordeaux, Annecy, Blois, among others.

1973
- Interior design of the Les Ulis 2 shopping mall.
- Interior design of the cafeteria of a shopping center in Beauvais.
- Design of the Saint-Gobain Vitrage booth, at the Salon Batimat.
- Habitat project, according to the modular architecture principle stemming from the Maya project for Shell International. Not built.

1973–1974
- Execution, with the engineer Jean Bertin, of the Naviplane N 500, a commercial hovercraft for the Société d'étude et de développement des aéroglisseurs marins (Sedam). Two of them are built in 1976. The Naviplane N 500-02 *Ingénieur Jean Bertin* is operated on the cross-channel link between Dover and Calais as of 1978 by the Seaspeed company, a subsidiary jointly owned by British rail and the SNCF. It operates at the time alongside the British hovercraft SR.N4. In 1981, it is sold to the British company Hoverspeed, resulting from the merger of Seaspeed and its competitor Hoverlloyd, which will cease its use in 1983.
- Electronic display panels Engineering Construction.

1975–1976
- Projects and models for the interior design of the cars of the first high-speed train, the TGV Paris-Sud-Est. Short-lived competition, Alsthom, the builder, having decided to handle the entire project management.
- Executions for different manufacturers: Tavaro-Elna (functional coloring for a new factory near Lausanne); Euroceral (functional and technical coloring for a completely automated factory for the nuclear sector, in Vendargues, near Montpellier).

1977–1978
- Studies for the rolling stock of the Sprinter for the NS, the Dutch national railroad company: design of the trains, interiors, seats, luggage racks, lighting. Project not executed but decisive, preparing him for many creations in the railroad sector.
- Work on the MI 79: all the rolling stock of lines A and B of the Paris RER for the SNCF and the

Projet d'aménagement pour le métro de Téhéran, vers 1980. Illustration Syd Mead. CEI.
Project for the interior design of the Tehran metro, ca. 1980. Illustration Syd Mead. CEI.

Aménagement intérieur du mail commercial Les Ulis 2, 1973. Plafond en staff et métal, cabines téléphoniques suspendues, bancs en béton et bois. CEI.
Interior design of the Les Ulis 2 shopping mall, 1973. Plaster and metal ceiling, hung plaster telephone booths, concrete and wood benches. CEI.

Stand Saint-Gobain Vitrage, Salon Batimat, réalisé à l'occasion du lancement de la marque, 1973. CEI.
Saint-Gobain Vitrage booth, Salon Batimat, created on the occasion of the brand's launch, 1973. CEI.

Projet de mâts-totems et de signalétique des parkings du centre commercial Les Ulis 2, 1973. CEI.
Project for mast-totems and parking signage for the Les Ulis 2 shopping center, 1973. CEI.

1973
- Aménagement du mail commercial pour Les Ulis 2.
- Aménagement de la cafétéria d'un centre commercial à Beauvais
- Aménagement du stand Saint-Gobain Vitrage, au Salon Batimat.
- Projet d'habitat, selon un principe d'architecture modulaire issu du projet Maya pour Shell International. Sans suite.

1973-1974
- Réalisation, avec l'ingénieur Jean Bertin, du Naviplane N 500, un aéroglisseur de transport commercial pour la Société d'étude et de développement des aéroglisseurs marins (Sedam). Deux exemplaires sont construits en 1976. Le Naviplane N 500-02 *Ingénieur Jean Bertin* est exploité sur la liaison transmanche entre Douvres et Calais à partir de 1978 par la société Seaspeed, filiale commune de British Rail et de la SNCF. Il opère alors aux côtés des aéroglisseurs britanniques SR.N4. En 1981, il est cédé à la société britannique Hoverspeed, issue de la fusion de Seaspeed et de sa concurrente Hoverlloyd, qui arrêtera son utilisation en 1983.
- Panneaux d'affichage électronique pour Engineering Construction.

1975-1976
- Projets et maquettes pour l'aménagement des voitures du premier TGV Paris-Sud-Est. Concours sans lendemain, Alsthom, le constructeur, ayant décidé d'en assurer l'entière maîtrise.
- Réalisations pour différents industriels : Tavaro-Elna (coloration fonctionnelle d'une nouvelle usine près de Lausanne) ; Euroceral (coloration fonctionnelle et technique d'une usine entièrement automatisée pour le nucléaire, à Vendargues, près de Montpellier).

1977-1978
- Études pour le matériel roulant du Sprinter pour la NS, la société des chemins de fer néerlandaise : dessin des rames, aménagement intérieur, sièges, porte-bagages, éclairage. Projet non réalisé mais décisif, le préparant à de nombreuses réalisations dans le domaine ferroviaire.
- Réalisation du MI 79 : l'intégralité du matériel roulant des lignes A et B du RER parisien pour la SNCF et la RATP, de la conception extérieure des caisses jusqu'à l'aménagement intérieur des voitures et l'ergonomie du poste de conduite, la conception des sièges, des revêtements, de l'éclairage, ainsi que la signalétique. Suivi du prototype roulant jusqu'à son exploitation industrielle et sa mise en ligne.
- Développement d'un revêtement de sol spécifique avec Gerland, adopté par la suite pour de nombreux matériels de la SNCF et de la RATP.

Revêtements de sol pour l'habitat, Gerflor, 1979. CEI.
Floor coverings for the home, Gerflor, 1979. CEI.

RATP, from the exterior design of the bodies to the interior design of the cars and the ergonomics of the driver's cab, the design of the seats, floor, wall and seat coverings, lighting and signage. Follow-up of the rolling prototype to its industrial operation and service startup.
• Development of a specific floor covering with Gerland, afterward adopted by the SNCF and the RATP for many types of equipment.

1979
• Designs a range of floor coverings for the home, for Gerflor, a subsidiary of the Gerland group.
• On his suggestion, the department of the CEI that he runs is now called industrial architecture and transportation.

1980–1985
• Consultant for Électronique Serge Dassault for the development of ticket dispensers, ticket-punchers, ATMs, and various other interactive machines for use by the public.
• Study and execution of a self-service check-in terminal, Élise, for Air France and Swissair, with Électronique Serge Dassault.
• European competition launched by the Ministry of Transportation for the bus of the future: design and exterior comprehension of the vehicle, as well as signage, layout, seats, and driver's cab. Third prize received for his project.
• Design and execution of the Z 2 railcar, new train for all networks intended for all the regions, with the railroad division of De Dietrich and Carel & Fouché, for the SNCF and the CFL (the Luxembourg national railroad company).
• Coopted for the construction of the Caracas metro by the French industrial group Frameca, tasked with the rolling stock, with an in-depth study of the ergonomics of the driver's cab, the coloring of the stations, the graphic guidelines and signage, as well as the ticket dispensers and ticket-punchers supplied by Électronique Serge Dassault.
• Studies for a seat of an agricultural tractor and trucks for the Sablé International company.
• Studies for the rolling stock of the Tehran metro, with the Sofretu, the RATP's engineering export company: exterior appearance and interior design, seats, lighting, and signage. The return of Ayatollah Khomeini in Iran puts an end to this project.
• Design of the new visual guidelines of the Total road network. Rejuvenation of the color scheme and logo, and adaptation to all the brand's visual elements with applications for the service stations.
• Design of franchise points of sale for Pioneer, hi-fi equipment and car radios for the general public, as well as exhibition booths.
• Project for a Mediterranean house. Personal project not followed up.
• Study and creation of the exterior appearance and interior design for a promotional truck that welcomes the public for Marlboro, for Formula 1 races.
• Project not selected for the SNCF of a BB 26000 electric locomotive. Considered "too futuristic."

1985
• End of his collaboration with the CEI, which he leaves to create his own organization.

1979

- Dessine une gamme de revêtement de sol pour l'habitat, pour Gerflor, filiale du groupe Gerland.
- Sur sa proposition, le département de la CEI qu'il anime s'intitule désormais « Architecture industrielle et transport ».

1980-1985

- Consultant auprès d'Électronique Serge Dassault pour le développement de distributeurs de titres de transport, composteurs, automates bancaires et diverses autres machines interactives destinées au public.
- Étude et réalisation du terminal d'enregistrement en libre accès *Élise*, pour Air France et Swissair, avec Électronique Serge Dassault.
- Concours européen lancé par le ministère des Transports pour l'autobus du futur : conception et appréhension extérieure du véhicule, ainsi que signalétique, aménagement, sièges et poste de conduite. Reçu « 3ᵉ lauréat » pour son projet.
- Conception et réalisation de l'automotrice Z 2, nouvelle rame tous réseaux destinée à l'ensemble des régions, avec la branche ferroviaire De Dietrich et Carel & Fouché, pour la SNCF et les Chemins de fer luxembourgeois (CFL).

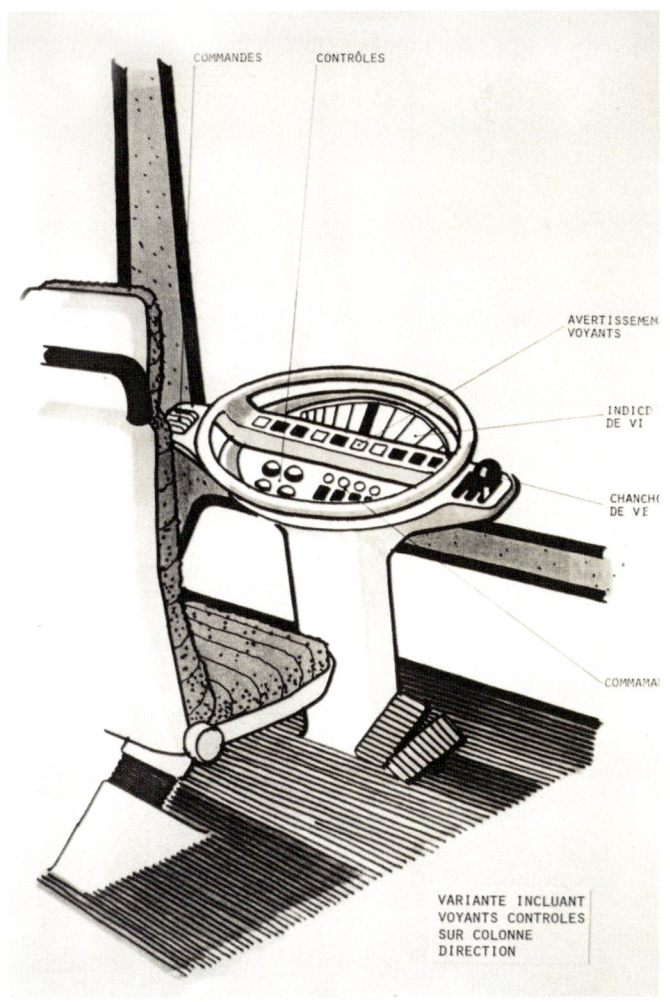

**Autobus du futur, 1980-1985 ;
3ᵉ lauréat du concours. Maquette
et projet du poste de conduite.
CEI.**
Bus of the future, 1980–1985;
third prizewinner in the competition.
Model and project for the driver's
cab. CEI.

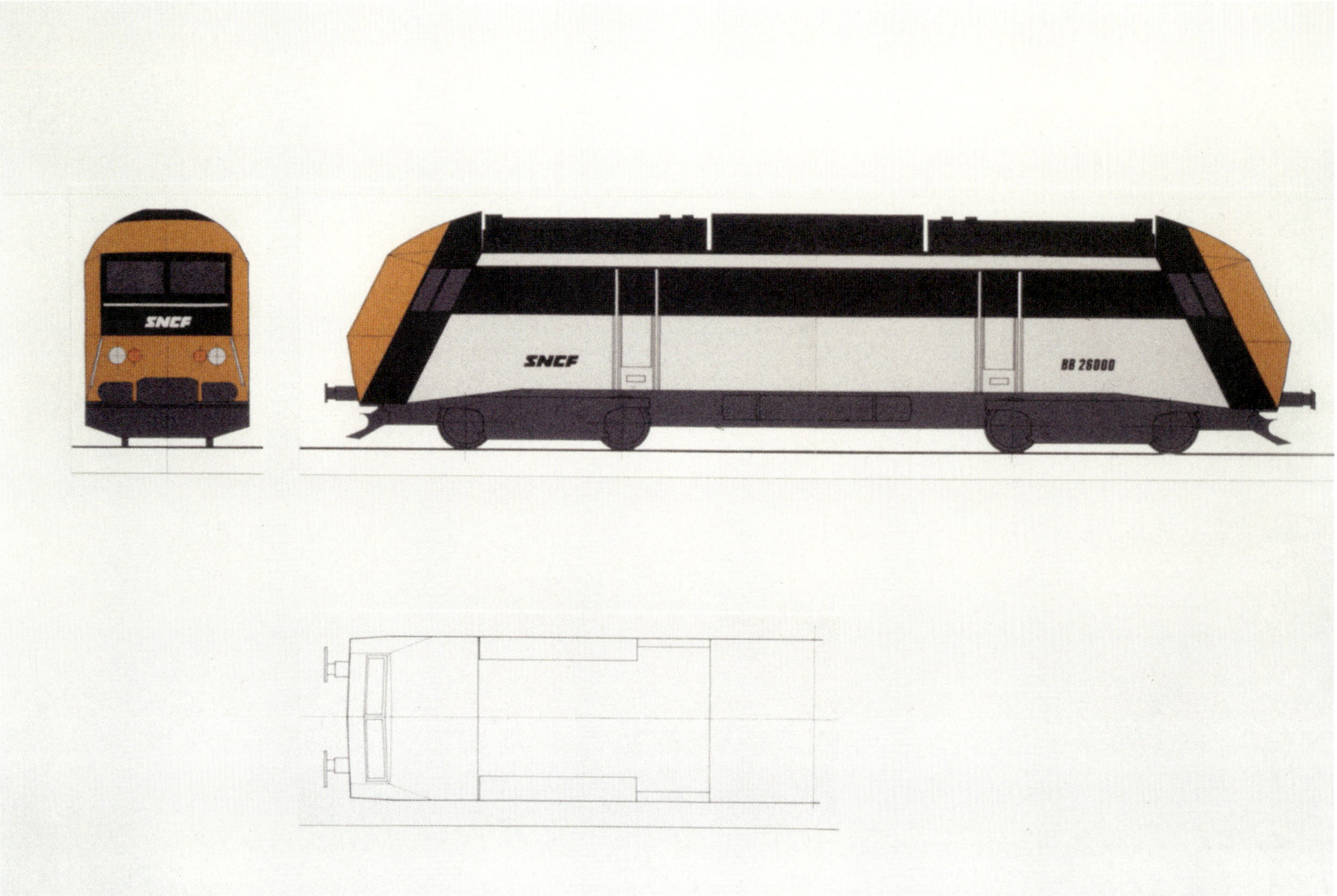

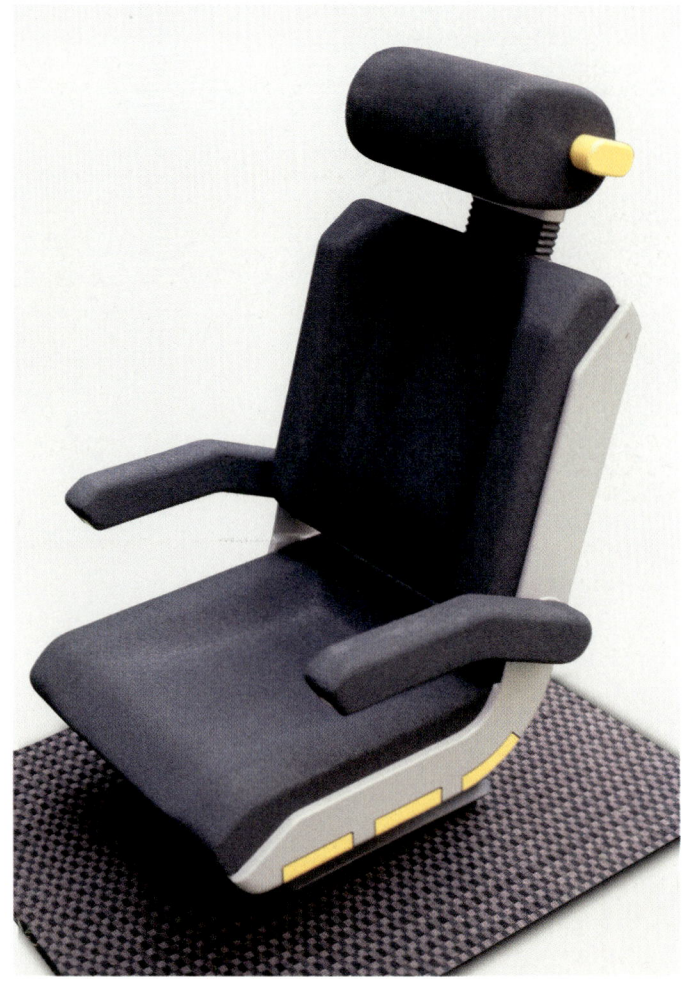

- Coopté pour la construction du métro de Caracas par le groupe industriel français Frameca, chargé du matériel roulant, avec une étude approfondie de l'ergonomie du poste de conduite, la coloration des stations, la charte graphique et la signalétique, ainsi que les appareils pour la distribution de la billetterie et les composteurs fournis par Électronique Serge Dassault.
- Études pour un siège de tracteur agricole et pour des véhicules routiers type poids lourds pour la société Sablé International.
- Études pour le matériel roulant du métro de Téhéran, avec la Sofretu, société d'ingénierie à l'export de la RATP : aspects extérieurs et aménagements intérieurs, sièges, éclairage et signalétique. Le retour de l'Ayatollah Khomeiny en Iran met fin à ce projet.
- Conception de la nouvelle charte visuelle du réseau routier Total. Rajeunissement du schéma de couleurs, du logo et adaptation à l'ensemble des manifestations visuelles de la marque avec applications sur les stations-service.
- Conception des points de vente en franchise pour Pionner, matériel hi-fi et autoradios pour le grand public, ainsi que de stands d'exposition.
- Projet de maison méditerranéenne. Projet personnel sans suite.
- Étude et réalisation des aspects extérieurs et des aménagements d'accueil d'un véhicule routier publicitaire pour Marlboro, pour des courses de Formule 1.
- Projet non retenu pour la SNCF d'une locomotive électrique BB 26000. Considéré comme « trop futuriste ».

1985

- Fin de sa collaboration avec la CEI qu'il quitte pour créer sa propre structure.

Page de gauche/Left-hand page
Projet de locomotive électrique tous réseaux BB 26000 pour la SNCF, 1985. CEI.
Project for an all-networks electrical engine BB 26000 for the SNCF, 1985. CEI.

Véhicule publicitaire Marlboro pour la Formule 1, 1984-1985. CEI. Projet d'aménagement intérieur, 1984-1985. CEI.
Marlboro advertising truck for Formula 1, 1984–1985. CEI. Interior design project, 1984–1985. CEI.

Croquis et maquette échelle 1/1 d'un siège pour véhicules routiers, type poids lourds, pour Sablé International, 1980-1985. CEI.
Sketch and 1:1 scale model of a seat for truck-type road vehicles, for Sablé International, 1980–1985. CEI.

Aménagement du planétarium la Cité des sciences et de l'industrie de la Villette, 1985. Sièges inclinables et pivotants et systèmes d'éclairage intégrés. Vecteur.
Interior design of the planetarium of the Cité des sciences et de l'industrie de la Villette, 1985. Inclining and pivoting seats and built-in lighting systems. Vecteur.

1985–2000 VECTEUR DESIGN INDUSTRIEL

1985–1986
- Creation of Vecteur Design Industriel, at 12 bis, avenue des Gobelins, in the 5th arrondissement of Paris, specialized in transportation systems (vehicle architecture, equipment, signage, equipment image, driver's cab ergonomics), reception infrastructures and interactive machines for passengers, technical modifications, fixed equipment, and workstations.
- Interior design of the planetarium of the Cité des sciences et de l'industrie de la Villette in Paris. Lighting, design of a specific seat for the observation of the night sky, colors and materials.
- Creation of the funicular railroad for the Val-d'Isère ski resort: two vehicles innovatively made in bent sheet aluminum.
- Creation of the brand image of Zeppelin, manufacturer of inflatable pneumatic boats and emergency evacuation slides for aeronautics.
- Various creations for Électronique Serge Dassault.

1986–1989
- Modernization and renovation study for the MP 59, rolling stock on tires of line 1 of the Paris metro, dating from 1959: renovation of the front mask and updating of the bodies with modification of the seats' comfort, lighting, materials, and colors. Project carried out in the framework of the extension of line 1 to La Défense.
- Participation in the creation of the experimental train called BOA, tested on line, inaugurating free circulation from end to end, prefiguring the Meteor metro (MP 89).
- On this occasion, creation of the *Assis/debout* folding seat with the Compin company, which in 1988 received the Janus de l'industrie, a label awarded by the Institut français du design.
- Design of small electrical devices, including a service lamp to equip the drivers' cabs of the Paris metro, for the CATU company, a subsidiary of the Legrand group.
- Creation of the brand image of Transports Mertz, a large fuel transport company, in Haute-Normandie.
- Creation of a pallet truck for the Fenwick company in 1988.
- Design and execution of the cockpit of the Airbus A 340, for Airbus Industrie. Installation of the first touch screens for air navigation.
- Competition for the Channel Tunnel: study of the specific rolling stock shared by British Rail, the SNCF, and the SNCB for the Paris, London, Brussels link. Project not selected.
- Withdrawal of the loan of his floor lamp *B 211* from the exhibition *Les années 50* organized in 1988 at the Centre Georges-Pompidou, because of his disagreement with the interpretation of the period by the curator, the architect Jean Nouvel.

1989–1994
- Participation in the MP 89 competition launched by the RATP for the design of the future line 14, called Meteor. The project proposed, derived from previous research and proposals, is not selected.
- Channel Tunnel: execution of the interior design of the control rooms of the railroad and road system, in Folkestone and Calais, for TML-Eurotunnel with the Sofretu.
- Project for the funicular train of Montmartre, for the RATP in 1989. Study without follow-up of two cabins and stations at the top and bottom of the Butte.
- Project not executed for the Chicago commuter trains with ANF Industries, the group that had supplied cars for the New York subway.
- Starting in 1990, long collaboration with the French Navy: study and execution for the Naval Construction Division (DCN) of the interior design of living and relaxation areas onboard the nuclear-powered guided missile submarines (SNLE) *Le Triomphant*, *Le Téméraire*, *Le Vigilant*, and *Le Terrible*, in Cherbourg; study and execution of the safety signage onboard the aircraft carrier *Charles de Gaulle*, in Brest, to facilitate the movement of personnel, sailors and pilots, in this ship 260 meters long and 65 meters wide, including sixteen decks; prospective studies for living spaces onboard existing and future ships, as well as the submarines of the future in Lorient and Toulon.
- Creation of parking meters for Schlumberger, intended for France and export, in 1990.
- Design Center in London: presentation of the *Assis/debout* seat, which obtained a Janus de l'industrie in 1988.
- Studies for the metrobus of Rouen, in 1992–1993. Although co-opted by the entire metropolitan area,

Réseau du métrobus de Rouen, 1992-1993. Projet de station type. Illustration Richard Bonfils.
Vecteur.
Metropolitan tramway network of Rouen, 1992–1993. Typical station project. Illustration Richard Bonfils. Vecteur.

1985-2000 VECTEUR DESIGN INDUSTRIEL

1985-1986
- Création de Vecteur Design Industriel, au 12 bis, avenue des Gobelins, Paris 5e, spécialisé dans les systèmes de transport (architecture de véhicules, équipements, signalétique et image des matériels, ergonomie des postes de conduite), dans les infrastructures d'accueil et les appareils interactifs à disposition des voyageurs, les aménagements techniques, les équipements fixes et les postes de travail.
- Aménagement du planétarium de la Cité des sciences et de l'industrie de la Villette. Mise en scène de la lumière, conception d'un siège spécifique pour l'observation de la voûte céleste, couleurs et matériaux.
- Réalisation du funiculaire Funival pour la station de ski de Val-d'Isère : deux véhicules réalisés de façon innovante en tôle d'aluminium plié.
- Réalisation de l'image de marque de Zeppelin, fabricant de bateaux pneumatiques gonflables et toboggans d'évacuation pour l'aéronautique.
- Réalisations diverses pour Électronique Serge Dassault.

1986-1989
- Étude de modernisation et de rénovation du MP 59, matériel sur pneus de la ligne 1 du métro parisien, datant de 1959 : reprise du masque avant et actualisation des caisses avec modification du confort des sièges, éclairage, matériaux et couleurs. Projet réalisé dans le cadre du prolongement de la ligne 1 jusqu'à la Défense.
- Participation à la réalisation de la rame expérimentale dite BOA, testée en ligne, inaugurant la libre circulation de bout en bout, préfiguration du métro Meteor (MP 89).
- À cette occasion, création d'un siège strapontin *Assis/debout* avec la société Compin, qui reçoit en 1988 le Janus de l'industrie, label décerné par l'Institut français du design.
- Conception de petits appareillages électriques, dont une lampe de service pour équiper les cabines de conduite du métro parisien, pour la société Catu, filiale du groupe Legrand.
- Réalisation de l'image de marque de Transports Mertz, importante société de transport de carburant en Haute-Normandie.

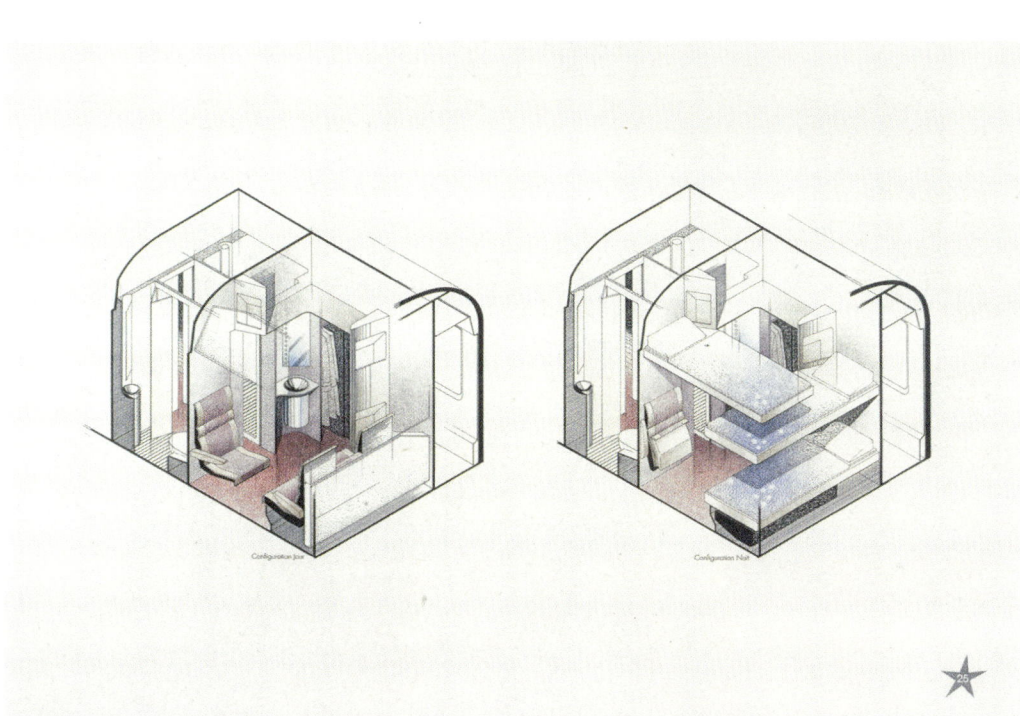

- the project will be interrupted and not executed, despite advanced studies.
- Study and execution for Berthoud of a sprayer for residential terraces and balconies and its packaging, in 1992–1993.
- Study for night trains for the SNCF. Proposals for redesigning the sleeper cars. The all-TGV policy puts a stop to this night train project. On this occasion, design of the couchette covers.
- Exhibition *Design, miroir du siècle* at the Grand Palais in Paris in 1993: presentation of the floor lamp *B 211*, designed in 1953.
- Study and execution of car wheels for Renault and the Montupet foundries in 1994.

1995
- Design and execution of a modular recording console for the sound studio ALD LAB.

1996
- Studies and execution for the Hong Kong metro network, with Syseca (Thalès group), a main control room and seven secondary rooms in the framework of serving the new Chek Lap Kok airport, thirty-four kilometers from the city.
- Studies not followed up for the Polish railroad system.
- Visual identity of the Ligne de Cœur, the new TGV line linking Paris and Lausanne, which will become Lyria in 2002, intended for an international clientele, for the economic interest group "France-Suisse."

1998–2000
- Associated with the Metz, Nancy, Strasbourg university cluster. Lecturer with students preparing their diploma, he gives lectures, takes part in the creation of the ephemeral review of the Société d'histoire et de théorie de desin *Eïdês*, published in Pont-à-Mousson, for which he writes several articles: "Les années 50, une décennie, un renouveau," in February 1998; "Art et science, nouvelles technologies, pour qui, pour quoi ?," in 1999; "Piaggio, de l'aéronautique à la Vespa, technologie pour un autre usage," in 2000, at éditions du Phénix.
- Renovation of the interiors of the rolling stock of the MF 77 metro of lines 7, 8 and 13 of the RATP.
- Studies for the LTA-NEL network of the Singapore metro.

Trains de nuit de la SNCF, 1994. Projets de livrée extérieure, d'aménagement intérieur des voitures-lits et de couvertures. Vecteur.
Night trains of the SNCF, 1994. Projects for the exterior livery, interiors of the sleeping cars, and blankets. Vecteur.

Identité visuelle intérieure et extérieure du TGV la Ligne de Cœur Paris-Lausanne, 1996. Vecteur.
Exterior and interior visual identity of the Ligne de Cœur Paris–Lausanne TGV, 1996. Vecteur.

Console d'enregistrement modulaire pour le studio de prise de son ALD LAB, 1995. Vecteur.
Modular recording console for the ALD LAB sound studio, 1995. Vecteur.

nucléaires lanceurs d'engins (SNLE) *Le Triomphant*, *Le Téméraire*, *Le Vigilant* et *Le Terrible*, à Cherbourg ; étude et réalisation de la signalétique de sécurité à bord du porte-avions *Charles de Gaulle*, à Brest, afin de faciliter le déplacement des personnels, marins et aviateurs, dans ce bâtiment de 260 mètres de long sur 65 de large, comprenant seize ponts ; études prospectives pour les lieux de vie à bord de bâtiments existants et à venir, ainsi que pour les sous-marins du futur à Lorient et à Toulon.
- Réalisation d'horodateurs pour la société Schlumberger, destinés à la France et à l'exportation, en 1990.
- Design Center à Londres : présentation du siège *Assis/debout*, qui a obtenu un Janus de l'industrie en 1988.
- Études pour le métrobus de Rouen, en 1992-1993. Bien que coopté par l'ensemble de l'agglomération, le projet sera interrompu et sans suite, malgré des études avancées.
- Étude et réalisation pour Berthoud d'un pulvérisateur domestique à l'usage de terrasses et balcons et son emballage, en 1992-1993.
- Étude pour des trains de nuit de la SNCF. Propositions de réaménagement de voitures-lits. La politique du tout TGV stoppe ce projet de trains de nuit. À cette occasion, conception de couvertures de couchettes.
- Exposition « Design, miroir du siècle » au Grand Palais à Paris en 1993 : présentation du lampadaire *B 211*, dessiné en 1953.
- Étude et réalisation de roues pour automobiles avec Renault et les fonderies Montupet en 1994.

- Réalisation d'un transpalette pour la société Fenwick en 1988.
- Conception et réalisation du poste de pilotage de l'Airbus A 340, pour Airbus Industrie. Mise en place des premiers écrans tactiles de navigation aérienne.
- Concours pour le tunnel sous la Manche : étude du matériel roulant spécifique partagé par British Rail, la SNCF et la SNCB pour la liaison Paris, Londres, Bruxelles. Projet non retenu.
- Retire son prêt du lampadaire *B 211* à l'exposition « Les années 50 » organisée en 1988 au Centre Georges-Pompidou, en raison de son désaccord avec l'interprétation de l'époque faite par le commissaire, l'architecte Jean Nouvel.

1989-1994
- Participation au concours MP 89 lancé par la RATP pour le design de la future ligne 14, dite Meteor. Le projet proposé, issu des recherches et propositions précédentes, n'est pas retenu.
- Tunnel sous la Manche : réalisation de l'aménagement des salles de contrôle du système ferroviaire et routier, à Folkestone et Calais, pour TML-Eurotunnel avec la Sofretu.
- Projet pour le funiculaire de Montmartre, pour la RATP en 1989. Étude sans suite de deux cabines et des stations en haut et en bas de la Butte.
- Projet non réalisé pour le métro de Chicago avec ANF Industries, groupe qui avait fourni les rames du métro de New York.
- À partir de 1990, longue collaboration avec la Marine nationale : étude et réalisation pour la Direction des constructions navales (DCN) de l'aménagement des zones de vie et de repos à bord des sous-marins

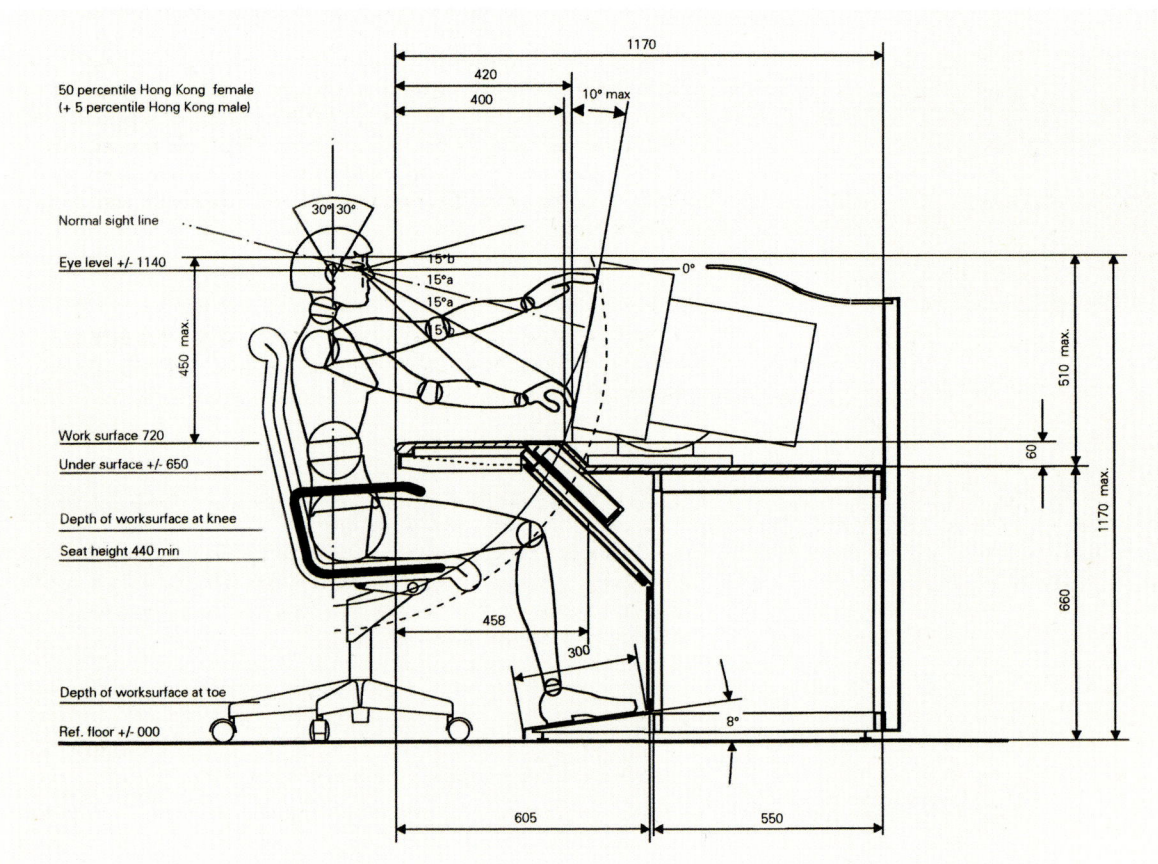

Métro de Hong Kong, MTRC, avec Syseca, 1996. Vecteur. Étude pour la salle de contrôle principale et ergonomie d'un poste de contrôle.
Hong Kong metro, MTRC, with Syseca, 1996. Vecteur. Study for the principal control room and ergonomics of a control workstation.

1995
- Conception et réalisation d'une console d'enregistrement modulaire pour le studio de prise de son ALD LAB.

1996
- Études et réalisation pour le réseau du métro à Hong Kong, avec Syseca (groupe Thalès), de la salle de contrôle principale et de sept salles secondaires, dans le cadre de l'extension de la desserte du nouvel aéroport de Chek Lap Kok, à 34 kilomètres de la ville.
- Études non réalisées pour les chemins de fer polonais.
- Identité visuelle de la Ligne de Cœur, la nouvelle ligne de TGV reliant Paris et Lausanne, devenue Lyria en 2002, destinée à une clientèle internationale, pour le groupement d'intérêt économique « France-Suisse ».

1998-2000
- Associé au pôle universitaire Metz, Nancy, Strasbourg. Chargé de cours auprès des étudiants préparant leur diplôme, il y donne des conférences, participe à la création de l'éphémère revue de la Société d'histoire et de théorie du design *Eïdês*, publiée à Pont-à-Mousson, pour laquelle il écrit plusieurs articles : « Les années 50, une décennie, un renouveau », en février 1998 ; « Art et science, nouvelles technologies, pour qui, pour quoi ? », en 1999 ; « Piaggio, de l'aéronautique à la Vespa, technologie pour un autre usage », en 2000, aux éditions du Phénix.
- Rénovation des aménagements intérieurs du matériel roulant du métro MF 77 des lignes 7, 8 et 13 de la RATP.
- Études pour le réseau LTA-NEL du métro de Singapour.

2000-2018 EXPOSITIONS ET RÉÉDITIONS

2000
- Fermeture de Vecteur Design Industriel.

2004
- Exposition « Iluminar, design et lumière 1920-2004 » à São Paolo, présentation du lampadaire *B 211*.

2010
- Exposition « Mobi Boom, l'explosion du design en France, 1945-1975 » au musée des Arts décoratifs à Paris : présentation de six luminaires – le lampadaire *B 211* édité par Robert Mathieu en 1953, ainsi que cinq luminaires édités par Luminalite en 1954 –, une paire d'appliques asymétriques *B 205*, une applique *B 206*, une lampe à poser *B 201* et une lampe tournante pour télévision *B 203*, créée en 1954.
  À l'occasion de cette exposition, il rencontre Claude Delpiroux, éditeur des luminaires de Serge Mouille, qui lui propose de rééditer certaines de ses créations.

2012
- Exposition de ses luminaires nouvellement édités, rue de la Fontaine-au-Roi, à Paris en novembre.

2013-2014
- Création de la société Lignes de Démarcation assurant l'édition et la diffusion de huit luminaires : la lampe à poser *B 201*, la lampe orientable *B 203* (les lampes *B 202* et *B 204* du catalogue Luminalite ne sont pas rééditées), l'applique en tôle ajourée *B 205*, l'applique *B 206*, la lampe tournante *B 207*, la lampe *Méridien B 208* et le lampadaire *B 211* sont réédités ; édition d'un nouveau modèle, la suspension *B 212*, dessinée en 1954, qui entre dans les collections du musée des Arts décoratifs par un don de Michel Buffet. Création d'un nouveau luminaire, le *B 213*.

2016
- Salon international « Maison et Objet », 22-26 janvier : les Éditions Serge Mouille et Lignes de Démarcation présentent les huit luminaires édités depuis 2013.

2017
- Salon international « Maison et Objet », 20-24 janvier : présentation de l'ensemble des luminaires réédités.
- Participation à l'exposition « Serge Mouille, lumières et rémanences », au Silo U1, à Château-Thierry, 14 avril-17 juin.
- Paris Design Week, 8-16 septembre : présentation des luminaires édités par Lignes de Démarcation.

2018
- Salon international « Maison et Objet », 19-23 janvier : présentation des luminaires édités par Lignes de Démarcation.

Claude Delpiroux, et Michel Buffet, 2015.
Claude Delpiroux with Michel Buffet, 2015.

2000–2018 EXHIBITIONS AND REISSUES

2000
- Closing of Vecteur Design Industriel.

2004
- Exhibition *Iluminar, design et lumière 1920–2004* in São Paolo, presentation of the floor lamp *B 211*.

2010
- Exhibition *Mobi boom, l'explosion du design en France, 1945–1975* at the Musée des Arts décoratifs in Paris: presentation of six lights—the floor lamp *B 211* issued by Robert Mathieu in 1953, as well as five lights issued by Luminalite in 1954—a pair of asymmetrical wall lamps *B 205*, a wall lamp *B 206*, a table lamp *B 201*, and a pivoting lamp for television *B 203*, created in 1954. On the occasion of this exhibition, he meets Claude Delpiroux, issuer of Serge Mouille's lights, who proposes issuing some of his creations.

2012
- Exhibition of his newly issued lights, on the rue de la Fontaine-au-Roi, in Paris in November.

2013–2014
- Creation of the company Lignes de Démarcation to issue and distribute eight lights: the table lamp *B 201*, the tilting lamp *B 203* (the lamps *B 202* and *B 204* in the Luminalite catalogue are not reissued), the wall lamp in perforated sheet metal *B 205*, the wall lamps *B 206*, the pivoting lamps *B 207*, the lamp *Méridien B 208*, and the floor lamp *B 211* are reissued; issuing of a new model, the hanging lamp *B 212*, designed in 1954, which enters the collections of the Musée des Arts décoratifs through a donation by Michel Buffet. Creation of a new lighting fixture, the *B 213*.

2016
- *Maison et objet* international show, January 22–26: Éditions Serge Mouille and Lignes de Démarcation present the eight lights issued since 2013.

2017
- *Maison et objet* international show, January 20–24: presentation of all the reissued lights.
- Participation in the exhibition *Serge Mouille, lumières et rémanences* at Le Silo U1, in Château-Thierry, April 14 – June 17.
- Paris Design Week, September 8–16: presentation of the lights issued by Lignes de Démarcation.

2018
- *Maison et objet* international show, January 19–23: presentation of the lights issued by Lignes de Démarcation.

Didier Delpiroux, le fils de Claude, et Michel Buffet, 2015.
Didier Delpiroux, Claude's son, with Michel Buffet, 2015.

Lampe à poser *B 213*, tube d'aluminium laqué blanc mat, édition Lignes de Démarcation.
Table lamp *B 213*, matte white-lacquered aluminium sheet, issued by Lignes de Démarcation.

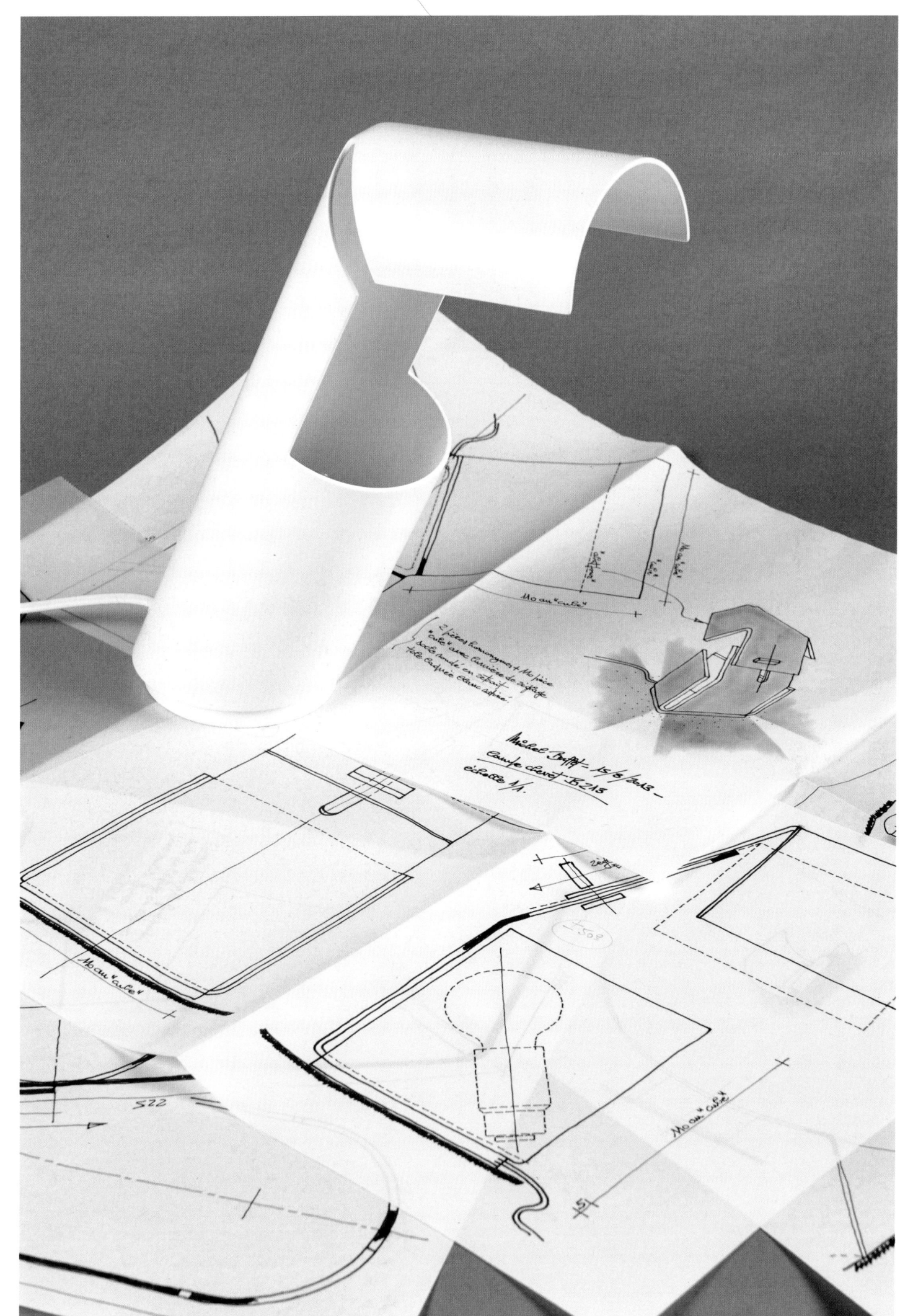

Rénovation du MP 59, affiche RATP, 1986.
Renovation of the MP 59, RATP poster, 1986.

Bibliographie – Bibliography

Articles

- Anonyme, « Beauté de la technique », *Art présent*, n° 7, 1950, p. 60-84.
- Anonyme, « Cette salle de séjour est face à la mer. Michel Buffet et Jacques Debaigts ont œuvré simplement », *Décor d'aujourd'hui*, n° 100, 1956, p. 97-99.
- Febvre-Desportes, Marie-Anne, « Maison familiale, maison modulée, architecture orchestrée d'André Wogenscky », *Meubles et Décors, journal de l'ameublement,* n° 711, novembre 1957.
- Anonyme, « Ein Haus Auf Dem Lande », *Schöner Wohnen*, n° 10, octobre 1962.
- Anonyme, « Mystère 20 », *Aviation magazine*, n° 374, 1963.
- Descargues, Pierre, « Compagnie de l'esthétique industrielle : CEI-Raymond Loewy, Paris », *Graphis*, n° 128, 1967.
- *Domus*, n° 479, octobre 1969, couverture avec la cuisine *DF 2000*.
- *Air et Cosmos*, n° 506, 1973, Tridim.
- Halas, John, « CEI Paris », *Novum Gebrauchs Graphik*, n° 4, 1975.
- CEI-Raymond Loewy, « La création de l'image Concorde », *Architecture intérieure*, n° 152, 1976, p. 64-65.
- Projet *Maya* de Shell, affiche, tiré à part inséré dans *France routes, la passion du camion*, n° 357, décembre 2011.
- Agboton, Guy-Claude, « Lignes de Démarcation : le charme discret de l'appareil chic », *Ideat*, n° 98, février 2013, p. 102-103.
- *Ideat*, n° 99, mars 2013, p. 206, publicité pour la lampe *B 206*, Lignes de Démarcation.
- « L'esprit rive gauche », catalogue Bon Marché, printemps-été 2014.
- *Ideat*, hors-série, décembre 2014-janvier 2015, p. 304, publicité pour la lampe *B 211*, Lignes de Démarcation.
- Eich, Jean-Michel, « Les Z 2, automotrices du renouveau », *Revue ferrovissime*, n° 74, mars-avril 2015, p. 28-39.
- *Ideat*, n° 115, mai-juin 2015, p. 172 et 232, publicités pour le lampadaire *B 211* et l'applique *B 206*, photographies Erwin Olaf, Lignes de Démarcation.
- Agboton, Guy-Claude, « Michel Buffet, trésor vivant », *Ideat*, n° 117, septembre-octobre 2015, p. 112-114.
- *Ideat*, n° 122, mai-juin 2016, p. 162, publicité pour la lampe *B 201*, Lignes de Démarcation.
- « L'esprit rive gauche », catalogue Bon Marché, automne-hiver 2016.
- Agboton, Guy-Claude, Blanc, Laurent, « Transmettre la lumière. Hommage à Claude Delpiroux », *Ideat*, n° 125, décembre 2016-janvier 2017, p. 298 et 305, publicité pour le lampadaire *B 211*, Lignes de Démarcation.
- Reneau, Olivier, « À Paris XVIe, modernisme pur jus », *Ideat*, n° 9, juin 2017, p. 113-122.
- Jarcy, Xavier de, « La lampe où tout Concorde. Ceci est un Buffet », *Télérama*, n° 3549, janvier 2018.

Écrits de Michel Buffet – Michel Buffet's writings

- « Les années 1950, une décennie, un renouveau », *Eïdês*, n° 1, février 1998.
- « Art, science, nouvelles technologies pour qui, pour quoi ? », *Eïdês*, n° 2, 1999.
- *Profession designer industriel*, Paris, Éditions des Écrivains, 1999.
- « Piaggio, de l'aéronautique à la Vespa, technologie pour un autre usage », *Eïdês*, n° 3, 2000.
- « Mon passage à la météo », *Arc en ciel*, n° 165, 2011.
- « Pourquoi écrire ? », *La Grande Relève*, n° 1174, avril 2016.

Ouvrages – Works

- Alan, *Celui par qui le 50 arrive. Comme un rocker dans l'art*, Bordeaux, 2017.
- Amouroux, Dominique, *André Wogenscky,* Paris, Éditions du Patrimoine, coll. « Carnets d'architectes », 2012.
- Carlier, Claude, Berger, Luc, *Dassault, 1945-1995. Cinquante ans d'aventure aéronautique*, Paris, Éditions du Chêne, 1996.
- Collectif, *The Designs of Raymond Loewy*, Washington, Smithsonian Institution Press, 1975.
- Collectif, *El Metro de Caracas*, Caracas, Editorial Arte, 1982.
- Cordin, Laura, *Raymond Loewy*, Paris, Flammarion, 2003.
- Dormer, Peter, *Le Design depuis 1945*, Londres, Thames & Hudson, 1993.
- Favardin, Patrick, *Les Années 1950*, Paris, Éditions du Chêne, 1999
- Favardin, Patrick, *Les Décorateurs des années 1950*, Paris, Norma, 2016
- Fiell, Peter et Charlotte, *1 000 Lights*, Cologne, Taschen, 2005.
- Fiell, Peter et Charlotte, *Domus 1960-1969*, Cologne, Taschen, 2006.
- Hermant, André, *Formes utiles*, Paris, Vincent et Fréal, 1959.
- Huisman, Denis, Patrix, Georges, *L'Esthétique industrielle*, Paris, PUF « Que sais-je ? », 1961.
- Kjellberg, Pierre, Delaporte, Guillemette, *Le Mobilier du XXe siècle. Dictionnaire des créateurs*, Paris, Les Éditions de l'Amateur, 2000.
- Krzentowski, Clémence et Didier, *The Complete Designers' Lights II (1950-1990)*, Dijon/Zurich, Les Presses du Réel/JRP Ringier, 2014.
- Le Bœuf, Jocelyne, *Jacques Viénot (1893-1959), pionnier de l'esthétique industrielle en France*, Rennes, Presses universitaires de Rennes, 2006.
- Loewy, Raymond, *Never Leave well Enough Alone*, New York, Simon & Schuster, 1951.
- Loewy, Raymond, *La laideur se vend mal*, Paris, Gallimard, 1953.

- Loewy, Raymond, *Design industriel*, Paris, Éditions du Chêne, 1979.
- Loewy, Raymond, William Snaith Inc., *Who we Are, What we Think, What we Do*, Washington, Smithsonian Institution Press, 1960.
- Noblet, Jocelyn de, Bressy, Catherine, *Introduction à l'histoire de l'évolution des formes industrielles de 1820 à aujourd'hui*, Paris, Stock, 1974.
- Pralus, Pierre-Émile, *Serge Mouille, un classique français*, Saint-Cyr-au-Mont-d'Or, Les Éditions du Mont Thou, 2006.
- Quinchon, Pierre, Dupont, François, *Le Triomphant*, Liège, Éditions du Perron, 1994.
- Rémy, Côme, *Création en France : arts décoratifs 1945-1965*, Montreuil, Gourcuff Gradenigo, 2009.
- Thurnauer, Gérard, Patte, Geneviève, Blain, Catherine, *Espace à lire. La Bibliothèque des enfants à Clamart*, Paris, Gallimard, 2006.

Catalogues d'expositions – Exhibition catalogues

- *37ᵉ Salon des artistes décorateurs*, Salon des artistes décorateurs, Paris, 1953.
- *38ᵉ Salon des artistes décorateurs*, Salon des artistes décorateurs, Paris, 1954.
- *8ᵉ exposition Formes utiles*, Salon des arts ménagers, Paris, 1957.
- *9ᵉ exposition Formes utiles*, Salon des arts ménagers, Paris, 1958.
- *Qu'est-ce que le design ?*, musée des Arts décoratifs, Paris, 1969.
- *Lumières, je pense à vous*, CCI-Centre Georges-Pompidou, Paris, 1985.
- *France 1950. Christine Counord et Alan présentent vingt pièces majeures*, galerie 1950, Paris, 1986.
- *Raymond Loewy, un pionnier du design américain*, CCI-Centre Georges-Pompidou, Paris, 1990.
- *Design, miroir du siècle*, Grand Palais, Paris, 1993.
- *On Air 1933-2003, une histoire d'Air France*, musée de la Publicité, Paris, 2003.
- *Iluminar, design de luz 1920-2004*, Museu de Arte Brasileira, São Paulo, 2004.
- *Mobi Boom, l'explosion du design en France 1945-1975*, musée des Arts décoratifs, Paris, 2010.
- *Lumières d'ici et d'ailleurs*, hospice Saint-Charles, Rosny-sur-Seine, 2014.
- *Roger Tallon, le design en mouvement*, musée des Arts décoratifs, Paris, 2016.
- *Serge Mouille, lumières et rémanences*, Le Silo U1, Château-Thierry, 2016.

Œuvres de Michel Buffet dans des collections publiques – Works by Michel Buffet included in collections

- Lampadaire B 211, suspension B 212, service Concorde, musée des Arts décoratifs, Paris.
- Service Concorde, Musée national Adrien-Dubouché, Cité de la céramique, Limoges.

Films documentaires – Documentaries

- Danielle Schirman, *Concorde*, Steamboat Films / Arte / Centre Georges-Pompidou-CCI, 2007.
- Danielle Schirman, *Les Lampes noires de Serge Mouille*, Steamboat Films / Arte / Centre Georges-Pompidou, 2011.

Émission radio – Radio shows

- « Une vie, une œuvre : Raymond Loewy », Matthieu Garrigou-Lagrange, France-Culture, 23 mars 2013.
https://www.franceculture.fr/emissions/une-vie-une-oeuvre/raymond-loewy-1893-1986 (consulté le 14 juillet 2018).

Sites – Websites

- www.michelbuffetdesignerindustriel.com
- www.lignesdedemarcation.com

Index

Les chiffres composés en gras renvoient
aux légendes des illustrations.
Les chiffres précédés de N. renvoient aux notes.

Numbers in bold refer to illustration
captions. Numbers preceded by N.
refer to endnotes.

A
Abraham, Pol, 65, 66
ADSA, 122, 123
Aérospatiale, 79, 80, 86, **86**, 87, 88, 89, 90, 93, 182, 183, **183**
Aga Khan, prince, 79, 80
Agnelli, Giovanni, 72, 73, 181, 182
Air France, 60, **60**, 61, 62, 69, 70, 88, **88**, 89, 90, 92, 93 (N. 12), 94 (N. 12), **94**, 147, 148, 179, 180, 182, 183, 184, 186, 187
ALD LAB, 192, **193**, 195
Alsthom, 60, 61, 109, 110, 114, 119, 184, 185
Andreu, Paul, 88, 89
Artisans du sanctuaire, 28, 30, 31, **31**, 46, 179, 180
Arzens, Paul, 71, 72

B
Barnett, Harold, 49, 50, 60, 61, 74, 75, 179, 180, 181, 182
Basseville, François, 30, 31, 179, 180
Behrens, Peter, 53, 56, 57
Berthoud, 146, 147, 148, 192, 193
Bertin, Jean, 106, 107, 108, 109, **134**, 135, 136, 137, 182, 183, 184, 185
BHV, 60, 61, 69, 70
Biny, Jacques, 171, 172, 179, 180
Bloc, André, 72, 73
Bonfils, Richard, **118**, **120**, **138**, **139**, 193
Bouilhet, Tony, 65, 66
Bouillet Bourdelle, 90, 91, **94**
BP, 69, 70, 179, 180
Breuer, Marcel, 31, 32, 180, 181
British Aerospace, 88, 89
British Rail, 118, 122, **123**, 137, 184, 185, 190, 193
Broglie, Louis de, 65, 66
Brunet-Lecomte, François, 24, 25, 30, 32

C
Cacharel, 71, 72
Caillette, René-Jean, 17, 18
Calka, Maurice, 71, 72
Cardon, Marie, **115**
Carel & Fouché, **117**, 186, 187
Carter, David, 119, 122
Cassou, Jean, 65, 66
Catu, 146, 147, 148, **148**, 190, 191
CEI (Compagnie de l'esthétique industrielle), 18, 19, 31, 32, 49, 50, 59, 60, 61, 62, 67-75, 79, 80, 88, 89, 101, 102, 107, 108, 109, 110, 111, 113, 114, **115**, 125, 126, 129, 132, 135, 136, 147, 148, 165, 166, 181, 182, 183, 186, 187, 189
Christofle, 65, 66
CIMT, 109, 110, 182, 183
Cité des sciences et de l'industrie de la Villette, 190, **190**, 191
Cogniat, Raymond, 65, 66
Compin, 129, 132, 190, 191
Cooper, Jacques, 60, 61, 79, 80, 109, 110

D
Dassault Aviation, 17, 20, 74, 75, 84, 85, 86, 87, 182, 183
Dassault, Marcel, 74, 75, 79, 80, **81**, 84, **84**, 85, **180**, 181, 182
Daum, Michel, 65, 66
DCA, 119, 122
DCN, 137, 140
De Dietrich, 114, **117**, 119, 186, 187
Debaigts, Jacques, 25, **26**, 27, 30, **30**, 31, **31**, 32, 179, 180, **180**, 181, 182
Delpiroux, Claude, 19, 20, 171, 172, 194, 195, **195**
Delpiroux, Didier, 19, 20
Design Programmes SA, 67, 68
DIM, 65, 66
Disderot, Pierre, 171, 172
Doubinsky Frères, 165, 166, 182, 183
DuPont de Nemours, 65, 66

E
Embiricos, Andy, 159, 160, 182, 183
ESD (Électronique Serge Dassault), 125, 126, 147, 148, **149**, 186, 187, 189, 190, 191

F
Fenwick, 147, 148, **149**, 190, 193
First National City Bank, 181, 182, 183, **183**
Frameca, 125, 126, 186, 189

G
Gabriel, René, 31, 32
Galeries Lafayette, 23, 24, 25, 30, **32**, 69, 70, 179, 180, 181, 182
Galley, Robert, 147, 148
Garrard, Jones, 122, 123
Gascoin, Marcel, 17, 18, 31, 32
Gaume, Louis, 25, 30, 179, 180
Gautier-Delaye, Pierre, 49, 50, 60, 61, 179, 180
Georges Robert, Établissements, 25, 30, 32, 179, 180
Gerflor, 186, **186**, 187
Gerland, 185, 186, **186**, 187
Gropius, Walter, 53, 56
Guariche, Pierre, 17, 18
Guérin, Jacques, 65, 66
Guichard, Ernest, 53, 54

H
Herbst, René, 71, 72
Hoffmann, Josef, 56, 57
Horeau, Hector, 119, 122, 122 (N. 14), 123 (N. 14)
Hoverspeed, 135, 136, 137, 184, 185
Huyghe, René, 65, 66

I/J
IBM, 69, 70, 71, 179, 180
Jourdain, Francis, 56, 57

K
Kinchin, Juliet, 147 (N. 16), 148 (N. 16)
Knoll, 17, 18, 60, 70, 71, **71**, 72, 73, 180, 181, **181**

203

L

Labaune, René, 99, 102, 165, 166, 182, 183
Le Corbusier, Charles-Édouard Jeanneret dit, 56, 57, 65, 66
Legrand, 147, 148, **148**, 190, 191
Leleu, 71, 72
Lignes de Démarcation, 19, 20, 169-177, 194, **194**, 195
Loewy, Raymond, 17, 18, 23, 24, 31, 32, 49, 50, **56**, 57, 58, 59, 60, 61, 62, 65, 66, 67, 68, 69, 70, 88, 89, 99, 102, 147, 148, 171, 172, 179, 180, 181, 182
Loewy, Viola, 49, 50, **56**
Luminalite, 9, 14, 23, 24, 25, 26, 30, 35, 37, 39, 53, 179, 180, 194, 195

M

Macy's, 58, 59
Madoura, 25, 30
Maillet, Établissements, 31, 32, 179, 180, 181, 182, 183
Mâle, Émile, 23, 24
Mallet-Stevens, Robert, 56, 57
Matériaux Nouveaux, Les, 84, 85
Mathieu, Robert, 24, 25, 30, 179, 180, 194, 195
Matra, 109, 110, 182, 183
Mauny, André, 84, 85
MBD, 109, 110
Mead, Syd, 93 (N. 11), 94 (N. 11), **111**, 134, 144
Mercedes, 122, 123
Mertz, 147, 148, **153**, 190, 191
Mies van der Rohe, Ludwig, 53, 56
Monpoix, André, 17, 18
Montupet, 147, 148, **153**, 192, 193
Moore, Henry, 72, 73
Morris, William, 53, 54
Motte, Joseph-André, 171, 172
Moussinac, Léon, 23, 24
Muthesius, Hermann, 53, 54

N

Naval Group, 137, 140
Niárchos, Stávros, 79, 80
Nouvel, Jean, 171, 172, 190, 193
NS (Nederlandse Spoorwegen), 110, **110**, 111, **111**, 184, 185

P

Pan Am, 84, 85
Pan, Marta, 25, 30, **32**, 179, 180
Parthenay, Jean, 41, 42, 67, 68, 179, 180
Patrix, Georges, 71, 72
Pedemonte, Max, 125, 126
Perret, Auguste, 84, 85
Picasso, Pablo, 25, 30
Potez, Henry, 74, 75, 79, 80, **80**, 181, 182
Primavera, 65, 66
Printemps, Le, 65, 66, 69, 70, 179, 180

R

Ramié, Suzanne et Georges, 24, 25, 30
RATP, 113, **113**, 114, 122, 123, **128**, 129, 132, 147, 148, 185, 186, 189, 190, 192, 193, 195
Raynaud, 90, 91, **94**
Renaudie, Jean, 72 (N. 10), 73 (N. 10)
Renault, 147, 148, **153**, 192, 193
Riboulet, Pierre, 72 (N. 10), 73 (N. 10)
Ricci, Nina, 88, 89
RLA (Raymond Loewy Associates), 59
Rohr Industries, 107, 108
Roland, 42, 181, 182
Rousseau, Clément, 115
Rousseau, Établissements, 84, 85
Rumbold, 84, 85
Russell, Gordon, 65, 66

S

Sablé International, 186, 189, **189**
Saint Frères, 23, 24
Saint-Gobain, 72, 73, 182, 184, **184**, 185
Saks Fifth Avenue, 58, 59
Sankova, Alexandra, 147 (N. 16), 148 (N. 16)
Schlumberger, 147, 148, **151**, 190, 193
Schlumberger, Annette, 74, 182, 183
Sealink, 135, 136
Sedam (Société d'étude et de développement des aéroglisseurs marins), 134, 135, 136, 184, 185
Shah d'Iran, 72, 73
Shell, 19, 20, 99-105, 159, 160, 182, 183, 184, 185
Sipa, 59, **60**, 86, 87, 182, 183
Snaith, William, 59, 60, 69, 70
SNCB, 119, 122, **123**, 190, 193
SNCF, 11, 12, 71, 72, 109, **109**, 110, 113, **113**, 114, 119, 122, **123**, 135, 136, 137, 147, 148, 184, 185, 186, 187, 189, **189**, 190, 192, **192**, 193
Socata, 74, 75, 86, 87, 182, 183
SOCEA, 68, 180
Sofretu, 122, 123, 125, 126, 186, 189, 190, 193
Sognot, Louis, 23, 24
Soloviev, Yuri, 147, 148
Soto, Jesús Rafael, 125, 126
Sud-Aviation, 17, 20, 74, 75, 86, 87, **68**, 180, 182, 183

T

Talbot, 110, 111
Tallon, Roger, 41, 42, 56, 57, 67, 68, 109, 110, 122, 123, 129, 132, 179, 180
Technès, 41, 42, 49, 50, 56, 57, 65, 66, **66**, 67
Thurnauer, Gérard, 72 (N. 10), 73 (N. 10)
TML-Eurotunnel, 93, 94, **119**, **120**, 122, 123, 190, 193
Total, 147, 148, **154**, 186, 189
TWA, 88, 89

V

Vallière, Benno-Claude, 84, 85
Vecteur Design Industriel, 19, 20, 74, 75, 93, 94, 129, 132, 190, 191, 194, 195
Velde, Henry van de, 53, 56
Véret, Jean-Louis, 72 (N. 10), 73 (N. 10)
Vidal, Yves, 72, 73
Viénot, Jacques, 17, 18, 23, 24, 41, 42, 49, 50, 56, 57, 65, 66, 67, 68, 71, 72, 129, 132, 179, 180

W/Z

Wogenscky, André, 25, 30, **32**
Zeppelin, 147, 148, **153**, 190, 191

Remerciements

Que soient remerciés ceux qui ont participé
à la réalisation de cet ouvrage.
Tout d'abord Michel Buffet, qui s'est montré d'une grande
disponibilité et m'a donné accès à ses archives en
les enrichissant de passionnants commentaires ;
Didier Delpiroux et Julia Delpiroux, de Lignes de Démarcation,
éditeur des lampes de Michel Buffet,
associés dès l'origine à ce projet ;
Alain Fleischer, pour sa mise en perspective
de l'œuvre de Michel Buffet ;
Danielle Schirman, pour avoir été
une remarquable intermédiaire ;
Pierre Gougeon, pour ses suggestions pertinentes ;
enfin je remercie ma fille Lucile, qui a joué un rôle important
durant la rédaction de cet ouvrage ;
sans oublier les multiples collaborateurs, intérieurs comme
extérieurs, qui se sont associés à Michel Buffet lors
de nombreux projets, tant à la CEI qu'à Vecteur :
Pierre Bance, Claude Bourson, Évelyne Bureau,
Marie Cardon, Pierre Christie, Édith Commissaire,
Hervé Domanget, Frédéric Forestier,
Jean Grenier, Nanny Guth, David Halvorsen,
Georges Hilsum, Philippe Hollendorf, Alain Huin,
Jean-Claude Husson, René Labaune,
Patrick Poinsot, Clément Rousseau,
Michel Schlachter.

Acknowledgements

Let those who took part in the execution
of this work be thanked.
First of all Michel Buffet, who was extremely available
and gave me access to his archives,
enriching them with fascinating comments;
Didier Delpiroux and Julia Delpiroux, of Lignes de Démarcation,
issuer of Michel Buffet's lamps, involved in this project
from the very beginning;
Alain Fleischer, for his insights on Michel Buffet's body of work;
Danielle Schirman, for having been
a remarkable intermediary;
Pierre Gougeon, for his relevant suggestions;
lastly, my thanks to my daughter Lucille, who played an important
role during the writing of this work;
without forgetting the many collaborators, both internal and
external, who worked with Michel Buffet
on numerous projects, as much at the CEI as at Vecteur:
Pierre Bance, Claude Bourson, Évelyne Bureau,
Marie Cardon, Pierre Christie, Édith Commissaire,
Hervé Domanget, Frédéric Forestier,
Jean Grenier, Nanny Guth, David Halvorsen,
Georges Hilsum, Philippe Hollendorf, Alain Huin,
Jean-Claude Husson, René Labaune,
Patrick Poinsot, Clément Rousseau,
Michel Schlachter.

Crédits photographiques – Picture credits

Air France/DR 92h **Airbus Industries/DR** 97 *Aviation Magazine*/J. Pérard 183d **CEI** 60, 62, 63, 76, 81h, 82-83, 84, 88, 89, 92h, 93, 99, 104-105, 106h, 110, 113, 114, 115h, 116h, 117b, 125, 149h, 152, 154, 155, 186, 188, 189, 190, 191b **CEI/Burdin** 78,79 **CEI/DR** 185, 187b **CEI/Michel Buffet** 58, 61, 68, 85, 86, 90, 91, 92b, 106b, 107, 108, 109, 134b, 158, 159, 160-161, 182, 187h, 191h **CEI/Jean Widmer** 164 **Claude Michaelides** 74, 102, 103 **Clément Rousseau** 116b **Danielle Schirman** 8 *Domus* 156, 165 **DR** 17d, 26, 29b, 31, 33, 56, 80b, 94, 95, 132, 166-167, 178 **Éditions du Chêne/Aviaplans** 80 **Éditions du Perron/Natacha Hochman** 136, 137d *Elle*/Guy Pascal 115 *Entre les lignes* 112 *Ferrovissime*/Pierre Julien 117h **Fondation Marta Pan-André Wogenscky/Gérard Ifert** 32 *France routes*/Étienne Prat 98 **Gallimard** 57g **Gallimard/Atelier de Montrouge/Cité de l'architecture & du patrimoine** 73g **Gallimard/Keystone** 73d *Gros Plan* 134h **Henrot** 75 *Ideat*/Young-Ah Kim 198 **Julia Delpiroux** 197 **Knoll/Michel Buffet** 70, 71 **Lignes de Démarcation/Julia Delpiroux** 168 **Lignes de Démarcation/Karl Sauvade** 170, 172, 173, 174, 175, 176, 177 **Luminalite/DR** 11, 13, 14, 22, 34, 35, 36, 37h, 52 **MAD, Paris/Suzanne Nagy/***Esthétique industrielle* 64, 66 **MAD, Paris/Suzanne Nagy/***Le Décor d'aujourd'hui* 27 **Marine Éditions/Henri-Pierre Grolleau** 140 **Mazo** 24, 25 **Métro de Caracas/Esteban Bianchi** 124, 126, 127 **Michel Buffet** 16, 18, 19, 21, 28, 29h, 23, 37b, 40, 41, 42, 43, 44, 45, 46, 48, 49, 50, 51, 53, 54, 55, 69, 87b, 162-163, 179, 184 *Nouvelle revue française* 178 **RATP/Boitet** 128b **RATP/DR** 200 **Roger Schall** 30 **Sergio Druetto** 100-101 **Simon and Schuster** 57d **Sta Photo** 183g **Syd Mead** 111, 135, 144, 186h **Thomas Halkin** 4, 17g, 87, 164, 165 **Vecteur** 122, 123, 129, 130, 131, 141, 142-143, 146, 147, 148d, 151b, 153, 192, 194, 195, 196 **Vecteur/Michel Buffet** 96, 133, 148g, 149b, 150, 151h **Vecteur/Richard Bonfils** 118, 119, 120-121, 138, 139, 193

Coordination éditoriale
Editorial Coordination
Matthieu Flory

Création graphique
Graphic Design
Vincent Gebel

Traduction anglaise
English Translation
Eileen Powis

Révision française
French Editing
Lorraine Ouvrieu

Révision anglaise
English Editing
Joe Nankivell

ISBN : 978-2-37666-0194
© Éditions Norma, 2018
149, rue de Rennes
75006 Paris, France
www.editions-norma.com

Photogravure
Lithographs
Les artisans du Regard, Paris

Achevé d'imprimer en octobre 2018 par
Printed and bound in October 2018 by
D'Auria Printing, Italie